降水量蒸发量资料整编软件开发技术与实践

郭相秦　彭世想　宁爱琴　郑雁芬　等著

黄河水利出版社

·郑州·

图书在版编目（CIP）数据

降水量蒸发量资料整编软件开发技术与实践/郭相秦
等著. —郑州:黄河水利出版社,2018.10
ISBN 978 - 7 - 5509 - 2180 - 1

Ⅰ.①降⋯　Ⅱ.①郭⋯　Ⅲ.①降水量 – 统计分析 – 应
用软件 – 研究 ②蒸发量 – 统计分析 – 应用软件 – 研究
Ⅳ.①P332 – 39

中国版本图书馆 CIP 数据核字（2018）第 244765 号

出　版　社:黄河水利出版社　　　　　　　　　网址:www.yrcp.com
　　　　　　地址:河南省郑州市顺河路黄委会综合楼 14 层　　邮政编码:450003
发行单位:黄河水利出版社
　　　　　　发行部电话:0371 – 66026940、66020550、66028024、66022620（传真）
　　　　　　E-mail:hhslcbs@ 126.com
承印单位:河南新华印刷集团有限公司
开本:787 mm × 1 092 mm　1/16
印张:16.5
字数:392 千字　　　　　　　　　　　　　　　印数:1—1 000
版次:2018 年 10 月第 1 版　　　　　　　　　印次:2018 年 10 月第 1 次印刷

定价:48.00 元

前　言

　　降水、蒸发和径流是水文循环的基本要素,降水量和蒸发量是水文资料整编的重要项目。水文资料整编及其软件的发展经过了以下几个阶段:

　　20 世纪 70 年代以前,纯手工整编,以算盘、计算尺、计算器为计算工具;70 年代末到 80 年代初,开始在 TQ－16 大型计算机上使用 BCY 语言编程,穿孔纸带为传输存储介质,部分实现计算机整编;80 年代后期,开始用 FORTRAN 语言开发的全国通用程序在 VAX 系列小型计算机上进行资料整编,直到 2010 年前后。这一阶段,水文资料整编主要数据的计算工作由计算机完成,计算成果以文本形式输出。2010 年前后,微型机已经普及,Windows 系统占据了制高点,流行的计算机语言已经很多,以微软 Visual Studio 6.0 为代表的可视化、图形化、网络化编程成为主流,可视化水文资料整编软件开发在这个阶段得到发展,南方版、北方版可视化水文资料整编软件开发出来,整编成果可以存储为 Excel 表格文件。目前,计算机技术更进一步发展,计算机软件开发也在不断发展,Visual Studio 2017 开始使用,真正全国通用的水文资料整编软件正在开发之中,网络化、在线整编软件也呼之欲出。降水量蒸发量资料整编软件是水文资料整编软件中最重要的部分。

　　水文行业软件属于专用软件,需要具备水文专业知识的人员参与开发。随着计算机技术的发展和普及,水文行业和科研单位出现了大批既有水文专业知识又懂软件开发技术的技术人员,水文资料整编通用软件的开发具备相应的技术条件。本书总结了水文资料整编软件(北方版)开发实践经验,是在水文资料整编技术与软件开发技术融合的基础上编写的。

　　本书共分 11 章,从降水量和蒸发量资料整编方法、数学模型建立、软件开发技术入手,总结了降水量、蒸发量资料整编软件开发的经验,阐述降水量、蒸发量资料整编软件开发的技术方法,通过实践经验详细说明需求分析、水文数据要求、数据结构设计、概要设计、详细设计、软件测试等各阶段的工作内容、基本理论和开发技巧。其中,郭相秦担任本书的主编,负责总体框架编排、全书审核,编写第 4 章和第 8 章,总字数约 5.3 万;彭世想和郑雁芬编写第 9 章、第 10 章,总字数 10.3 万;宁爱琴编写第 1 章、第 2 章、第 11 章,总字数约 3.3 万;靳云霞和姚毓洲编写第 3 章、第 5 章,总字数约 6.8 万;杨文博、王光、杨帅和张钊编写第 6 章、第 7 章,总字数约 13.3 万。

　　本书所述降水量和蒸发量资料整编软件在北方地区各级整编单位使用。书稿主要是针对项目管理单位和项目开发单位及其开发人员而编写的,在此出版谨供广大水文软件开发的技术人员参考,从而为水文专用软件开发、水文水资源的研究和发展奉献一份绵薄之力。

由于时间仓促，加之作者水平有限，书中有关计算机软件方面的语言欠准、错误之处在所难免，希望广大读者不吝赐教，以便我们修正改进。

作 者

2018 年 6 月

目　录

第 1 章　概　述

1.1　降水量和蒸发量

1.1.1　降水量

1.1.1.1　降水量的定义

降水是水文循环的基本要素之一,也是区域自然地理特征的重要表征要素,是雨情的表征。它是地表水和地下水的来源,与人类的生活、生产方式关系密切,又与区域自然生态紧密关联。降水是区域洪涝灾害的直接因素,是水文预报的重要依据。在人类活动的许多方面需要掌握降水资料,研究降水空间与时间变化规律。如农业生产、防汛抗旱等都要及时了解降水情况,并通过降水资料分析旱涝规律情势;在水文预报方案编制和水文分析研究中也需要降水资料。

地面从大气中获得的水汽凝结物称为降水。它包括两部分:一部分是大气中水汽直接在地面或地物表面及低空的凝结物,如霜、露、雾等,又称为水平降水;另一部分是由空中降落到地面上的水汽凝结物,如雨、雪、霰、雹等,又称为垂直降水。

我国国家气象局《地面观测规范》规定,降水量指的是垂直降水。水文系统观测的降水量也指的是垂直降水。

降水量(precipitation)是衡量一个地区降水多少的数据。具体是指从天空降落到地面上的液态和固态(经融化后)降水,没有经过蒸发、渗透和流失而在水平面上积聚的深度。

降水量以 mm 为单位,水文气象观测中取一位小数。形象地说,1 mm 的降水量是指在单位面积上的降水量达到水深 1 mm。

1.1.1.2　雨量器

雨量器是测定降水量的基本仪器。如果测的是雪、雹等特殊形式的降水,则一般将其溶化成水再进行测量。我国测定降水量的雨量器主要有翻斗式雨量计、漏斗式雨量器、虹吸式雨量计,另外还有融雪式雨雪量计和称重式雨量计。目前,我国北方水文系统上主要采用的是翻斗式雨量计。

1.翻斗式雨量计

翻斗式雨量计是可连续记录降水量随时间变化和测量累积降水量的有线遥测仪器,见图 1-1。它是由感应器及信号记录器组成的遥测雨量仪器。感应器由承水器、上翻斗、计量翻斗、计数翻斗、干簧管开关等构成,记录器由计数器、录笔、自记钟、控制线路板等构成。

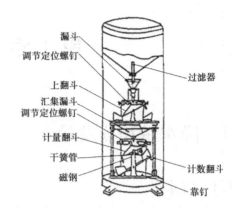

图1-1　翻斗式雨量计

其工作原理为:雨水由最上端的承水口进入承水器,落入接水漏斗,经漏斗口流入翻斗,当积水量达到一定高度(比如0.01 mm)时,翻斗失去平衡翻倒。每一次翻斗倾倒,都使开关接通电路,向记录器输送一个脉冲信号,记录器控制自记笔将雨量记录下来,如此往复即可将降雨过程测量下来。

感应器和记录器之间用电缆连接。感应器用翻斗测量,它是用中间隔板间开的两个完全对称的三角形容器,中间隔板可绕水平轴转动,从而使两侧容器轮流接水,当一侧容器装满一定量雨水(0.1 mm或0.2 mm)时,由于重心外移而翻转,将水倒出,随着降水持续,将使翻斗左右翻转,接触开关将翻斗翻转次数变成电信号,送到记录器,在累积计数器和自记钟上读出降水资料。

翻斗式雨量计自动化程度高,获取降水量的及时性强,降水量资料易于保存和传输,因此被广泛应用。此外,由于翻斗式雨量计适合于数字化方法,所以对自动雨量站特别方便。翻斗式雨量计测量雨强范围为不大于4.0 mm/min,最小分辨率为0.1 mm。

翻斗式雨量计具有抗干扰能力强、全户外设计、测量精度高、存储容量大、方便组网、全自动无人值守、运行稳定等特点。我国北方水文系统的RTU固态雨量基本上都是采用翻斗式雨量计作为雨量采集终端。

2.漏斗式雨量器

漏斗式雨量器是20世纪90年代北方水文系统对雨量进行人工测量常用的一种雨量器。它用于测量一段时间内累积降水量的仪器。外壳是金属圆筒,分上、下两节,上节是一个口径为20 cm的盛水漏斗,为防止雨水溅失,保持器口面积和形状,筒口用坚硬铜质做成内直外斜的刀刃状;下节筒内放一个储水瓶用来收集雨水。测量时,将雨水倒入特制的雨量杯内读取降水量毫米数。降雪季节将储水瓶取出,换上不带漏斗的筒口,雪花可直接收集在雨量筒内,待雪融化后再读数,也可将雪称出质量后根据筒口面积换算成毫米数,如图1-2所示。

(a)

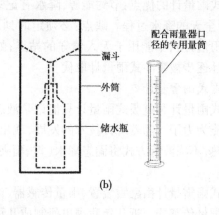

漏斗

外筒

储水瓶

配合雨量器口
径的专用量筒

(b)

图 1-2 漏斗式雨量器

3. 虹吸式雨量计

虹吸式雨量计是可连续记录降水量和降水时间的仪器,能连续记录液体降水量和降水时数,从降水记录上还可以了解降水强度。它可用来测定降水强度和降水起止时间,适用于气象台(站)、水文站、农业、林业等有关单位。20世纪90年代以前,我国北方水文站的委托雨量站基本上用的都是虹吸式雨量计。

虹吸式雨量计由承水器、虹吸、自记笔和外壳四个部分组成,如图1-3所示。其上部盛水漏斗的形状和大小与承水器相同。当承水器将收集到的雨水经过漏斗导入量筒后,量筒内的浮子将随水位升高而上浮,带动自记笔在自记纸上画出水位上升的曲线。当量筒内的水位达到10 mm时,借助于虹吸管,使水迅速排出,笔尖回落到零位重新记录。自记钟给出降水量随时间的累积过程。记录纸上纵坐标表示雨量,横坐标表示时间。记录纸上记录下来的曲线是累积曲线,既表示雨量的大小,又表示降雨过程的变化情况,曲线的坡度表示降雨强度。虹吸式雨量计的分辨率为0.1 mm,降雨强度适应范围为0.01~4.0 mm/min。但浮子室内一般只能积存10 mm的雨量,达到10 mm雨量时要排空存水,排空时的降水也会造成误差,且虹吸管容易发生故障,需要经常进行检定。

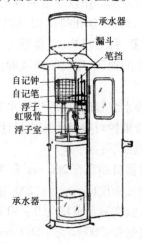

承水器

漏斗

笔挡

自记钟

自记笔

浮子

虹吸管

浮子室

承水器

图 1-3 虹吸式雨量计

虹吸式雨量计的优点:节约能源,降水有记录,不需要人守候;性能可靠,测量数据准确,可记录全天的降水过程。缺点:必须定时到现场去更换记录纸,操作烦琐(现已有自动虹吸式雨量计),不能用于无人值守的站点;虹吸管容易堵塞。随着数字化的要求,虹吸式雨量计逐步被翻斗式雨量计取代。

4. 融雪式雨雪量计

翻斗式雨量计和虹吸式雨量计只能记录液态雨量,北方冬季的降雪为固态,这两种雨量计就无能为力了。随着现代技术的发展,就出现了融雪式雨雪量计。融雪式雨雪量计是利用加热、不冻液等方式将固态降水(雪、雨夹雪)融化为液态后,进行雨雪量自动测量的仪器。

融雪式雨雪量计由融雪装置、雨量传感器、记录器三部分组成。这三种雨雪量计均采用翻斗式雨量传感器。近几年我国也研制成几种融雪式雨雪量计;大多数为不冻液式,它们在市电不正常的测站也能使用。下面我们着重介绍一下不冻液型融雪式雨雪量计。

冬季结冰地区,在结冰期之前,应按仪器说明书要求在储水器内加入适量防冻液。非结冰期应及时清理储水器内防冻液,将储水器清洗干净。不冻液型雨雪量计一般采用装有不冻液(专配)的融雪器(可与雨量传感器桶身合为一体)承接并融化降雪。融雪器内有一溢流装置,装入的不冻液平时维持在某一溢流高度,而当有固态降水进入融雪器后,不冻液的溅冰点特性可使降雪自行融化,由此引起液面升高并产生溢流,溢流出的液体进入翻斗传感器计量发信,记录降雪量。不冻液的冰点应在 −40 ℃ 以下,密度为 0.92 ~ 0.96 g/cm³,具有良好的融雪性能。

加热型雨雪量计是对降雪加热将其融化,通过翻斗传感器计量发信,记录降雪量。

5. 称重式雨量计

称重式雨量计是利用一个弹簧装置或一个重量平衡系统,将储水器连同其中积存的降水的总重量做连续记录。

称重式雨量计可以连续记录接雨杯上的以及存储在其内的降水的重量。记录方式可以用机械发条装置或平衡锤系统,将全部降水量的重量如数记录下来,并能够记录雪、冰雹及雨雪混合降水。用以连续测量记录降雨量、降雨历时和降雨强度。它适用于气象台(站)、水文站、环保、防汛排涝以及农、林等有关部门用来测量降水量。称重式雨量计由承雨器、储水器、称重机构、底盘等组成,如图1-4所示。

风速较大的地区,应安装防风圈,以减小从承雨器口进入仪器内部的风力对称重准确性的影响。

无自动排水装置的仪器,当储水器的积水量达到80%时,应及时清除储水器内积水。

仪器检查维护可按翻斗式雨量计检查维护要求进行。

仪器性能如下:

(1)承雨器口面积有 200 cm² 和 400 cm² 两种,分别简称为 200 型、400 型。

(2)鉴别灵敏度(分辨力):200 型为 0.2 mm/min,400 型为 0.1 mm/min。

(3)降水强度测量范围为 0 ~ 30 mm/min。

(4)测量量程:200 型为 1 500 mm,400 型为 750 mm。

(5)当降雨强度在 0.1 ~ 30.0 mm/min 内变化时,测量误差不大于 ±4%。

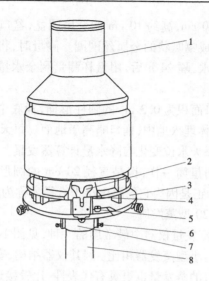

1—承雨器;2—固定安装锁;3—底盘;4—称重机构;
5—圆水准气泡;6—六角螺栓;7—底盘法兰;8—托架

图 1-4 称重式雨量计

(6)仪器测量误差试验方法。进行注水试验,以 4.0 mm/min 左右的模拟降雨强度向承雨器注入 50 mm 清水,每注入 3~5 mm,分别记录仪器测量值和注入量。

1.1.2 蒸发量

蒸发和散发是水文循环过程中自降水到达地面后由液态(或固态)化为水汽返回大气的过程。水由液态或固态转变成汽态,逸入大气中的过程称为蒸发。蒸发量是指在一定时段内,水分经蒸发而散布到空气中的量,换言之,从水面跃出的水分子数量与返回水面的水分子数量之差,就是实际观测到的蒸发量。通常用蒸发掉的水层厚度的毫米数表示,水面或土壤的水分蒸发量,分别用不同的蒸发器测定。一般温度越高、湿度越小、风速越大、气压越低,则蒸发量就越大;反之蒸发量就越小。

水面蒸发量是表征一个地区蒸发能力的参数。陆面蒸发量是指当地降水量中通过陆面表面土壤蒸发和植物散发以及水体蒸发而消耗的总水量,这部分水量也是当地降水形成的土壤水补给通量。

水面蒸发是水循环过程中的一个重要环节,是水文学研究中的一个重要课题。它是水库、湖泊等水体水量损失的主要部分,也是研究陆面蒸发的基本参证资料。在水资源评价、水文模型确定、水利水电工程和用水量较大的工矿企业规划设计和管理中都需要水面蒸发资料。随着国民经济的不断发展,水资源的开发、利用急剧增长,供需矛盾日益尖锐,这就要求我们更精确地进行水资源的评价。水面蒸发观测工作,就是为了探索水体的水面蒸发及蒸发能力在不同地区和时间上的变化规律,以满足国民经济各部门的需要,为水资源评价和科学研究提供可靠的依据。

蒸发量的测定,需要专门的场地,有水面蒸发量任务的水文站都建设有专门的蒸发场。测量蒸发的仪器常用的有小型蒸发器、大型蒸发桶和蒸发皿等几种。

小型蒸发器是口径为 20 cm，高约 10 cm 的金属圆盆，盆口成刀刃状，为防止鸟兽饮水，器口上部套一个向外张成喇叭状的金属丝网圈。测量时，将仪器放在架子上，器口离地 70 cm，每日放入定量清水，隔 24 h 后，用量杯测量剩余水量，所减少的水量即为蒸发量。

大型蒸发桶是一个器口面积为 0.3 m² 的圆柱形桶，桶底中心装一直管，直管上端装有测针座和水面指示针，桶体埋入地中，桶口略高于地面。每天 20 时观测，将测针插入测针座，读取水面高度，根据每天水位变化与降水量计算蒸发量。

蒸发皿的规格大都和雨量筒一样，也是直径 20 cm 的圆形器皿，皿口上沿高出地面 70 cm，深 10 cm，见图 1-5。正是因为它的厚度小于直径才称为皿。北方的水文站和蒸发站大多用的是 E601 型和 Φ20 型蒸发皿。

E601 型蒸发皿是测量蒸发量仪器中最常用的一种，见图 1-6。它在一些水文（位）站已使用多年。这种蒸发器与小型蒸发器相比，因其仪器结构、安装高度、周围环境等更具合理性、科学性，所以所测得的蒸发量也更具有代表性，比较接近自然水面的蒸发状况。

图 1-5　蒸发皿

图 1-6　E601 型蒸发皿

每天向蒸发皿中加入 20 cm 深的水层，晚上把余水倒进量杯，量出剩余水深。把 20 cm 减去剩余水深就是当天的蒸发量。如果当天有雨，余水中还要扣除当天的降水量。这就是蒸发皿的直径和离地面高度都要和雨量筒一致的原因；若不一致，两者就不能简单相减了。

1.1.3　降水量和蒸发量的关系

蒸发使地面的水分升到空气中，而降雨降雪是空气中的水分落到地面上。它们不仅是两个相反的过程，也是相互依存的两个过程。如果地面上的水分不再通过蒸发进入空气中，不出 10 天地球上再也看不到雨雪了。

蒸发不仅与降水相互依存，还与地面的河流有关。在极度干旱的地区，降水量很小。但在任何一个自然流域，它的蒸发、降水与河水径流量都是基本平衡的。写成如下形式的公式：

径流量（包括地下径流） + 降水量 = 蒸发量

我国北方许多城市，人口集中，城市面积不大，降水量小，其生产、生活用水来自于取水（临近河流、湖泊），所以其径流量应为负值，出现蒸发大于降水的情况。

1.2 水文资料整编

1.2.1 水文资料整编概述

水文资料整编是对原始的水文资料按科学方法和统一规格,分析、统计、审核、汇编、刊印或储存等工作的总称。实测的水文资料篇幅浩繁,多数资料在时间上是离散的,原始资料只有一份,因此必须按统一标准、规格,整理成系统、简明的图表,并经过审查、汇编,以水文年鉴或其他形式刊印出来或存储于资料库,才能便于使用。此外,通过水文资料整编一系列的考证、定线、制表、合理性检查等程序,还可以发现水文测验方面存在的问题。

水文资料整编项目有水位、流量、泥沙、水温、冰情、水质、地下水、降水、蒸发及水文调查资料等。主要刊布形式有逐日表和实测成果表。逐日表内容包括逐日数值(平均值或总量)和月、年统计值(平均值、总量及极值);实测成果表是反映瞬时变化过程的摘录表;极值,一般为挑选月、年最高值和最低值或最大值和最小值。对降水量资料来说,还要统计不同时段从若干分钟到若干天的最大降水量。各个项目的工作一般包括考证、定线、制表及合理性检查。考证是把水文测站与水文测验有关的基本情况考查论证清楚,作为选择整编方法和使用资料的依据。定线是按照整编需要,确定两个水文要素(如水位与流量)的关系曲线,作为用一个要素(如水位)的资料去确定另一个要素(如流量)的依据。制表是按照要求编制刊印底表。最后进行合理性检查,根据各种图表来检验整编成果是否符合水文要素变化的规律,以便发现和处理资料中存在的错误,保证资料质量。水文资料整编已可用计算机进行。原始资料经过转换存储于磁带或磁盘,输入计算机后,借助于事先编好的定线、计算、统计、排表等程序,进行整编。最后输出供制版用的底表或直接经过排版机器制作印刷底版,刊印成水文年鉴。水文调查的历史洪水资料或流域资料,可按河流、流域或区域整编成专册。

1.2.2 水文资料的作用

水文是社会公益性事业,是经济社会可持续发展的基础性工作,水文资料的作用主要有以下三个方面:一是为地方水利建设提供基础服务,主要为中型水利水电工程以上建设设立专用水文站,收集整编大量基础水文资料,为水利工程的设计、立项、审批、建设提供准确可靠的水文依据。二是为地方防汛减灾提供及时服务,为防汛抗旱减灾提供水文技术支撑。防汛抗旱减灾系统立足于防大汛、抗大旱、抢大险、救大灾,落实好"关键在防、基础在建、重点在管、核心在人"的十六字方针。各水文站准确、及时、可靠的水文情报预报为地方政府、防办指挥决策、防洪抢险提供了科学的依据,提供了及时的服务,充分发挥了水文情报预报在防汛工作中的"耳目"和"参谋"作用,为防汛减灾和保证人民生命财产安全做出保障。三是为地方水资源管理提供全面服务,积极做好水资源工作,为水资源管理和保护提供水文支撑。

1.2.3　水文资料整编的历史发展历程

经过整编处理的历史水文资料存储在计算机中,使用户可根据自己的需要通过计算机进行快速检索。20 世纪 50 年代后,有些国家用磁带作为存储介质。一般每厘米存储 640 字符的磁带,总存储量为 4 600 万字符,按有效利用率 70% 计,约相当于年鉴 6 000 页。但磁带检索速度慢,故自 20 世纪 60 年代以来又逐步采用磁盘,其存储量与磁带属同一数量级,主要优点可以直接存取所需信息,而不必像磁带那样从头开始顺序填写,检索速度比磁带提高 4~5 个数量级(检索一个信息一般为数十毫秒),因而为联机实时检索提供了物质基础。另外,也可采用缩微胶卷记录年鉴,一张 10 cm × 13 cm 的胶片可存储年鉴 270 页,便于携带保管。对应于上述两种介质,水文资料的计算机存储与检索主要有两种组织方式:一种是把各种水文资料组织成若干个相互独立的数据文件;另一种是在建立数据文件的同时,在不同文件所包含的数据之间建立起一定的联系,以便交叉检索并获得节省存储等效果。例如,可直接根据测站索引文件自动检索所需的降雨径流对应资料。这种数据组织方式称水文数据库。20 世纪 70 年代下半期以来,又把若干个有关联的数据库,如一国或数国的数据库联系起来组成计算机网络,实现资料共享,并相应地建立起一个专门存放各库资料总索引的数据库。本书列举的例子就是用开发软件把所测量的降水量和蒸发量资料按照水文资料整编要求进行汇总处理,然后存储到水文数据库中,以供用户查询、使用和检索。

1.2.4　降水量、蒸发量资料整编的主要内容

1.2.4.1　降水量的插补与改正

插补缺测日的降水量,可根据地形、气候条件和邻近站降水量分布情况采用邻站平均值法、比例法或等值线法进行插补。

降水量修正时,如自记雨量计短时间发生故障,使降水量累积曲线(固态自记)发生中断或不正常,通过分析对照或参照邻站资料进行改正。对不能改正部分则采用人工观测记录或按缺测处理。

1.2.4.2　降水量的单站合理性检查

1. 表内各有关指标检查

检查各时段最大降水量是否随时段加长而增大,降水量增大数是否小于与加长时段相应的最大降水量。

检查各时段最大降水量表中前后两场雨的间歇时间是否符合规定。

2. 各表有关指标对照检查

降水量摘录表或各时段最大降水量表与逐日降水量表对照:检查相应的日量及符号是否一致,24 h、72 h 最大量是否大于(或等于)1 d、3 d 最大量。

本站不同历时的各时段最大降水量表对照:检查相应时间的 30 min、60 min、90 min、120 min 的最大量与 0.5 h、1.0 h、1.5 h、2.0 h 的最大量是否一致。

1.2.4.3　蒸发量的插补方法

当缺测日的天气状况与前后日大致相似时,可根据前后日观测值直线内插,也可借用

附近气象站资料。

观测水汽压力差和风速的站,可绘制有关因素的过程线或相关线进行插补。

当水面蒸发量很小时,测出的水面蒸发量是负值,应改正为"0.0",并加改正符号。

一年中采用不同口径的蒸发器进行观测的站,当历年积累有 Φ20 型蒸发皿与 E601 型蒸发皿比测资料时,应根据分析的换算系数进行换算,并附注说明。

1.2.4.4　蒸发量的单站合理性检查

一般可根据逐日降水量、蒸发量过程线进行检查。在年历格纸上,从同一横轴开始,蒸发量向上,降水量向下,以柱状绘出逐日值进行对照。一般有较大降水之日,蒸发量要小一些。

观测辅助项目的测站,可在绘制降水量、蒸发量过程线时,将水汽压力差和风速的日平均值用折线绘入,进行对照。蒸发量过程线一般与各要素过程线的变化大致相应;也可绘制蒸发量和水汽压力差的比值为纵坐标、风速为横坐标的相关曲线,检查点子偏离曲线的情况。相关曲线可以采用逐日值或旬平均值绘制。

1.2.4.5　降水量资料的综合合理性检查

1. 临站逐日降水量对照

一般可使用各站的逐日降水量表直接比较,在特别重要的地区或发现有问题的地区,可将相邻各站某次暴雨的累积曲线绘在一起,或将各站的各时段降水量用柱状图形式绘在一起,作为检查工具。

检查逐日降水量表时,将相邻几个站的逐日降水量表折叠并排,使各站同月份的逐日降水量横排在一起,进行比较。检查时段降水量则需使用累积曲线或柱状图。

通常相邻测站的降水时间、降水量、降水过程都是近似的。如果发现某站情况特殊,即要进一步检查其原因,是否由数字错误还是雨区移动、地形特点等所造成。

2. 临站月年降水量及降水日数对照

可列月年降水量及降水日数对照表对照检查,各站可按其地理位置,自北而南、自西而东的次序排列,也可采用其他排列方法,使相邻的测站在表中排在相近的位置上。当发现某站降水量或降水日数与邻站相差较大时,即要进一步检查该站资料。

3. 全流域暴雨或月年降水量对照

此项检查的工具是等值线图,内容如下:

(1)年降水量等值线图。

(2)暴雨等值线图。以一次暴雨的降水量进行绘制,每年结合主要洪水的分析,决定绘制张数。

(3)月降水量等值线图。以一个月或几个月的降水量进行绘制。

降水量在图上各站间一般是渐变的,并能勾绘出形状合理的等值线。若某站雨量特大或特小,与四周各站不是渐变关系,则要进行检查。一方面检查降水量记录、抄表、计算、填图有无错误;另一方面检查是否由于测站地形的特点所造成。由于地形是相对稳定的,因而碰到此种情况时,还可综合多次或多年降水量资料进行比较。

1.2.4.6　蒸发量资料的综合合理性检查

1. 用各站月年蒸发量对照表检查

制表与检查方法可参照月年降水量及降水日数对照表。

2. 用年蒸发量等值线图检查

蒸发量在图上各站间应是渐变的,并能勾绘出形状合理的等值线。若某站蒸发量特大或特小,则要进行检查。检查是否是由于填图、抄录、记载的错误,或所用的蒸发器的形式、安装地点不适当所造成的,抑或是该站特殊的气候条件或地理环境所造成的。

1.3　编写目的

水文资料整编全国通用软件(北方版)开发时,将该软件划分为水流沙及综合制表、降水量及蒸发量和泥沙颗粒级配等三个子项目,分别由山东省水文水资源局、黄委三门峡水文水资源局和黄委中游水文水资源局承担开发任务。

本书的编写目的,主要是用于项目管理单位的宏观管理和项目开发单位的具体工作指导,对按时保质保量地完成水文资料整编全国通用软件(北方版)开发具有重要作用。

本书主要是针对项目管理单位和项目开发单位及其开发人员而编写的。

1.4　开发背景

本书所讲软件系统的名称为水文资料整编全国通用软件(北方版)。

本软件系统划分为三个子系统,其名称分别为:水文资料整编全国通用软件(北方版)(水流沙、综合制表部分)、降水量蒸发量资料整编全国通用软件(北方版)、泥沙颗粒级配资料整编全国通用软件(北方版)。其中,降水量蒸发量资料整编全国通用软件(北方版)由黄委会三门峡水文水资源局开发。

软件的用户为我国北方地区各流域机构的各级整编单位和各省(自治区、直辖市)的各级整编单位。同时,本软件也可供相关科研单位使用。

软件为单机版软件,使用 Visual Basic 6.0 语言开发,适用于 Windows 系统,可升级到Visual Studio 2012。

本软件系统兼容现行"整编水文资料全国通用程序"98 版、"整编降水量资料全国通用程序"98 版和"整编颗粒分析资料全国通用程序"98 版数据。

1.5　定　义

整理方法:降水量数据整理方法,包括时段量法和坐标法。

摘录输出:或者称为"摘录时间格式"。摘录表的输出方式,说明降水量摘录表的时间项是否记至分钟。

观测段制:大河方式时摘录表的摘录段制,也是各时段最大降水量表②的滑动段制。当汛期观测段制不一致时,填记其中的最低段制。

跨越段制:又称为"特征段制"。编制摘录表时相邻时段合并不得跨越的段制。

合并标准:摘录表合并时单位时间降水量不得超过的标准。

表①表②:编制"各时段最大降水量表①"或"各时段最大降水量表②"的控制信息。

滑动间隔:编制"各时段最大降水量表①"时的时间增量。一般取 5 min 或 1 min。

观测时间:以月日时分组合的结构录入,字符型。

时段降水量:填记该时段内的降水量数值。

观测物:观测物(符号)包括雪(*)、雨夹雪(· *)、雹(A)、雹夹雪(A *)、霜(U)和雾(※)等六种。

整编符号:包括缺测" − "、合并"!"、不全")"、插补"@"、欠准"?"、改正" + "、停测"W"和分列"Q"等八种。

1.6 参考资料

(1)《降水量蒸发量资料整编软件开发合同》。

(2)《水文资料整编规范》(SL 247—1999)。

(3)《降水量观测规范》(SL 21—1990)。

(4)《水面蒸发观测规范》(SL 630—2013)。

(5)《水文数据录入格式标准》,1994,水利电力出版社。

(6)《计算机软件开发规范》(GB/T 8566—2007)。

(7)《Visual Basic 编程标准》。

(8)《全国水文测站编码》,2002,水利电力出版社。

第2章　需求说明

2.1　需求分析

需求分析是软件计划阶段的重要活动,也是软件生存周期中的一个重要环节。该阶段是分析系统在功能上需要"实现什么",而不是考虑如何去"实现"。需求分析的目标是把用户对待开发软件提出的"要求"或"需要"进行分析与整理,确认后形成描述完整、清晰与规范的文档,确定软件需要实现哪些功能,完成哪些工作。此外,软件的一些非功能性需求(如软件性能、可靠性、响应时间、可扩展性等),软件设计的约束条件,运行时与其他软件的关系等也是软件需求分析的目标。

2.1.1　需求分析方法适用的基本原则

为了促进软件研发工作的规范化、科学化,软件领域提出了许多软件开发与说明的方法,如结构化方法、原型化法、面向对象方法等。这些方法有的很相似,可以结合使用。在降水量蒸发量资料整编软件实际需求分析工作中,我们采用以面向对象的方法为主,原型化、结构化方法为辅的方式进行。每一种需求分析方法都有独特的思路和表示法,基本都适用下面的需求分析的基本原则:

(1)侧重表达理解问题的数据域和功能域。对新系统程序处理的数据,其数据域包括数据流、数据内容和数据结构;而功能域则反映它们关系的控制处理信息。

(2)需求问题应分解细化,建立问题层次结构。可将复杂问题按具体功能、性能等分解并逐层细化、逐一分析。

(3)建立分析模型。模型包括各种图表,是对研究对象特征的一种重要表达形式。通过逻辑视图可给出目标功能和信息处理间关系,而非实现细节。由系统运行及处理环境确定物理视图,通过它确定处理功能和数据结构的实际表现形式。

2.1.2　需求分析的内容

需求分析的内容是针对待开发软件提供完整、清晰、具体的要求,确定软件必须实现哪些任务。具体分为功能性需求、非功能性需求与设计约束三个方面。

2.1.2.1　功能性需求

功能性需求即软件必须完成哪些事,必须实现哪些功能,以及为了向其用户提供有用的功能所需执行的动作。功能性需求是软件需求的主体。开发人员需要亲自与用户进行交流,核实用户需求,从软件帮助用户完成事务的角度上充分描述外部行为,形成软件需求规格说明书。

2.1.2.2　非功能性需求

作为对功能性需求的补充,软件需求分析的内容中还应该包括一些非功能性需求。主要包括软件使用时对性能方面要求、运行环境的要求,软件设计必须遵循的相关标准、规范、用户界面设计的具体细节、未来可能的扩充方案等。

2.1.2.3　设计约束

设计约束一般也称作设计限制条件,通常是对一些设计或实现方案的约束说明。例如,要求待开发软件必须使用 Oracle 数据库系统完成数据管理功能,运行时必须基于 Linux 环境等。

2.1.3　需求分析的工作

需求分析的工作,可以分为四个方面,即问题识别、分析与综合、制订规格说明书、评审。

(1)问题识别。就是从系统角度来理解软件,确定对所开发系统的综合要求,并提出这些需求的实现条件,以及需求应该达到的标准。这些需求包括功能需求(做什么)、性能需求(要达到什么指标)、环境需求(如机型、操作系统等)、可靠性需求(不发生故障的概率)、安全保密需求、用户界面需求、资源使用需求(软件运行是所需的内存、CPU 等)、软件成本消耗与开发进度需求、预先估计以后系统可能达到的目标。

(2)分析与综合。逐步细化所有的软件功能,找出系统各元素间的联系、接口特性和设计上的限制,分析它们是否满足需求,剔除不合理部分,增加需要部分。最后综合成系统的解决方案,给出要开发的系统的详细逻辑模型(做什么的模型)。

(3)制订规格说明书。就是编制文档,描述需求的文档称为软件需求规格说明书。请注意,需求分析阶段的成果是需求规格说明书,向下一阶段提交。

(4)评审。对功能的正确性、完整性和清晰性,以及其他需求给予评价。评审通过才可进行下一阶段的工作,否则重新进行需求分析。

2.2　任务概述

2.2.1　目标

降水量蒸发量资料整编通用软件(北方版)是为了满足水文资料整编的需要而开发的适应新仪器的发展、符合新的整编规范要求的降水量数据整编程序,其目标是开发可视化的降水量蒸发量资料整编软件,提高水文资料整编质量,提高水文资料整编速度,减轻水文资料整编劳动强度,节约人力、物力。

本软件应能实现的基本功能:完成降水量站的逐日降水量表、降水量摘录表、各时段最大降水量表①、各时段最大降水量表②的计算及成果输出;完成水面蒸发量站的逐日水面蒸发量表、水面蒸发量辅助项目月年统计表的计算及成果输出。

本软件的性能目标是界面美观、功能齐全、操作简单、适用性强、工作稳定性好。

本软件应适用于北方片目前降水量观测资料的整编,适用情况如下:不同观测时段的测站,包括常年站、汛期站;不同观测方法的测站,包括自记观测和人工观测;不同段制的记(或不记)起讫时间的观测;人工、自记交替使用的观测;一次降水过程采用人工、自记两种观测方法;不同观测数据整理方法,包括时段量法;自记观测资料坐标法。

本软件是水文资料整编全国通用软件(北方版)的三个子系统之一。其他两个子系统分别是水文资料整编全国通用软件(北方版)(水流沙、综合制表部分)和泥沙颗粒级配资料整编全国通用软件(北方版)。本软件相对独立,与其他两个子系统之间基本没有数据交换。

2.2.2　用户的特点

本软件的最终用户主要是我国北方地区各流域机构的各级整编单位和各省(自治区、直辖市)的各级整编单位,操作人员一般具有中等以上专业学历和一定的工作经验;软件的常规维护人员一般具有专科以上学历。

预期本软件的使用频度较高,在我国北方地区各流域机构的各级整编单位和各省(自治区、直辖市)的各级整编单位,每年使用将超过10万站次。

2.2.3　假定和约束

假定和约束是针对开发的软件进行的规定。

描述系统设计中最主要的约束,这些是由客户强制要求并在需求说明书写明的。说明系统是如何来适应这些约束的。另外,如果本系统跟其他外部系统交互或者依赖其他外部系统提供一些功能辅助,那么系统可能还受到其他的约束。这种情况下,要求清楚地描述与本系统有交互的软件类型(比如某某数据库软件,某某 E-Mail 软件)以及这样导致的约束(如只允许纯文本的 E-mail)。

实现的语言和平台也会对系统有约束,同样在此予以说明。

对于因选择具体的设计实现而导致对系统的约束,简要地描述自己的想法思路,经过怎么样的权衡,为什么要采取这样的设计等。

约束可包括以下内容:

(1)建议开发软件运行的最短寿命。

(2)进行显然方案选择比较的期限。

(3)经费来源和使用限制。

(4)法律和政策方面的限制。

(5)硬件、软件、运行环境和开发环境的条件和限制。

(6)可利用的信息和资源。

(7)建议开发软件投入使用的最迟时间。

2.3 需求规定

2.3.1 对功能的规定

本软件为单机版软件,同一执行过程只对应一个用户。

2.3.1.1 基本功能

本软件适用于处理北方片目前降水量观测资料的整编。整编成果按《水文资料整编规范》(SL 247—1999)要求格式形成降水量站逐日降水量表、降水量摘录表、各时段最大降水量表①、各时段最大降水量表②、区域各站降水量对照表等成果文件。

本软件适用于处理北方片目前水面蒸发量观测资料的整编。整编成果按《水文资料整编规范》要求格式形成蒸发量站逐日水面蒸发量表、蒸发量辅助项目月年统计表等成果文件。

2.3.1.2 具体功能

(1)降水量、蒸发量数据整理功能。

软件应具备为实现降水量蒸发量资料整编而必需的降水量标准数据整理功能和蒸发量标准数据整理功能,包括测站控制信息数据的整理、降水量测站基本数据的整理、水面蒸发量观测数据的整理和蒸发量辅助项目月年统计数据整理功能。

鉴于自记雨量计的发展,软件还应具备 JDZ - 1 型固态存储雨量计原始数据转换为降水量标准数据格式的功能。

(2)降水量、蒸发量计算制表功能。

软件应具备逐日降水量计算制表、降水量摘录制表、各时段最大降水量计算制表、区域各站降水量对照表的功能,具备逐日水面蒸发量计算制表和蒸发量辅助项日月年统计表编制等功能。

按站类功能,应满足大河站和小河站的有关降水量资料整编技术要求。

能够适用各种人工、自记(含固态雨量计)及混合观测等情况的降水量资料整编技术要求。

能适应以时段量法、坐标法和人工固定段制省略起始时间等数据整理方式的资料整编技术要求。

(3)降水量、蒸发量年鉴排版数据输出功能。

软件应具备按照《中华人民共和国〈水文水质年鉴排版系统〉标准数据文件格式》输出年鉴排版文件的功能。

(4)兼容"整编降水量资料全国通用程序"98 版数据的功能。

2.3.1.3 软件的 IPO 图

软件的 IPO 图如图 2-1 所示。

细化后的 IPO 图如图 2-2 所示。

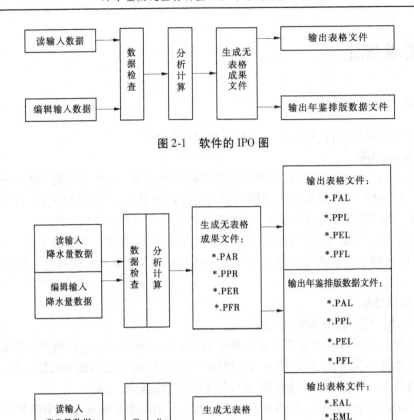

图 2-1　软件的 IPO 图

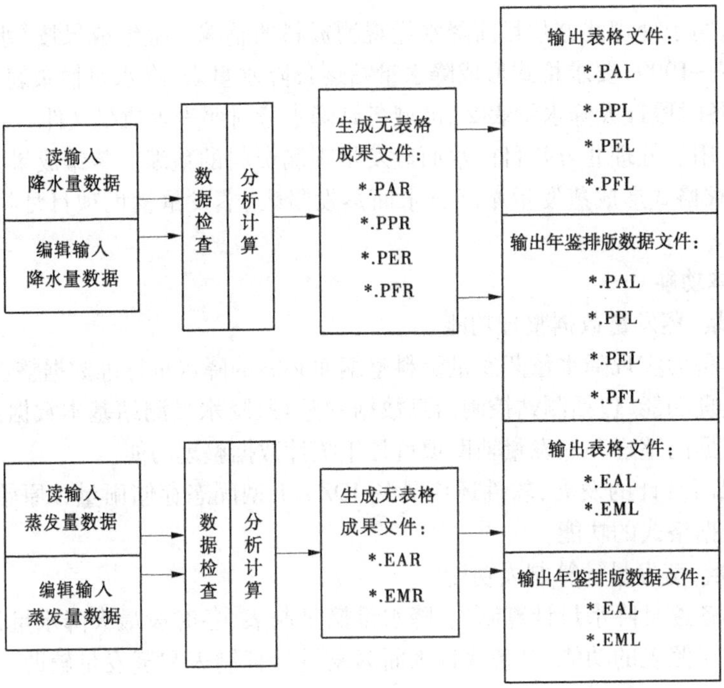

图 2-2　细化后的 IPO 图

2.3.2　对性能的规定

2.3.2.1　精度

输入输出过程中,降水量、蒸发量数据均记至 0.1,降水量的时间记至分钟。录入过程中,小数点后面数字末尾的"0"可以省略。

数据传输过程中和最终结果,均采用四舍六入奇进偶舍法。

2.3.2.2　时间特性要求

本软件采用即时响应方式,没有明确的时间要求。但软件设计中,在保证实现各项目标功能的前提下,加强优化,尽可能缩短运行时间。

2.3.2.3　灵活性

本软件适用于 Windows 运行平台。本软件将根据软件环境的变化进行升级。

本软件有其他软件的接口,主要是数据来源。只要按照本软件说明的标准格式提供数据,就能获得目标要求的结果。

本软件有统一的数据结构,修改、更新数据不会对结构造成破坏,所以维护、升级容易。

2.3.3 输入输出要求

本软件的标准数据输入均采用文本格式。

降水量和蒸发量等均为单精度(或双精度)数值类型,最多保留一位小数。注解码均采用字符(串)类型。

降水量输入数据为文本文件,扩展名约定为"POG"。逐日水面蒸发量数据为文本文件,扩展名约定为"EAG";蒸发量辅助项目月年统计数据为文本文件,扩展名约定为"EMG"。

降水量成果输出有 3 种文件:

(1)无表格(文本)数据文件:∗.PAR、∗.PPR、∗.PER(∗.PFR)。

(2)Excel 表格文件:∗.PAL、∗.PPL、∗.PEL、∗.PFL。

(3)年鉴排版格式的(文本)数据文件:∗.PAL、∗.PPL、∗.PEL、∗.PFL。

蒸发量成果输出有 3 种文件:

(1)无表格(文本)数据文件:∗.EAR、∗.EMR。

(2)Excel 表格文件:∗.EAL、∗.EML。

(3)年鉴排版格式的(文本)数据文件:∗.EAL、∗.EML。

运行过程记录文件以文本文件存储在 Temp 文件夹中,说明计算过程运行情况和错误处理情况。

2.3.4 数据管理能力要求

原则上,本软件可以管理无限组降水量蒸发量数据。

2.3.5 故障处理要求

可能的软件故障是计算成果表格文件模板的丢失。本软件可以检测到模板丢失故障,并经用户同意后重建模板。

2.3.6 其他专门要求

水文资料整编为公共的公开的工作,所以本软件没有保密要求。

软件应采用结构化的设计方式,便于维护和补充。

软件代码应当添加充分的注释说明,增强易读性。

软件应当设置充分的保护措施和错误陷阱,提高软件的安全性。

2.4　运行环境规定

2.4.1　设备

运行本软件需要的微机最低配置：P2 处理器，64 MB 内存，100 MB 硬盘空间，滑鼠。
建议使用的微机最低配置：P4 处理器，128 MB 内存，500 MB 硬盘空间，滑鼠。
打印数据应有打印机。

2.4.2　支持软件

适用的操作系统：Microsoft Windows 98/2000/XP/2003。
应安装支持软件：Microsoft Office 2000/XP/2003。

2.4.3　接口

本软件产品的接口由应用软件的数据词典和数据结构组成。
本软件产品没有特殊的通信接口，通信接口由所使用的 PC 机决定。
本软件出现故障时自动报错或关闭系统。

2.4.4　控制

本软件运行过程中不得进行 Microsoft Excel 的操作。

第 3 章　数据要求说明

3.1　编写目的

本说明的编写目的,主要是在整个开发时期向开发者提供关于被处理数据的描述和数据采集要求的技术信息,同时说明输出数据要求的技术信息。

本说明的读者对象主要是项目开发单位及其开发人员。

3.2　数据的逻辑描述

对数据进行逻辑描述时可把数据分为静态数据和动态数据。所谓静态数据,是指在运行过程中主要作为参考的数据,它们在很长的一段时间内不会变化,一般不随运行而改变。所谓动态数据,包括所有在运行中要发生变化的数据以及在运行中要输入、输出的数据。进行描述时应把各数据元素逻辑地分成若干组,例如函数、源数据或对于其应用更为恰当的逻辑分组。给出每一数据元的名称(包括缩写和代码)、定义(或物理意义)、度量单位、值域、格式和类型等有关信息。

3.2.1　静态数据

本软件的静态数据主要有测站控制信息、测站分组信息等。测站控制信息是描述测站特性和降水量整编方法数据信息,一般由整编机关确定,并保持相对稳定。测站分组信息是描述合埋性检查、水文年鉴刊印等分组顺序的信息,一般由整编机关确定,并保持相对稳定。

3.2.1.1　测站控制信息

测站控制信息通常称为"河名站名文件",由于其重要性,所以又称为"专家数据"。

1. 测站控制信息文件的命名

测站控制信息文件的命名为"JSL" + 年份 + ".PZM"。

2. 测站控制信息的数据结构

测站控制信息由站次、测站编码、河名、站名、整理方法、摘录输出、摘录段制、跨越段制、合并标准、表①表②、滑动间隔等 11 项,各项之间用逗号","分开。

(1)站次。测站在整编区内的排列序号,整型,取值 1 ~ 999。

(2)测站编码。统一编码。字符型,由 8 位数字组成。

目前我国采用的测站代码方案是:

```
#     ##    #####
流    水    测
域    系    站
地    分    序
区    区    号
```

（3）河名。字符型，不超过 12 个汉字。河名中应包含"江、河、川、沟"等。

（4）站名。字符型，不超过 12 个汉字。站名中不包括"站"字。

（5）整理方法。降水量数据整理方法，整型量。时段量法填"0"，坐标法填"1"。

（6）摘录输出。摘录表的输出方式，整型量。记起止时间填"1"；否则，填"2"。

（7）摘录段制。大河方式时摘录表的摘录段制，也是各时段最大降水量表②的滑动段制，整型。当汛期观测段制不一致时，填记其中的最低段制。如汛期有 24 段制和 12 段制，则一般应填 12 段制。但如不影响 24 段制特征值，仍可填 24 段制。

（8）跨越段制。编制摘录表时相邻时段合并不得跨越的段制，整型。如规定摘录表中合并量不得跨越 4 段制的分段时间，则填"4"。该项是测站相对固定的段值，具有明显的测站特征，所以又称为"特征段制"。

（9）合并标准。摘录表合并时单位时间降水量不得超过标准，实型。例如，规定摘录表，当相邻时段的降水强度小于或等于 2.5 mm/h 时可不合并，则填"2.5"。

（10）表①表②。编制"各时段最大降水量表①"或"各时段最大降水量表②"的控制信息，整型。做表①填"1"，做表②填"2"，同时做表①表②填"3"。

3.2.1.2　测站分组信息

1. 测站分组信息文件的命名

流域水系编码 ＋ "_" ＋ 分区编码 ＋ ". RND"。

2. 测站分组信息的数据结构

测站分组信息由流域水系及分区名称、站次、测站编码、河名、站名等组成。流域水系及分区名称为一个记录；其他各项每站一个记录，各项之间用逗号"，"分开。

各项的含义、数据类型、值域同测站控制信息。

3.2.2　动态输入数据

3.2.2.1　降水量测站基本数据

降水量测站基本数据是测站当年的降水量整编原始数据。由控制数据、正文数据、说明数据三部分组成。

1. 测站基本数据文件的命名

测站基本数据文件的命名为测站编码 ＋ 年份 ＋ ". POG"。

2. 控制数据

控制数据包括年份、测站编码、摘录段数和摘录时段。

（1）年份。资料年份，整型。填记四位公元年号，如 2002。

（2）测站编码。填统一的测站编码，字符型。填记 8 位数字字符。

（3）摘录段数。摘录表的摘录段数，整型。同时，表示摘录段制，合并强度是否相同的信息。不做摘录表填记;否则,填记分段摘录的摘录段数。当摘录时段合并时(如小河站),在摘录时段冠以负号"－"。

(4)摘录时段。顺序填列每一摘录时段的起始时间、终止时间。当各摘录时段的摘录段制或者合并标准不一致时,应填列各段的摘录段制和合并标准。起始时间和终止时间均采用组合时间,字符型。摘录时段和合并标准分别为整型和实型。

【例1】 某站分段摘录时间为5月17日12时至5月22日19时、6月1日8时至10月1日8时、10月5日14时至10月8日2时,在控制信息段中的ZD填记"3",本数据段整理为:

起	讫
51712,	52219,
60108,	100108,
100514,	100802,

【例2】 某站分段摘录时间、段制及合并标准分别为5月17日12时至5月22日19时,采用4段制摘录,合并强度为2.5 mm/h;6月1日8时至10月1日8时,采用48段制,合并强度为3.0 mm/h;10月5日14时至10月8日2时,采用12段制,合并强度采用2.0 mm/h,在控制信息段中的ZD填记"－3",本数据段为:

起	讫	时段	强度
51712,	52219,	4,	2.5,
60108,	100108,	48,	3.0,
100514,	100802,	12,	2.0,

3.正文数据

正文数据是降水量观测的基本数据,包括观测时间、降水量、观测物符号、整编符号、观测段制和合并标准等。各数据之间用逗号","分开。

(1)观测时间(字符型)。降水量观测时间的月、日、时分别以两位整数表示,分钟以两位小数表示,组成一个时间信息,其基本形式如下:

$$* * \quad * * \quad * * \quad . \quad * *$$
$$月 \qquad 日 \qquad 时 \qquad 分$$

可以省略起始时段时间,系统在运行时将自动恢复。

(2)降水量(实型)。由四位数字和一位小数组成,可表示的最大降水量为9 999.9 mm。可以是时段量,也可以是坐标量,但必须与测站控制信息中的整理方法一致。

(3)观测物符号(字符型)。观测物符号包括雪(＊)、雨夹雪(·＊)、雹(A)、雹夹雪(A＊)、霜(U)和雾(※)等六种。

(4)整编符号(字符型)。包括缺测"－"、合并"!"、不全")"、插补"@"、欠准"?"、改正"＋"、停测"W"和分列"Q"等八种。

(5)观测段制(整型)。是指实际观测采用的段制。自记记录的观测段制用99表示。

(6)合并标准(实型)。是指摘录表中相邻时段合并时,降水强度不能超过的标准。

4.说明数据

说明数据,字符型量,包括逐日降水量表、降水量摘录表和各时段最大降水量表中的附注内容。各表的附注文字录入测站基本数据文件的末尾,并在三种附注前分别冠以"/ZR"、"/ZL"和"/TZ"。某表没有附注时,其前冠可以省略。

3.2.2.2 蒸发量测站基本数据

蒸发量测站基本数据是测站当年的水面蒸发量整编原始数据,包括两方面的内容,即水面蒸发量基本数据和水面蒸发量辅助项目观测数据。水面蒸发量基本数据由控制数据、正文数据、说明数据三部分组成。

1. 测站基本数据文件的命名

水面蒸发量基本数据文件的命名方式为:测站编码 + 年份 + ".EAG"。

水面蒸发量辅助项目观测数据文件的命名方式为:测站编码 + 年份 + ".EMG"。

2. 水面蒸发量基本数据文件控制数据

水面蒸发量基本数据文件控制数据包括年份、测站编码和月年统计信息。

年份:资料年份,整型。填记四位公元年号,如 2002。

测站编码:填统一的测站编码,字符型。填记 8 位数字字符。

月年统计信息:是否进行月统计和年统计的标志,整型,共 13 项。统计填"1",否则填"0"。

3. 水面蒸发量基本数据文件正文数据

水面蒸发量基本数据文件正文数据是水面蒸发观测的基本数据,包括蒸发器位置特征、蒸发器形式、每日的水面蒸发量和观测物符号、整编符号等。各数据之间以逗号","分开。蒸发量排列顺序按时间顺序。

4. 水面蒸发量基本数据文件说明数据

水面蒸发量基本数据文件说明数据,字符型量,可以包含汉字字符和数字字符。

5. 水面蒸发量辅助项目观测数据文件

水面蒸发量辅助项目观测数据文件包括辅助项目的观测高度,观测高度处的气温、水汽压、水汽压力差和风速各旬的平均值。按时间顺序录入。

3.2.3 动态输出数据

成果数据文件(不带表格)应包括能够生成表格文件和水文年鉴排版数据的所有信息。其内容包括控制信息、正文信息、附注信息三大类。

3.2.3.1 控制信息

控制信息位于成果数据文件的第一行。各数据以逗号","分隔。

必备项:年份、站码、河名、站名等。

其他项:表中各数据项单位、正文数据记录数等,根据各表需要而定。

3.2.3.2 正文信息

(1)每一条数据记录包括时间、要素值、要素注解码(观测物及整编符号合为一项)。

(2)逐日表参照年鉴格式,以二维表方式存储。日值部分不需带日期,月年统计部分的日期以月、日分开方式存储,并带有注解码。

(3)其他表项的时间按照 Windows 系统缺省时间格式存储,可为如下任一组合:①年 - 月 - 日(yyyy - mm - dd);②年 - 月 - 日 时:分(yyyy - mm - dd HH:MM)。

同一时间的各项数据可并为同一条记录,如降水量摘录表中一条记录可为:

　　yyyy－mm－dd HH:MM,yyyy－mm－dd HH:MM,降水量,注解码

(4)数据信息要完整,与上一记录相同部分(水位整米数、相同时间、文字项等)不能省略。

(5)停测等无资料时数据部分和符号部分全部为空,其他情况数据部分为空,注解码按水文资料整编规范添制。

3.2.3.3　附注信息

每行作为一个记录,不加标示符。

3.2.4　内部生成数据

运行记录文件中存储了软件运行过程中遇到的问题和数据错误信息,可供用户和开发维护人员参考。

3.2.5　数据约定

本软件对数据量没有限制。

3.3　数据的采集

3.3.1　要求和范围

本软件的数据可以直接由二进制数据转变而来,也可以由用户操作员输入。可以单站数据输入并执行处理,也可以进行批量处理。

数据位于本机或任何一台连接到本机的同一局域网内的磁盘数据输入均有效。

所有输出数据直接储存于本机磁盘。

数据值的范围参见"3.2　数据的逻辑描述"。

3.3.2　输入的承担者

本软件的数据可以直接由二进制数据转变而来,也可以由用户操作员输入。

3.3.3　预处理

如果采用其他软件进行数据预处理或转换,则处理或转换后的数据应符合"3.2　数据的逻辑描述"中的要求。

第4章　概要设计

4.1　编写目的

在水文资料整编全国通用软件(北方版)的前一阶段,也就是需求分析阶段,已经将系统用户对本系统的需求做了详细的阐述,并在需求规格说明书中得到详尽的叙述及阐明。为有效指导水文资料整编全国通用软件(北方版)设计和开发而编制此概要设计。本阶段在系统需求分析的基础上做概要设计,主要解决实现水文资料整编全国通用软件(北方版)需求的程序模块设计问题。它包括如何把该系统划分成若干个模块、决定各个模块之间的接口、模块之间传递的信息,以及数据结构、模块结构的设计等。

在下一阶段的详细设计中,程序设计员可参考此概要设计报告,在概要设计对水文资料整编全国通用软件(北方版)所做的模块结构设计的基础上,对系统进行详细设计。在以后的软件测试以及软件维护阶段也可参考此说明书,以便于了解在概要设计过程中所完成的各模块设计结构,或在修改时找出在本阶段设计的不足或错误。

编写本文档的目的在于从总体设计的角度明确水文资料整编全国通用软件(北方版)的功能和处理模式,使系统开发人员和产品管理人员明确产品功能,可以有针对性地进行系统开发、测试、验收等各方面的工作,是软件维护人员的目标和工作依据,主要是针对项目开发人员和软件维护人员而编写的。

4.2　总体设计

4.2.1　需求规定

对需求的规定详见2.3小节内容。

4.2.2　运行环境规定

运行环境规定详见2.4小节内容。

4.2.3　基本设计概念和处理流程

下面将使用(结构化设计)面向数据流的方法对降水量蒸发量资料整编通用软件的处理流程进行分析。按照整编的数据项目划分,本软件可分为两大部分:一是降水量资料整编;二是蒸发量资料整编。按照整编的过程划分,本软件可分为三个环节:一是数据整理;二是整编计算;三是成果输出。

降水量蒸发量资料整编软件总框图见图 4-1。

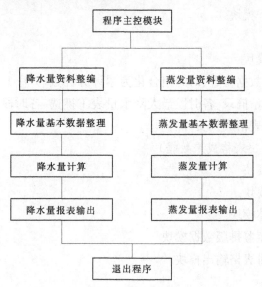

图 4-1　降水量蒸发量资料整编软件总框图

4.2.4　软件结构设计

4.2.4.1　软件总体结构

本程序包括主控模块、测站控制信息模块、测站基本数据整理模块、逐日降水量计算模块、降水量摘录计算模块、时段最大降水量计算模块、逐日水面蒸发量计算统计模块、蒸发量辅助项目处理模块、报表生成模块和报表输出模块等主要模块。这些模块构成了本程序的框架,可以实现一次计算即完成逐日降水量表、降水量摘录表、各时段最大降水量表①和各时段最大降水量表②的编制输出,可以编制输出逐日水面蒸发量表和蒸发量辅助项目统计表。

同时,可以通过本程序按标准录入降水量数据,转换 JDZ-1 型固态存储自记雨量计记录的数据,还可以导入 FORTRAN 语言版降水量整编数据。

1. 控制信息编辑

控制信息编辑模块

2. 降水量

1) 降水量基本数据整理

降水量基本数据编辑窗体模块

单站降水数据校对模块

自记雨量数据转换模块

单站校对结果列表窗体模块

批量数据校对模块

FOR 版数据转换模块

摘录时段挑选公共过程模块

数据校对公共过程模块

2) 降水量计算

降水量分析计算模块

含恢复起始时间、数据检查、时间组合化为累计分钟数(1 月 1 日 8 时起始分钟数)、逐日降水量计算、降水量摘录、各时段最大降水量表①挑选、各时段最大降水量表②挑选等,计算完毕后生成无表格成果文件。

3) 降水量制表(输出表格成果数据)

降水量制表窗体模块

降水量制表公共模块

降水量对照表窗体模块

输出降水量成果年鉴排版数据模块

各时段最大降水量表格输出模块

3. 蒸发量

1) 蒸发量数据整理

蒸发量数据编辑模块

含蒸发量辅助项目统计数据编辑。

2) 蒸发量数据计算

蒸发量数据计算公共模块

3) 蒸发量成果制表

蒸发量制表模块

4. 公用模块

主窗体模块

主窗体背景辅助模块

公共过程模块

关于本程序窗体模块

运行状态辅助显示模块

运行状态辅助显示模块

注册表操作模块

遍历文件公共过程模块

4.2.4.2　软件总体结构图

本软件的总体结构图见图 4-2。

4.2.4.3　软件基本流程

本软件的基本流程见图 4-3。

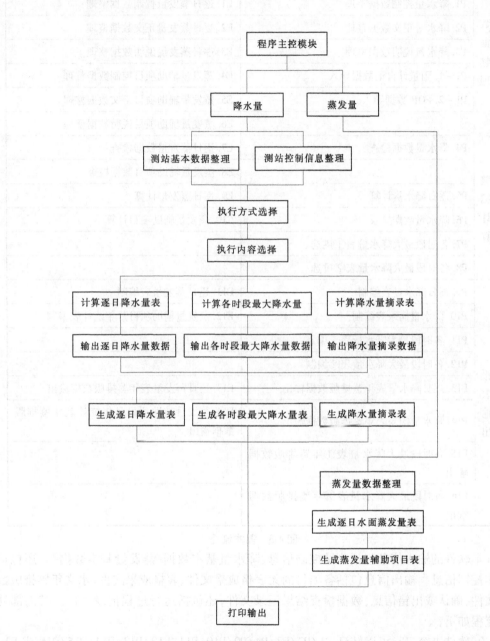

图 4-2 总体结构图

0. 软件主窗口		
	1. 测站控制信息整理	
数据整理	P1. 降水量控制数据整理	E1. 逐日蒸发量控制数据整理
	P2. 降水量正文数据整理	E2. 逐日蒸发量正文数据整理
	P3. 降水量说明数据整理	E3. 逐日蒸发量说明数据整理
	P1－1. 雨量计自记数据导入	E4. 蒸发量辅助项目控制数据整理
	P1－2. FOR 数据导入	E5. 蒸发量辅助项目正文数据整理
		E6. 蒸发量辅助项目说明数据整理
整编计算	P4. 降水量数据检查	E7. 逐日蒸发量数据检查
		E8. 蒸发量辅助项目数据检查
	P5. 逐日降水量计算	E9. 逐日蒸发量计算
	P6. 降水量数据摘录	E10. 蒸发量辅助项目计算
	P7. 各时段最大降水量表①挑选	
	P8. 各时段最大降水量表②挑选	
报表输出	P9. 逐日降水量表编制	E11. 逐日蒸发量表编制
	P10. 降水量摘录表编制	E12. 蒸发量辅助项目月年统计表编制
	P11. 各时段最大降水量表①编制	
	P12. 各时段最大降水量表②编制	
	P13. 逐日降水量表年鉴排版数据输出	E13. 逐日蒸发量表年鉴排版数据输出
	P14. 降水量摘录表年鉴排版数据输出	E14. 蒸发量辅助项目月年统计表年鉴排版数据输出
	P15. 各时段最大降水量表①年鉴排版数据输出	
	P16. 各时段最大降水量表②年鉴排版数据输出	

图 4-3　基本流程

本软件的输入信息包括测站控制信息、降水量基本数据/蒸发量基本数据等,还包括操作控制信息。输出信息包括各项目的无表格成果文件、表格成果文件、水文年鉴排版数据文件,确认或出错信息,数据检查结果记录文件,还包括运行过程记录文件。其内部处理流程如下:

0. 软件主窗口。可以转到 P1/P2/P3/P4/P9/P10/P11/P12/P13/P14/P15/P16 或 E1/E2/E3/E4/E5/E6/E9/E11/E13。

1. 测站控制信息整理。是降水量蒸发量资料整编的重要信息组,其信息决定了成果文件的河名、站名,决定了降水量数据的处理过程,决定了降水量的摘录方式、输出方式,决定了是否编制降水量表①和表②。如果测站控制信息已经整理,则可以转到 P1/P2/P3

或 E1/E2/E3/E4/E5/E6,也可以返回 0。

P1.降水量控制数据整理。如果使用本软件的编辑功能,则 P1、P2、P3 不分先后;如果使用其他编辑工具进行数据整理,则整理的数据应该符合本软件数据要求说明中2.2.1 的规定。P1、P2、P3 完成后,可以转到 P4/P9/P10/P11/P12/P13/P14/P15/P16,可以返回 0,也可以转到 E1/E7/E11/E13。

P2.降水量正文数据整理。同 P1。

P3.降水量说明数据整理。同 P1。

P1 - 1.雨量计自记数据导入。将自记雨量计记录的二进制数据转换后导入。导入完毕后返回 0。

P1 - 2.FOR 数据导入。将"整编降水量资料全国通用程序"98 版的数据导入。导入完毕后返回 0。

P4.降水量数据检查。如果降水量数据无错,则转到 P5;否则,输出错误说明和运行记录后返回 0 或 P1。

P5.逐日降水量计算。计算完毕后,根据 1 中的信息和 P2 中的信息决定转到 P6 还是返回 0 或者 P1。

P6.降水量数据摘录。计算完毕后,根据 1 中的信息和 P2 中的信息决定转到 P7/P8 还是返回 0 或者 P1。

P7.各时段最大降水量表①挑选。计算完毕后,根据 1 中的信息、操作控制信息和 P2 中的信息决定转到 P8/P9 还是返回 0 或者 P1。

P8.各时段最大降水量表②挑选。计算完毕后,根据 1 中的信息、操作控制信息和 P2 中的信息决定转到 P8/P9 还是返回 0 或者 P1。

P9.逐日降水量表编制。编制完毕后,根据操作控制信息和 1 中的信息决定转到 P10/P13 还是返回 0 或者 P1。

P10.降水量摘录表编制。编制完毕后,根据操作控制信息和 1 中的信息决定转到 P11/P12/P13 还是返回 0 或者 P1。

P11.各时段最大降水量表①编制。编制完毕后,根据操作控制信息和 1 中的信息决定转到 P12/P13 还是返回 0 或者 P1。

P12.各时段最大降水量表②编制。编制完毕后,根据操作控制信息和 1 中的信息决定转到 P13 还是返回 0 或者 P1。

P13.逐日降水量表年鉴排版数据输出。编制完毕后,根据操作控制信息和 1 中的信息决定转到 P14 还是返回 0 或者 P1。

P14.降水量摘录表年鉴排版数据输出。编制完毕后,根据操作控制信息和 1 中的信息决定转到 P15/P16 还是返回 0 或者 P1。

P15.各时段最大降水量表①年鉴排版数据输出。编制完毕后,根据操作控制信息和 1 中的信息决定转到 P15/P16 还是返回 0 或者 P1。

P16.各时段最大降水量表②年鉴排版数据输出。编制完毕后,返回 0 或者 P1。

E1.逐日蒸发量控制数据整理。如果使用本软件的编辑功能,则 E1、E2、E3、E4、E5、E6 不分先后;如果使用其他编辑工具进行数据整理,则整理的数据应该符合本软件数据要求说明中 2.2.2 的规定。E1、E2、E3、E4、E5、E6 完成后，可以转到 E7/E11/E13，可以返回 0，也可以转到 P1/P2/P3/P4/P9/P10/P11/P12/P13/P14/P15/P16。

E2. 逐日蒸发量正文数据整理。同 E1。

E3. 逐日蒸发量说明数据整理。同 E1。

E4. 蒸发量辅助项目控制数据整理。同 E1。

E5. 蒸发量辅助项目正文数据整理。同 E1。

E6. 蒸发量辅助项目说明数据整理。同 E1。

E7. 逐日蒸发量数据检查。如果逐日蒸发量数据无错，则转到 E8；否则输出错误说明和运行记录后返回 0 或 E1/E4。

E8. 蒸发量辅助项目数据检查。如果蒸发量辅助项目数据无错，则转到 E9；否则输出错误说明和运行记录后返回 0 或 E1/E4。

E9. 逐日蒸发量计算。计算完毕后，根据 1 中的信息、操作控制信息和文件信息决定转到 E10/E11/E13，或者返回 0 或 E1/E4。

E10. 蒸发量辅助项目计算。计算完毕后，根据操作控制信息和文件信息决定转到 E11/E13，或者返回 0 或 E1/E4。

E11. 逐日蒸发量表编制。编制完毕后，根据操作控制信息和文件信息决定转到 E12，或者返回 0 或 E1/E4。

E12. 逐日蒸发量表年鉴排版数据输出。编制完毕后，根据操作控制信息和文件信息决定转到 E13，或者返回 0 或 E1/E4。

E13. 逐日蒸发量辅助项目年鉴排版数据输出。编制完毕后，根据操作控制信息和文件信息决定转到 E14，或者返回 0 或 E1/E4。

E14. 蒸发量辅助项目月年统计表年鉴排版数据输出。编制完毕后，根据操作控制信息返回 0 或 E1/E4。

4.2.5　人工处理过程

人工观测的降水量数据、水面蒸发量数据、蒸发量辅助项目观测数据均需进行人工编辑；计算和报表编制输出等根据计算或输出的站数以及方式须由人工选择。

4.3　接口设计

4.3.1　用户接口

用户接口主要是本软件的用户界面。根据需求分析的结果，用户需要一个友好的界面。在界面设计上，应做到简单明了，易于操作，并且要注意到界面的布局，应突出地显示重要内容以及出错信息。外观上要做到合理化。

考虑到用户多对 Windows 风格较熟悉，应尽量向这一方向靠拢。在设计语言上，已决定使用 Microsoft Visual Basic 6.0 进行编程。在界面上可使用 Visual Basic 6 所提供的可视化组件和调用 WindowsAPI 函数，向 Windows 风格靠拢。其中，数据编辑和选项界面要做到操作简单,与《水文资料整编规范》《降水量观测规范》《水面蒸发观测规范》相一致,可视、直观,易于管理。在设计上采用下拉式菜单与工具栏相结合的方式。在出错显示上使用 Windows 标准对话框提示函数。

总的来说,系统的用户界面应做到可靠性、简单性、易学习和易使用。

4.3.2　外部接口

4.3.2.1　**软件接口**

要完成本软件的全部功能,需要 Microsoft Office 2000/XP 的支持。软件采用 Visual Basic 6.0 和 Office 的自动化接口控制 Excel 和 Word 进行工作。

降水量数据接口包括两种情况:①自记雨量记录接口,只要是按照时间、降水量、降率顺序存储的二进制数据,本软件即可转换为标准的降水量数据格式。②符合本软件规定的标准降水量、蒸发量数据格式的降水量蒸发量数据均可用于本软件的计算。

4.3.2.2　**硬件接口**

在输入方面,对于键盘、鼠标的输入,可用 Visual Basic 的标准输入/输出,对输入进行处理。

在输出方面,打印机的连接及使用,也可用 Visual Basic 的标准输入/输出对其进行处理。事实上,本软件一般将整编成果编制成 Excel 表格,可以使用 Excel 直接输出到打印机。

4.3.3　内部接口

内部接口方面,各模块之间采用函数调用、参数传递、返回值的方式进行信息传递。接口传递的信息将是以数据结构封装了的数据,以参数传递或返回值的形式在各模块间传输。

4.4　运行设计

4.4.1　运行模块组合

4.4.1.1　**批量运算**

对于降水量的标准模式运算,软件在检测到存在的降水量数据(选定文件夹下的降水量数据 *.POG)后,通过文件读入,然后通过各模块之间的数据调用,由降水量数据检查、逐日降水量计算、降水量数据摘录、各时段最大降水量表①挑选、各时段最大降水量表②挑选等模块完成降水量资料整编计算过程,并由降水量分析计算模块 modRES.bas 分别输出到无表格成果数据 *.PAR、*.PPR、*.PER 或 *.PFR 文件中。

对于降水量的表格编制,软件在检测到存在的降水量无表格成果数据 *.PAR、*.PPR、*.PER 或 *.PFR 文件后,通过文件读入,然后通过各模块之间的数据调用,由逐日降水量制表、降水量摘录数据制表、各时段最大降水量表①制表、各时段最大降水量表②制表等模块完成降水量各项成果表编制过程。

对于降水量的水文年鉴排版数据文件编制,软件在检测到存在的降水量无表格成果数据 * . PAR、* . PPR、* . PER 或 * . PFR 文件后,通过文件读入,然后通过各模块之间的数据调用,由逐日降水量年鉴排版数据文件编制、降水量摘录数据年鉴排版数据文件编制、各时段最大降水量表①年鉴排版数据文件编制、各时段最大降水量表②年鉴排版数据文件编制等模块完成降水量各项成果表年鉴排版数据文件编制过程。

蒸发量的批量运算与降水量的模块组合基本相同,这里不再赘述。

4.4.1.2　标准模式运算

对于降水量的标准模式运算,软件在检测到存在的降水量数据(选定文件夹下的降水量数据 * . POG)后,通过文件读入,然后通过各模块之间的数据调用,由降水量数据检查、逐日降水量计算、降水量数据摘录、各时段最大降水量表①挑选、各时段最大降水量表②挑选等模块完成降水量资料整编计算过程,并由降水量分析计算模块 modRES. bas 分别输出到无表格成果数据 * . PAR、* . PPR、* . PER 或 * . PFR 文件中。

当降水量各表计算完毕以后,由逐日降水量制表、降水量摘录数据制表、各时段最大降水量表①制表、各时段最大降水量表②制表等模块完成降水量各项成果表编制过程。

对于降水量的水文年鉴排版数据文件编制,软件在检测到存在的降水量无表格成果数据 * . PAR、* . PPR、* . PER 或 * . PFR 文件后,通过文件读入,然后通过各模块之间的数据调用,由逐日降水量年鉴排版数据文件编制、降水量摘录数据年鉴排版数据文件编制、各时段最大降水量表①年鉴排版数据文件编制、各时段最大降水量表②年鉴排版数据文件编制等模块完成降水量各项成果表年鉴排版数据文件编制过程。

蒸发量的批量运算与降水量的模块组合基本相同,这里不再赘述。

4.4.2　运行控制

运行控制将严格按照各模块间函数调用关系来实现。在各事务中心模块中,需对运行控制进行正确的判断,选择正确的运行控制路径。

本软件的运行包括数据整理、整编计算和成果输出等三个环节。其中,数据整理是一个相对独立的环节,主要由降水量基本数据编辑窗体模块 frmDataEnter. frm、蒸发量数据编辑模块 frmeEData. frm、数据编辑公共模块 mdlEdit. bas 完成。

整编计算和成果输出,既可以分别执行,也可以连续进行,由用户的选择来控制。具体每一个测站要计算哪些项目和输出哪些表格,则由"测站控制信息"来决定。

4.4.3　运行时间

硬件条件将影响数据访问时间(即操作时间)的长短,影响用户操作的等待时间,所以应使用高性能的计算机,建议使用 Pentium 4 及以上处理器。硬件对本系统的速度影响将会大于软件的影响。

数据整理过程中,软件运行的时间小于人的行为反应时间,忽略不计。

整编计算,每站约耗时 2 s,此时占用系统资源约 50%。

成果输出,每站约耗时 14 s,此时占用系统资源约 35%。

整编计算和成果输出连续执行,每站约耗时 16 s,此时占用系统资源约 50%。

4.5　数据结构设计

本软件的数据,基本数据、无表格成果数据和水文年鉴排版数据均采用文本结构存储,只有最终整编成果由使用单位以数据形式存储。文本结构的数据包括基本数据 5 张表和成果数据 12 张表。输出的表格成果采用 Excel 格式。

4.5.1　数据库数据结构设计

DBMS 的使用上,系统采用 Microsoft Access,系统主要需要维护基本数据 8 张数据表、整编成果数据 12 张表。各表的结构一般采用测站编码、时间、基本数据项、注解码的结构,具体见表 4-1 ~ 表 4-3。

表 4-1　降水量自记数据表

				表标识	PAG	标识号	&H70
序号	字段名	字段标识	字段类型及长度	是否允许空值		默认值	计量单位
1	测站编码	STCD	C(8)	否			
2	开始时间	BGTM	DT	否			
3	终了时间	ENDTM	DT				
4	降水量	P	N(5.1)	否			
5	降水量注解码	PRCD	C(4)				
存储	40104450,2009 – 08 – 10 T 08:18,2009 – 08 – 10 T 08:19,23.9,AA						
通知	40104450,2009 – 08 – 10 T 08:18						
索引	STCD,BGTM						

表 4-2　降水量人工数据表

				表标识	PMG	标识号	&H71
序号	字段名	字段标识	字段类型及长度	是否允许空值		默认值	计量单位
1	测站编码	STCD	C(8)	否			
2	开始时间	BGTM	DT	否			
3	终了时间	ENDTM	DT	否			
4	降水量	P	N(5.1)	否			
5	降水量注解码	PRCD	C(4)	是			
6	备注	Note	VarChar	是			
存储	40104450,2009 – 08 – 10 T 08:18,2009 – 08 – 10 T 08:19,23.9,AA						
通知	40104450,2009 – 08 – 10 T 08:18						
索引	STCD,BGTM						

表 4-3　降水量整编数据表

				表标识	POG	标识号	&H72

序号	字段名	字段标识	字段类型及长度	是否允许空值	默认值	计量单位
1	测站编码	STCD	C(8)	否		
2	开始时间	BGTM	DT	否		
3	终了时间	ENDTM	DT			
4	降水量	P	N(5.1)	否		
5	降水量注解码	PRCD	C(4)			
存储	40104450,2009 - 08 - 10 T 08:18,2009 - 08 - 10 T 08:19,23.9,AA					
通知	40104450,2009 - 08 - 10 T 08:18					
索引	STCD,BGTM					

4.5.2　物理数据结构设计

物理数据结构设计主要是设计数据在模块中的表示形式。数据在模块中都是以结构的方式表示的。

整编计算过程进行操作时需对文本结构的基本数据进行读取，经过整编计算而生成文本结构的整编成果。最终成果，根据用户的需要对数据库中的所有表，进行联合查询、修改。

物理数据结构主要用于各模块之间函数的信息传递。接口传递的信息是以数据结构封装了的数据，以参数传递或返回值的形式在各模块间传输。出错信息将送入显示模块和记录模块中，计算成果送入输出模块存储为文本格式或表格格式。

4.6　出错处理设计

4.6.1　出错输出信息

程序在运行时主要会出现两种错误，即软错误和硬错误。

4.6.1.1　软错误

由于输入信息，或无法满足要求时产生的错误，称为软错误。软错误主要发生在数据整理阶段和整编计算阶段。对于数据整理阶段的软错误，须在数据整理阶段操作成功判断及输入数据验证模块进行数据分析，判断错误类型，再生成相应的错误提示语句，送到输出模块中即时显示提醒处理。对于整编计算阶段的软错误，须在输入数据检查模块进行数据分析，判断错误类型，再生成相应的错误提示语句，送到输出模块中记录下来以备处理。

4.6.1.2　硬错误

由于其他问题，如资源占用问题或 Office 自动化等产生的问题，称为硬错误。

对于硬错误,可在出错的相应模块中输出简单的出错语句,并将程序重置。返回上一级处理。

出错信息须给出相应的出错原因和错误位置,如"时间输入错误!""无法找到控制信息!"等。

4.6.2　出错处理对策

本软件在运行过程中出错一般不会造成太大损失,只要在数据输入阶段适时存储数据即可。

批量处理过后,及时查阅运行记录文件,处理运行过程中发生的错误。

4.6.3　维护设计

维护方面,在"软件结构设计"中详述了各模块的功能和对应关系,并说明了软件流程,为软件维护打下了基础。

第 5 章　软件详细设计

5.1　编写目的

在降水量蒸发量资料整编全国通用软件(北方版)(以下简称 GPEP)的前一阶段,也就是概要设计阶段,已经将 GPEP 的总体设计、接口设计、运行设计和数据结构设计进行了说明。为有效指导降水量蒸发量资料整编全国通用软件(北方版)设计、开发和维护而编制本章,说明 GPEP 各个层次中的每一个程序（每个模块或子程序）的设计考虑,使系统开发人员和产品维护人员明确 GPEP 每一个程序（每个模块或子程序）的设计思路和实现设计方法,以有针对性地进行系统开发、测试等各方面的工作,是软件维护人员的工作依据。

本章主要是针对项目开发人员和软件维护人员而编写的。

5.2　GPEP 组织结构

按照水文资料整编数据项目划分,GPEP 可分为两大部分:一是降水量资料整编;二是蒸发量资料整编。

按照水文资料整编的过程划分,GPEP 可分为三个环节:一是数据整理;二是整编计算;三是成果输出。

GPEP 总体框图见图 5-1。

GPEP 包括主控模块、测站控制信息模块、测站基本数据整理模块、逐日降水量计算模块、降水量摘录计算模块、时段最大降水量计算模块、逐日水面蒸发量计算统计模块、蒸发量辅助项目处理模块、报表生成模块和报表输出模块等主要模块。这些模块构成了 GPEP 的框架,可以实现一次计算即完成逐日降水量表、降水量摘录表、各时段最大降水量表①和各时段最大降水量表②的编制输出,可以编制输出逐日水面蒸发量表和蒸发量辅助项目统计表。同时,可以通过 GPEP 按标准录入降水量数据,转换降水量自记记录的数据,还可以导入 FOR 版降水量整编数据。

5.2.1　GPEP 总体结构

5.2.1.1　GPEP 的 IPO 图

GPEP 的 IPO 图见图 5-2。

5.2.1.2　GPEP 总体结构图

GPEP 总体结构图见图 5-3。

图 5-1　GPEP 总体框图

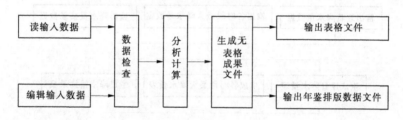

图 5-2　GPEP 的 IPO 图

5.2.2　GPEP 的模块(子程序)组成

5.2.2.1　控制信息编辑模块

控制信息编辑模块

5.2.2.2　降水量资料整编模块组成

1. 降水量资料整编 IPO 图

降水量资料整编 IPO 图见图 5-4。

2. 降水量资料整编模块

1) 降水量基本数据整理

降水量基本数据编辑窗体模块

单站降水数据校对模块

自记雨量数据转换模块

单站校对结果列表窗体模块

批量数据校对模块

FOR 版数据转换模块

摘录时段挑选公共过程模块

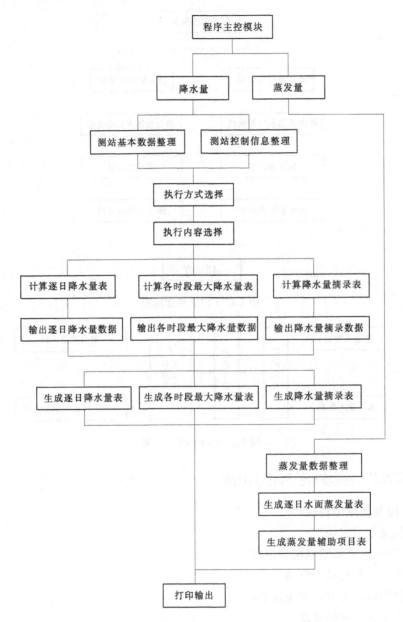

图 5-3　GPEP 总体结构图

数据校对公共过程模块

2) 降水量计算

降水量分析计算模块

含恢复起始时间、数据检查、时间组合化为累计分钟数(1 月 1 日 8 时起始分钟数)、逐日降水量计算、降水量摘录、各时段最大降水量表①挑选、各时段最大降水量表②挑选等,计算完毕后生成无表格成果文件。

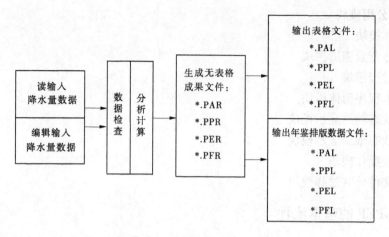

图 5-4 降水量资料整编 IPO 图

3）降水量制表（输出表格成果数据）

降水量制表窗体模块

降水量制表公共模块

降水量对照表窗体模块

输出降水量成果年鉴排版数据模块

各时段最大降水量表格输出模块

5.2.2.3 蒸发量资料整编模块组成

1. 蒸发量资料整编 IPO 图

蒸发量资料整编 IPO 图见图 5-5。

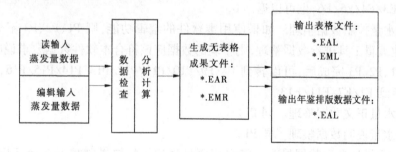

图 5-5 蒸发量资料整编 IPO 图

2. 蒸发量资料整编模块

1）蒸发量数据整理

蒸发量数据编辑模块

含蒸发量辅助项目统计数据编辑。

2）蒸发量数据计算

蒸发量数据计算公共模块

3）蒸发量成果制表

蒸发量制表模块

5.2.2.4　公用模块

　　主窗体模块

　　主窗体背景辅助模块

　　公共过程模块

　　关于本程序窗体模块

　　运行状态辅助显示模块

　　运行状态辅助显示模块

　　注册表操作模块

　　遍历文件公共过程模块

5.2.3　GPEP 的基本流程

　　本软件的输入信息包括测站控制信息、降水量基本数据/蒸发量基本数据等,还包括操作控制信息。输出信息包括各项目的无表格成果文件、表格成果文件、水文年鉴排版数据文件,确认或出错信息,数据检查结果记录文件,还包括运行过程记录文件。其内部处理流程如图5-6所示。

　　GPEP 流程说明:

　　0. 软件主窗口。可以转到 P1/P2/P3/P4/P9/P10/P11/P12/P13/P14/P15/P16 或 E1/E2/E3/E4/E5/E6/E9/E11/E13。

　　1. 测站控制信息整理。是降水量蒸发量资料整编的重要信息组,其信息决定了成果文件的河名、站名,决定了降水量数据的处理过程,决定了降水量的摘录方式、输出方式,决定了是否编制降水量表①和表②。如果测站控制信息已经整理,则可以转到 P1/P2/P3 或 E1/E2/E3/E4/E5/E6,也可以返回 0。

　　P1. 降水量控制数据整理。如果使用本软件的编辑功能,则 P1、P2、P3 不分先后;如果使用其他编辑工具进行数据整理,则整理的数据应该符本软件数据要求说明中2.2.1 的规定。P1、P2、P3 完成后,可以转到 P4/P9/P10/P11/P12/P13/P14/P15/P16,可以返回 0,也可以转到 E1/E7/E11/E13。

　　P2. 降水量正文数据整理。同 P1。

　　P3. 降水量说明数据整理。同 P1。

　　P1－1. 雨量计自记数据导入。将自记雨量计记录的二进制数据转换后导入。导入完毕后返回 0。

　　P1－2. FOR 数据导入。将"整编降水量资料全国通用程序"98 版的数据导入。导入完毕后返回 0。

　　P4. 降水量数据检查。如果降水量数据无错,则转到 P5;否则输出错误说明和运行记录后返回 0 或 P1。

　　P5. 逐日降水量计算。计算完毕后,根据 1 中的信息和 P2 中的信息决定转到 P6 还是返回 0 或者 P1。

　　P6. 降水量数据摘录。计算完毕后,根据 1 中的信息和 P2 中的信息决定转到 P7/P8 还是返回 0 或者 P1。

0. 软件主窗口		
1. 测站控制信息整理		
数据整理	P1. 降水量控制数据整理	E1. 逐日蒸发量控制数据整理
	P2. 降水量正文数据整理	E2. 逐日蒸发量正文数据整理
	P3. 降水量说明数据整理	E3. 逐日蒸发量说明数据整理
	P1-1. 雨量计自记数据导入	E4. 蒸发量辅助项目控制数据整理
	P1-2. FOR 数据导入	E5. 蒸发量辅助项目正文数据整理
		E6. 蒸发量辅助项目说明数据整理
整编计算	P4. 降水量数据检查	E7. 逐日蒸发量数据检查
		E8. 蒸发量辅助项目数据检查
	P5. 逐日降水量计算	E9. 逐日蒸发量计算
	P6. 降水量数据摘录	E10. 蒸发量辅助项目计算
	P7. 各时段最大降水量表①挑选	
	P8. 各时段最大降水量表②挑选	
报表输出	P9. 逐日降水量表编制	E11. 逐日降水量表编制
	P10. 降水量摘录表编制	E12. 蒸发量辅助项目月年统计表编制
	P11. 各时段最大降水量表①编制	
	P12. 各时段最大降水量表②编制	
	P13. 逐日降水量表年鉴排版数据输出	E13. 逐日降水量表年鉴排版数据输出
	P14. 降水量摘录表年鉴排版数据输出	E14. 蒸发量辅助项目月年统计表年鉴排版数据输出
	P15. 各时段最大降水量表①年鉴排版数据输出	
	P16. 各时段最大降水量表②年鉴排版数据输出	

图 5-6　GPEP 流程表

　　P7. 各时段最大降水量表①挑选。计算完毕后,根据 1 中的信息、操作控制信息和 P2 中的信息决定转到 P8/P9 还是返回 0 或者 P1。

　　P8. 各时段最大降水量表②挑选。计算完毕后,根据 1 中的信息、操作控制信息和 P2 中的信息决定转到 P8/P9 还是返回 0 或者 P1。

　　P9. 逐日降水量表编制。编制完毕后,根据操作控制信息和 1 中的信息决定转到 P10/P13 还是返回 0 或者 P1。

　　P10. 降水量摘录表编制。编制完毕后,根据操作控制信息和 1 中的信息决定转到 P11/P12/P13 还是返回 0 或者 P1。

P11. 各时段最大降水量表①编制。编制完毕后,根据操作控制信息和 1 中的信息决定转到 P12/P13 还是返回 0 或者 P1。

P12. 各时段最大降水量表②编制。编制完毕后,根据操作控制信息和 1 中的信息决定转到 P13 还是返回 0 或者 P1。

P13. 逐日降水量表年鉴排版数据输出。编制完毕后,根据操作控制信息和 1 中的信息决定转到 P14 还是返回 0 或者 P1。

P14. 降水量摘录表年鉴排版数据输出。编制完毕后,根据操作控制信息和 1 中的信息决定转到 P15/P16 还是返回 0 或者 P1。

P15. 各时段最大降水量表①年鉴排版数据输出。编制完毕后,根据操作控制信息和 1 中的信息决定转到 P15/P16 还是返回 0 或者 P1。

P16. 各时段最大降水量表②年鉴排版数据输出。编制完毕后,返回 0 或者 P1。

E1. 逐日蒸发量控制数据整理。如果使用本软件的编辑功能,则 E1、E2、E3、E4、E5、E6 不分先后;如果使用其他编辑工具进行数据整理,则整理的数据应该符合本软件数据要求说明中 2.2.2 的规定。E1、E2、E3、E4、E5、E6 完成后,可以转到 E7/E11/E13,可以返回 0,也可以转到 P1/P2/P3/P4/P9/P10/P11/P12/P13/P14/P15/P16。

E2. 逐日蒸发量正文数据整理。同 E1。

E3. 逐日蒸发量说明数据整理。同 E1。

E4. 蒸发量辅助项目控制数据整理。同 E1。

E5. 蒸发量辅助项目正文数据整理。同 E1。

E6. 蒸发量辅助项目说明数据整理。同 E1。

E7. 逐日蒸发量数据检查。如果逐日蒸发量数据无错,则转到 E8;否则输出错误说明和运行记录后返回 0 或 E1/E4。

E8. 蒸发量辅助项目数据检查。如果蒸发量辅助项目数据无错,则转到 E9;否则输出错误说明和运行记录后返回 0 或 E1/E4。

E9. 逐日蒸发量计算。计算完毕后,根据 1 中的信息、操作控制信息和文件信息决定转到 E10/E11/E13,或者返回 0 或 E1/E4。

E10. 蒸发量辅助项目计算。计算完毕后,根据操作控制信息和文件信息决定转到 E11/E13,或者返回 0 或 E1/E4。

E11. 逐日蒸发量表编制。编制完毕后,根据操作控制信息和文件信息决定转到 E12,或者返回 0 或 E1/E4。

E12. 逐日降水量表年鉴排版数据输出。编制完毕后,根据操作控制信息和文件信息决定转到 E13,或者返回 0 或 E1/E4。

E13. 蒸发量辅助项目年鉴排版数据输出。编制完毕后,根据操作控制信息和文件信息决定转到 E14,或者返回 0 或 E1/E4。

E14. 蒸发量辅助项目月年统计表年鉴排版数据输出。编制完毕后,根据操作控制信息返回 0 或 E1/E4。

5.3　测站控制信息编辑模块设计

控制信息编辑窗体模块 frmCrtlData 是 GPEP 的重要输入模块,主要用于测站控制信息的编辑等相关操作。本模块以 MDIChild 出现,非常驻内存。控制信息编辑公共模块 mdledit. bas 包含了控制信息编辑窗口操作的一些公共代码。

5.3.1　测站控制信息编辑窗体模块组成

控制信息编辑窗体模块 frmCrtlData. frm 由表 5-1 所列内容组成。

表 5-1

操作项名称	名称	控件	作用
年份	cmbYear	ComboBox	
控制信息编辑区	hfg2	MSHFlexGrid	(编辑)显示控制信息
文件	menuFile	菜单	
编辑	menuEdit	菜单	
选项	menuOption	菜单	
帮助	menuHelpMain	菜单	
(编辑焦点区)	tEdit	TextBox	使 hfg2 具有编辑功能

5.3.2　测站控制信息编辑模块功能

5.3.2.1　测站控制信息编辑模块 IPO 图

测站控制信息编辑模块 IPO 图如图 5-7 所示。

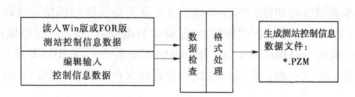

图 5-7　测站控制信息编辑模块 IPO 图

5.3.2.2　测站控制信息编辑模块输入输出项

(1)测站控制信息有站次、测站编码、河名、站名、整理方法、摘录输出、观测段制、跨越段制、合并标准、表①表②、滑动间隔等 11 项。

站次:测站在整编区内的排列序号,整型,取值 1 ~ 999。

测站编码:统一编码,字符型,由 8 位数字组成。

目前,我国采用的测站代码方案是:

　　# 　## 　#####

　　流　水　　测

域	系	站
地	分	序
区	区	号

河名:字符型,不超过 12 个汉字。河名中应包含"江、河、川、沟"等。

站名:字符型,不超过 12 个汉字。站名中不包括"站"字。

整理方法:降水量数据整理方法,整型量。时段量法填"0",坐标法填"1"。

摘录输出:摘录表的输出方式,整型量。记起止时间填"1",否则填"2"。

摘录段制:大河方式时摘录表的摘录段制,也是各时段最大降水量表②的滑动段制,整型。当汛期观测段制不一致时,填记其中的最低段制。例如,汛期有 24 段制和 12 段制,则一般应填 12 段制。但如不影响 24 段制特征值,仍可填 24 段制。

跨越段制:编制摘录表时相邻时段合并不得跨越的段制,整型。如规定摘录表中合并量不得跨越 4 段制的分段时间,则填"4"。该项是测站相对固定的段值,具有明显的测站特征,所以又称为"特征段制"。

合并标准:摘录表合并时单位时间降水量不得超过的标准,实型。例如,规定摘录表中当相邻时段的降水强度小于或等于 2.5 mm/h 时可不合并,则填"2.5"。

表①表②:编制"各时段最大降水量表①"或"各时段最大降水量表②"的控制信息,整型。做表①填"1",做表②填"2",同时做表①表②填"3"。

(2)读入的 Win 版数据为现行版本的测站控制信息数据;读入的 FOR 版数据为"整编降水量资料全国通用程序"98 版的测站控制信息数据。

(3)所有各项编制完成后,保存文件,则输出文本文件,各项之间用逗号","分开,每站的控制信息为一个记录。

5.4　降水量基本数据整理

降水量基本数据整理功能的实现由以下各模块完成。这些模块完成降水量数据编辑(含摘录时段挑选)、单站降水数据校对、批量降水数据校对、自记雨量数据转换和 FOR 版数据转换等。除模块 frmDataEnter. frm 和 frmDataCheck. frm 以 MDIChild 出现外,其他窗体模块均以对话框模式出现。各窗体模块均非常驻内存。其中包括以下模块。

5.4.1　降水量数据编辑模块组

降水量基本数据编辑窗体模块	frmDataEnter. frm
降水量基本数据编辑公共模块	mdlEdit. bas
摘录时段挑选公共模块	mdlZLSDTX. bas
单站降水数据校对模块	frmDataCheck. frm
单站校对结果列表窗体模块	frmSingleErrList. frm

5.4.2　批量数据校对模块组

批量数据校对模块	frmCollateDataSelect. frm

数据校对公共过程模块　　　　　　　　　mdlDataCollate.bas

5.4.3　自记雨量数据转换模块组

自记雨量数据转换模块　　　　　　　　　frmChangeFileSelect.frm

自记雨量数据转换模块　　　　　　　　　mdlJDZDataChage.bas

5.4.4　FOR 版数据转换模块

FOR 版数据转换模块　　　　　　　　　　frmForEditChange.ftm

5.4.5　降水量数据编辑模块组

5.4.5.1　降水量数据编辑模块 IPO 图

降水量数据编辑模块 IPO 图见图 5-8。

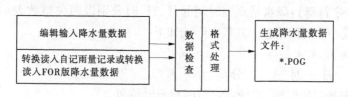

图 5-8　降水量数据编辑模块 IPO 图

5.4.5.2　降水量数据编辑窗体模块组成

降水量数据编辑窗体模块 frmDataEnter.frm 由表 5-2 所列内容组成。

表 5-2

操作项名称	名称	控件	作用
年份	cmbYear(0)	ComboBox	编辑资料年份
站号	cmbYear(1)	ComboBox	编辑测站编码
摘录时段(编辑区)	HFG1	MSHFlexGrid	编辑摘录时段
正文数据编辑区	hfg2	MSHFlexGrid	编辑正文数据
附注说明编辑区	Text1(0)	TextBox	逐日降水量表附注
	Text1(1)		降水量摘录表附注
注解码提示输入区	FGrid	MSFlexGrid	提示或输入注解码
文件	menuFile	菜单	
编辑	menuEdit	菜单	
工具	menuTools	菜单	
选项	menuOption	菜单	
窗口	menuWindows	菜单	
帮助	menuHelpMain	菜单	
(编辑焦点区)	tEdit	TextBox	使 hfg2 具有编辑功能
(编辑焦点区)	Text3	TextBox	使 HFG1 具有编辑功能

5.4.5.3 降水量数据编辑模块组的功能和流程

降水量基本数据编辑窗体模块 frmDataEnter.frm 和公共模块 mdlEdit.bas 的主要功能是进行降水量数据编辑、单站校对等。

1. 降水量数据编辑模块的输入项

年份:资料年份,整型。填记四位公元年号,如 2002。

测站编码:填统一的测站编码,字符型。填记 8 位数字字符。

摘录段数:摘录表的摘录段数,整型。同时表示摘录段制,合并强度是否相同的信息。不做摘录表填记;否则,填记分段摘录的摘录段数。当摘录段数或(如小河站)时,在摘录时段冠以负号"-"。

摘录时段:顺序填列每一摘录时段的起始时间、终止时间。如果各摘录时段的摘录段制或者合并标准不一致,应填列各段的摘录段制和合并标准。起始时间和终止时间均采用组合时间,字符型;摘录时段和合并标准分别为整型和实型。

观测时间(字符型):降水量观测时间的月、日、时分别以两位整数表示,分钟以两位小数表示,组成一个时间信息,其基本形式如下:

$$* * \quad * * \quad * * \ . \ * *$$

月　　日　　时　　　　分

可以省略起始时段时间,系统在运行时将自动恢复。

降水量(实型):由四位数字和一位小数组成,可表示的最大降水量为 9 999.9 mm。可以是时段量,也可以是坐标量,但必须与测站控制信息中的整理方法一致。

观测物(字符型):观测物符号包括雪(*)、雨夹雪(· *)、雹(A)、雹夹雪(A *)、霜(U)和雾(※)等六种。

整编符号(字符型):整编符号包括缺测"-"、合并"!"、不全")"、插补"@"、欠准"?"、改正"+"、停测"W"和分列"Q"等八种。

观测段制(整型):是指实际观测采用的段制。自记记录的观测段制用 99 表示。

合并标准(实型):是指摘录表中相邻时段合并时,降水强度不能超过的标准。

逐日降水量表附注:字符型量。每行不得超过 70 个汉字,总数不得超过 3 行。

降水量摘录表附注:字符型量。每行不得超过 70 个汉字,总数不得超过 3 行。

流程见图 5-9。

2. 降水量数据编辑模块的输出项

经过模块对数据进行过滤、组合,输出降水量数据文件

年份 + 测站编码 + ".POG"

文件结构详见《降水量蒸发量资料整编通用软件(北方版)数据要求说明》。

5.4.5.4 降水量摘录时段挑选模块的功能和流程

降水量摘录时段挑选模块 mdlZLSDTX.bas 的主要功能是按照规定标准,根据测站控制信息、降水量正文数据进行降水量摘录时段选择。该模块的内容实际上是一段子程序,非常驻内存。

1. 降水量摘录时段挑选模块的输入项

测站控制信息数据、降水量正文数据、当前年份。

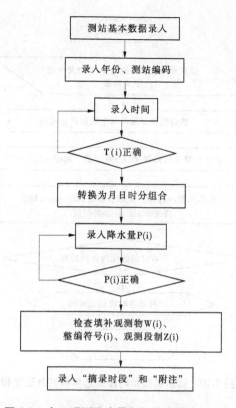

图 5-9 人工观测降水量数据整理模块结构图

2. 降水量摘录时段挑选模块的输出项

通过输出消息框列出各摘录时段的起讫时间。

3. 降水量摘录时段挑选算法概要

降水量摘录时段挑选模块的处理流程如图 5-10 所示。

主要算法如下：

```
If bb(i, 1) = sj1 Then                          '确定汛期摘录起讫时间
    If bb(i, 2) = 0 Then                        '时段起始时间,降水量为 0
        aa(jj, 1) = bb(i, 1)
    Else
        For j = i To 1 Step -1
            If bb(j, 2) = 0 Then aa(jj, 1) = bb(j, 1)
        Next j
    End If
ElseIf bb(i, 1) < sj1 And bb(i + 1, 1) > sj1 Then    '跨过开始时间
    aa(jj, 1) = bb(i + 1, 1) 各时段起讫时间排序
ElseIf bb(i, 1) = sj2 Then
    If bb(i + 1, 2) = 0 Then
        aa(jj, 2) = bb(i, 1): jj = jj + 1: Exit For
```

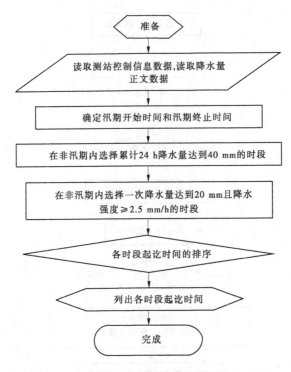

图 5-10　降水量摘录时段挑选模块的处理流程

```
    Else
        For j = i To zs
            If bb(j, 2) = 0 Then aa(jj, 2) = bb(j – 1, 1): jj = jj + 1: Exit For
        Next j
    End If
    ElseIf bb(i, 1) < sj2 And bb(i + 1, 1) > sj2 Then
        aa(jj, 2) = bb(i, 1): jj = jj + 1
End If
If bb(i, 1) > aa(1, 1) And bb(i, 1) < aa(1, 2) – 24 Then                '选40 mm摘录时段
    Else
        jsl = 0: kssj = bb(i, 1): ksxh = i
        If bb(i + 1, 1) – bb(i, 1) > = 12 Then
        Else
            For j = i + 1 To zs
                jsl = jsl + bb(j, 2)
                If bb(j + 1, 1) – bb(j, 1) > = 12 Then i = j: Exit For
                If jsl > = Val(P24) Then
                    If bb(j, 1) – kssj < 24 Then
                        jssj = bb(j, 1): jsxh = j
```

```
                    For kk  =  ksxh To 1 Step  − 1
                         If bb( kk, 2)  = 0 Or bb( kk, 1)  − bb( kk − 1, 1)  > =
12 Then aa( jj, 1)  = bb( kk, 1) : Exit For
                              Next kk
                              tt  = kssj + 24        ' 计算结束时间
                              For kk  = jsxh To zs
                              If bb( kk + 1, 1)  − bb( kk, 1)  > = 12 Then
aa( jj, 2)  = bb( kk, 1) : jj = jj + 1: Exit For
                              If bb( kk, 1)  > = tt Then
                         For jk  = kk To zs
                         If jk  = zs Then
                              aa( jj, 2)  = bb( jk, 1) : jj = jj + 1
                         Else
                              If bb( jk, 1)  − bb( jk − 1, 1)  > = 12 Or
bb( jk, 2)  = 0 Then aa( jj, 2)  = bb( jk − 1, 1) : jj = jj + 1: Exit For
                                   End If
                              Next jk
                              Exit For
                         End If
                         Next kk
                    Else
                         Exit For
                    End If
               End If
          Next j
     End If
End If
```

5.4.5.5　降水量数据编辑模块的关键技术

降水量数据编辑模块 frmDataEnter. frm 的关键技术,一是利用微软表格编辑的 KeyPress 及其捕获的 KeyAscii 进行数据分析,检索合格数据,屏蔽不合格数据。二是根据表格定位和数据结构分析,采用人工智能技术,快速确定合理位置和合理格式。主要算法如下:

```
Dim i As Integer
Dim fi As Integer
Dim fj As Integer
Dim FS As String
Dim fbln As Boolean
Dim fptxt( 4 To 7) As String
```

```
Dim lonConst As Long
On Error Resume Next
lonConst = 6
Select Case KeyAscii
Case 0 To 31
    If KeyAscii = 13 Then
        fi = HFGrid. Col
        fj = HFGrid. Row
        If fi = 2 Then
            HFGrid. Col = 1
            HFGrid. Col = fi + 1
        Else
            If Check1. Value = 1 Then
                HFGrid. Row = fj - 1
                For i = 4 To lonConst
                    HFGrid. Col = i
                    fptxt(i) = HFGrid. Text
                Next
                HFGrid. Row = fj
                If fj > 1 Then
                    For i = 4 To lonConst
                        If Not strHfgtxtIsChang(i) Then
                            If Len(fptxt(i)) > 0 Then HFGrid. Col = i: HFGrid.
Text = fptxt(i)
                        End If
                    Next
                End If
            End If
            If fi = 3 Then
                If fj + 1 = HFGrid. Rows Then
                    HFGrid. AddItem ""
                End If
                HFGrid. Col = 0
                HFGrid. Row = fj + 1
                HFGrid. Text = fj
                HFGrid. Col = 2
            Else
                If fj + 1 = HFGrid. Rows Then
```

```
                    HFGrid. AddItem " "
                End If
                HFGrid. Col = 0
                HFGrid. Row = fj + 1
                HFGrid. Text = fj
                HFGrid. Col = 2
            End If
            For i = 4 To 7
                strHfgtxtIsChang( i ) = False
            Next
        End If
    Else
            Exit Sub
    End If
Case Else
    Select Case hfg2. Col
    Case 2, 3, 7
        Select Case KeyAscii
        Case 46, 48 To 57
            Edt = Chr( KeyAscii)
            Edt. SelStart = 1
            Edt. Visible = True
            Edt. SetFocus
        Case 32
            Edt = hfg2. Text
            Edt. SelStart = 1
            Edt. Visible = True
            Edt. SetFocus
        Case Else
            Exit Sub
        End Select
    Case 4
        Select Case KeyAscii
        Case 32
            Edt = hfg2. Text
            Edt. SelStart = 1
            Edt. Visible = True
            Edt. SetFocus
```

```
Case 49
    Edt = " "
    Edt. SelStart = 1
    Edt. Visible = True
    Edt. SetFocus
Case 50 To 55
    Edt = LoadResString( KeyAscii + 200 + 11 )
    Edt. SelStart = 1
    Edt. Visible = True
    Edt. SetFocus
Case 42, 46, 65, 97, 88, 120, 85, 117, 87, 119
    Select Case KeyAscii
    Case 42
        Edt = LoadResString(261)
    Case 46
        Edt = LoadResString(262)
    Case 65, 97
        Edt = LoadResString(263)
    Case 88, 120
        Edt = LoadResString(264)
    Case 85, 117
        Edt = LoadResString(265)
    Case 87, 119
        Edt = LoadResString(266)
    End Select
    Edt. SelStart = 1
    Edt. Visible = True
    Edt. SetFocus
Case Else
    Exit Sub
End Select
Case 5
Select Case KeyAscii
Case 32
    Edt = hfg2. Text
    Edt. SelStart = 1
    Edt. Visible = True
    Edt. SetFocus
```

```
    Case 49
        Edt = " "
        Edt. SelStart = 1
        Edt. Visible = True
        Edt. SetFocus
    Case 48, 50 To 57
        If KeyAscii = 48 Then KeyAscii = 58
        Edt = LoadResString(KeyAscii + 250 + 1)
        Edt. SelStart = 1
        Edt. Visible = True
        Edt. SetFocus
    Case 33, 41, 43, 45, 63, 64, 120, 81, 113, 84, 116, 87, 119
        Select Case KeyAscii
        Case 45
            Edt = LoadResString(301)
        Case 33
            Edt = LoadResString(302)
        Case 41
            Edt = LoadResString(303)
        Case 64
            Edt = LoadResString(304)
        Case 63
            Edt = LoadResString(305)
        Case 43
            Edt = LoadResString(306)
        Case 87, 119
            Edt = LoadResString(307)
        Case 81, 113
            Edt = LoadResString(308)
        End Select
        Edt. SelStart = 1
        Edt. Visible = True
        Edt. SetFocus
    Case Else
        Exit Sub
    End Select
Case 6
    If Edt < > "V" Then
```

```
Select Case KeyAscii
Case 32
        Edt = hfg2. Text
        Edt. SelStart = 1
        Edt. Visible = True
        Edt. SetFocus
Case 48 To 57
        If Edt. Visible Then
            Select Case Val(Edt)
            Case 0
                If KeyAscii = 48 Or KeyAscii = 51 Or KeyAscii = 53 Or KeyAscii
= 55 Then

                    KeyAscii = 0
                End If
            Case 1
                If KeyAscii = 2 Or KeyAscii = 4 Then
                Else
                    KeyAscii = 0
                End If
            Case 2, 14
                If KeyAscii < > 4 Then
                    KeyAscii = 0
                End If
            Case 4
                If KeyAscii < > 8 Then
                    KeyAscii = 0
                End If
            Case 9
                If KeyAscii < > 6 And KeyAscii < > 9 Then
                    KeyAscii = 0
                End If
            Case Else
                KeyAscii = 0
            End Select
        Else
            If KeyAscii = 48 Or KeyAscii = 51 Or KeyAscii = 53 Or KeyAscii
= 55 Then

                KeyAscii = 0
```

```
                Else
                        Edt = Chr(KeyAscii)
                End If
                Edt. SelStart = 1
                Edt. Visible = True
                Edt. SetFocus
            End If
        Case 86, 118
            FS = Chr(KeyAscii)
            Edt = UCase(FS)
            Edt. SelStart = 1
            Edt. Visible = True
            Edt. SetFocus
        Case Else
            Exit Sub
        End Select
    Else
        If KeyAscii > 48 And KeyAscii < 56 Then
            Edt = LoadResString(KeyAscii + 290 + 2)
            Edt. SelStart = 1
            Edt. Visible = True
            Edt. SetFocus
        End If
    End If
    End Select
End Select
HFGrid. CellForeColor = 0
Edt. Move HFGrid. CellLeft + HFGrid. Left, HFGrid. CellTop + HFGrid. Top, _
        HFGrid. CellWidth, HFGrid. CellHeight
```

5.4.6 降水量自记数据转换模块

5.4.6.1 降水量自记数据转换模块 IPO 图

降水量自记数据转换模块 IPO 图见图 5-11。

5.4.6.2 降水量自记数据转换窗体模块组成

降水量自记数据转换窗体模块 frmChangeFileSelect. frm 由表 5-3 所列内容组成。

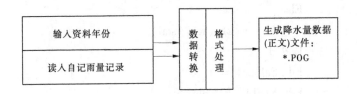

图 5-11　降水量自记数据转换模块 IPO 图

表 5-3

操作项名称	名称	控件	作用
年份	Combo1	ComboBox	编辑资料年份
磁盘	Drive1	DriveListBox	选择磁盘分区
路径	Dir1	DirListBox	选择自记录文件路径
数据格式 – RFA	Option4	OptionButton	选择自记录文件格式
数据格式 – TXT	Option1	OptionButton	选择自记录文件格式
数据格式 – *.*	Option3	OptionButton	选择自记录文件格式
所有文件列表	File1	FileListBox	Dir1 的所有文件列表
选定文件列表	List1	ListBox	从 File1 选定文件列表
转换后数据存储位置	Text1	TextBox	
转换后数据格式	Option2( )	OptionButton	选择转换结果存储格式
>	Command3	CommandButton	加入选中内容
> >	Command4	CommandButton	加入全部内容
<	Command6	CommandButton	删除选中内容
< <	Command7	CommandButton	删除全部内容
转换	Command1	CommandButton	执行转换
取消	Command2	CommandButton	取消转换操作

5.4.6.3　降水量自记数据转换模块功能和流程

降水量自记数据转换模块 frmChangeFileSelect.frm 和 mdlJDZDataChange.bas 的主要功能是将降水量自记记录数据转换为 GPEP 要求的降水量数据(正文)格式。

自记记录数据转换流程见图 5-12。

1. 降水量自记数据转换模块输入项

二进制的降水量数据流。

2. 降水量自记数据转换模块输出项

降水量数据(正文)文件。

3. 降水量自记数据转换模块算法描述

降水量自记数据转换模块的关键算法是:判断降水量为 0,则本时段降水结束,重新

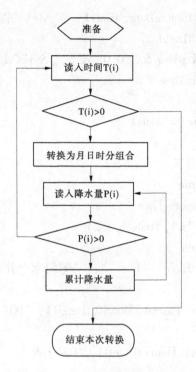

图 5-12　自记记录数据转换流程

读入时间;否则继续读入降水量数据,等斜率合并,不等斜率则累计并输出一组时间、降水量数据。

　　主要算法如下:

```
Select Case fl
    Case 0
        fVTm = fReadDay
        If fVTm(0) = 0 Then
            blnIsEnd = True
        Else
            Get #1, , mByte                  '读雨量
            mNow = mByte
            fS2 = pYear & " - " & fVTm(0) & " - " & fVTm(1) & " " & Format(fVTm
(2), "00") & ":" & Format(fVTm(3), "00")
            fiBT = fVTm(2) + fVTm(3) * 30
        End If
        If Not blnIsStart Then          '开始降雨时间格式
            fS1 = DateAdd("n", -5, fS2)
            fDate1 = Format(Month(fS1), "00") & Format(Day(fS1), "00") & _
                Format(Hour(fS1), "00") & "." & Format(Minute(fS1), "00")
```

```
            pMsg = fsDT(fBeforeDate, fDate1)              '省略相同的月日时
            fBeforeDate = fDate1
            fmsg = fmsg & pMsg & ",0.0" & "," & vbCrLf
            If mBefore > 1 Then
            Else
                fBeforeDate = fDate1
            End If
            fHave = 1
            blnIsStart = True
        ElseIf mNow = mBefore Then
            fi = DateDiff("n", fDateB, fS2)
            If fi < = 5 Then
                fHave = fHave + 1              '等斜率合并累计量
            Else
                fDate1 = Format(Month(fDateB), "00") & Format(Day(fDateB),
"00") & _
                    Format(Hour(fDateB), "00") & "." & Format(Minute(fDateB),
"00")
                pMsg = fsDT(fBeforeDate, fDate1)
                fBeforeDate = fDate1
                msg = fHave * 2 * (mBefore - 1)
                msg = Left(msg, Len(msg) - 1) & "." & Right(msg, 1)
                msg = Format(msg, "###0.0")
                fmsg = fmsg & pMsg & "," & msg & "," & vbCrLf
                If mBefore > 1 Then
                    fS1 = DateAdd("n", -5, fS2)
                    fDate1 = Format(Month(fS1), "00") & Format(Day(fS1),
"00") & _
                        Format(Hour(fS1), "00") & "." & Format(Minute(fS1),
"00")
                    pMsg = fsDT(fBeforeDate, fDate1)
                    fBeforeDate = fDate1
                    fDateB = fS2
                    fmsg = fmsg & pMsg & "," & "0.0" & "," & vbCrLf
                Else
                    fBeforeDate = fDate1
                End If
                fHave = 1
```

```
        End If
    Else
        '开始降雨时间格式
        fS1 = fDateB
        fDate1 = Format( Month( fS1 ) , "00" ) & Format( Day( fS1 ) , "00" ) & _
            Format( Hour( fS1 ) , "00" ) & "." & Format( Minute( fS1 ) , "00" )
        pMsg = fsDT( fBeforeDate, fDate1 )                '省略相同的月日时
        fBeforeDate = fDate1
        msg = fHave * ( mBefore - 1 ) * 2
        msg = Left( msg, Len( msg ) - 1 ) & "." & Right( msg, 1 )
        msg = Format( msg, "###0.0" )
        fmsg = fmsg & pMsg & "," & msg & "," & vbCrLf
        fi = DateDiff( "n", fDateB, fS2 )
        If fi > 5 Then
            fS1 = DateAdd( "n", -5, fS2 )
            fDate1 = Format( Month( fS1 ) , "00" ) & Format( Day( fS1 ) , "00" ) & _
                Format( Hour( fS1 ) , "00" ) & "." & Format( Minute( fS1 ) , "00" )
'取开始降雨的月日时分组合
            pMsg = fsDT( fBeforeDate, fDate1 )        '省略相同的月日时
            fBeforeDate = fDate1
            fDateB = fS2
            fmsg = fmsg & pMsg & ",0.0" & "," & vbCrLf
        Else
            fBeforeDate = fDate1
        End If
        fHave = 1
    End If
    fl = mNow
    mBefore = mNow
    fHaveNot = 0
Case 1
    Get #1 , , mByte                '读雨量
    mNow = mByte
    If mNow = 1 Then
        fHaveNot = fHaveNot + 1                        '记录无雨时段数
    Else
        fS1 = DateAdd( "n", fHaveNot * 5, fS2 )
        fS2 = DateAdd( "n", 5, fS1 )
```

```
            fDate1 = Format(Month(fS1), "00") & Format(Day(fS1), "00") & _
                Format(Hour(fS1), "00") & "." & Format(Minute(fS1), "00")
            pMsg = fsDT(fBeforeDate, fDate1)
            fBeforeDate = fDate1
            fmsg = fmsg & pMsg & ",0.0" & "," & vbCrLf
            fHave = 1                              '记录有雨时段数
            mBefore = mNow
        End If
        fl = mNow
    Case Is > 1
        Get #1, , mByte                '读雨量
        mNow = mByte
        If mNow = 1 Then
            '前一时段有雨,本时段无雨,写入数据,清除时段数
            fDate2 = Format(Month(fS2), "00") & Format(Day(fS2), "00") & _
                Format(Hour(fS2), "00") & "." & Format(Minute(fS2), "00")
            pMsg = fsDT(fBeforeDate, fDate2)
            fBeforeDate = fDate2
            msg = fHave * (mBefore - 1) * 2
            msg = Left(msg, Len(msg) - 1) & "." & Right(msg, 1)
            msg = Format(msg, "###0.0")
            fmsg = fmsg & pMsg & "," & msg & "," & vbCrLf
            fHave = 0                              '记录有雨时段数
            fHaveNot = 1
            fBeforeDate = fDate2
            fl = mNow
        ElseIf mNow = 0 Then
            fDateB = fS2
            'fHave = fHave + 1                      '等斜率合并
        ElseIf mNow = mBefore And fiBT < > 8 Then
            fHave = fHave + 1                       '等斜率合并
            fS2 = DateAdd("n", 5, fS2)
        Else 'If mNow < > mBefore Then
            '前一时段和本时段降率不同,写入前一时段,清除时段数
            fDate2 = Format(Month(fS2), "00") & Format(Day(fS2), "00") & _
                Format(Hour(fS2), "00") & "." & Format(Minute(fS2), "00")
            pMsg = fsDT(fBeforeDate, fDate2)                '省略相同的月日时
            fBeforeDate = fDate2
```

```
    msg  =  fHave  *  ( mBefore  -  1 )  *  2
    msg  =  Left( msg, Len( msg )  -  1 )  &  "."  &  Right( msg, 1 )
    msg  =  Format( msg, "###0.0" )
    fmsg  =  fmsg & pMsg & ","  &  msg  &  ","  &  vbCrLf
    fHave  =  1                                        '记录有雨时段数
    fHaveNot  =  0
    fBeforeDate  =  fDate2
    fl  =  mNow
    mBefore  =  mNow
    fS2  =  DateAdd( "n", 5, fS2 )                      '每 5 分钟记录一次
    If fiBT  =  8 Then
        fiBT  =  0
    End If
  End If
  fl  =  mNow
End Select
```

5.4.7　FOR 版降水量数据转换模块

FOR 版降水量数据主要是指"整编降水量资料全国通用程序"98 版的标准数据。

5.4.7.1　FOR 版降水量数据转换模块 IPO 图

FOR 版降水量数据转换模块 IPO 图见图 5-13。

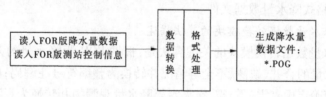

图 5-13　FOR 版降水量数据转换模块 IPO 图

5.4.7.2　FOR 版降水量数据转换窗体模块组成

FOR 版降水量数据转换窗体模块 frmForEditChange. frm 由表 5-4 所列内容组成。

表 5-4

操作项名称	名称	控件	作用
磁盘	Drive1	DriveListBox	选择磁盘分区
路径	Dir1	DirListBox	选择文件路径
数据格式 – PDT	Option4	OptionButton	选择文件格式
数据格式 – DAT	Option1	OptionButton	选择文件格式
数据格式 – *. *	Option3	OptionButton	选择文件格式

操作项名称	名称	控件	作用
所有文件列表	File1	FileListBox	Dir1 的所有文件列表
选定文件列表	List1	ListBox	从 File1 选定文件列表
转换后数据存储位置	Text1	TextBox	
转换后数据格式	Option2( )	OptionButton	选择转换结果存储格式
>	Command3	CommandButton	加入选中内容
> >	Command4	CommandButton	加入全部内容
<	Command6	CommandButton	删除选中内容
< <	Command7	CommandButton	删除全部内容
转换	Command1	CommandButton	执行转换
取消	Command2	CommandButton	取消转换操作

5.4.7.3 FOR 版降水量数据转换模块功能和流程

FOR 版降水量数据转换模块 frmForEditChange. frm 的主要功能是将"整编降水量资料全国通用程序"98 版数据转换为 GPEP 要求的降水量数据格式。

1. FOR 版降水量数据转换模块的输入项

"整编降水量资料全国通用程序"98 版数据及其相应的 98 版测站控制信息数据。

2. FOR 版降水量数据转换模块的输出项

GPEP 标准格式降水量数据文件。

3. FOR 版降水量数据转换模块的算法描述

FOR 版降水量数据转换模块的关键算法是:根据 FOR 版降水量的万位数字情况,确定相应时间降水量的合并、缺测、不全等情况并转换为整编符号注解码;根据 FOR 版降水量的百分位数值确定雨夹雪、雪、雹、雹夹雪等降水量观测物并转换为观测物符号注解码;根据 FOR 版降水量控制数据及其测站控制信息确定各时段观测段制。

主要算法如下:

```
If intKD > 0 Then
        If T(i) > = RGDZ(fiKD) And T(i) < = RGDZ1(fiKD) Then
            strFH6(i) = jRGDZ(fiKD)                              '人工时段
        ElseIf T(i) > = RGDZ1(fiKD) And fiKD < intKD Then
        fiKD = fiKD + 1
        If T(i) > = RGDZ(fiKD) And T(i) < = RGDZ1(fiKD) Then
            strFH6(i) = jRGDZ(fiKD)                              '人工时段
        Else
            If intZJ > 0 Then
                If T(i) > = ZJSD(fiZJ) And T(i) < = ZJSD(fiZJ + 1) Then
```

```
                strFH6(i) = ""                              '自记时段
          Else
              If T(i) > = ZJSD(fiZJ + 1) And fiZJ + 1 < intZJ Then
                  fiZJ = fiZJ + 2
              End If
          End If
      Else
          dMsg1 = Format(intYear & " - " & Mid(T(i), 1, 2) & " - "
& Mid(T(i), 3, 2) & " " & Mid(T(i), 5, 2) & ":" & Mid(T(i), 8, 2), "YYYY - MM -
DD HH:MM")
          dMsg2 = Format(intYear & " - " & Mid(T(i - 1), 1, 2) &
" - " & Mid(T(i - 1), 3, 2) & " " & Mid(T(i - 1), 5, 2) & ":" & Mid(T(i - 1),
8, 2), "YYYY - MM - DD HH:MM")
          intFi = DateDiff("n", dMsg2, dMsg1)
          If intFi < 30 Then
              strFH6(i) = IDZ
          ElseIf intFi < = 60 Then
              strFH6(i) = 24
          ElseIf intFi < = 120 Then
              strFH6(i) = 12
          ElseIf intFi < = 360 Then
              strFH6(i) = 4
          ElseIf intFi < = 720 Then
              strFH6(i) = 2
          Else
              strFH6(i) = 1
          End If
      End If
  End If
Else
  If intZJ > 0 Then
      If T(i) > = ZJSD(fiZJ) And T(i) < = ZJSD(fiZJ + 1) Then
          strFH6(i) = ""                              '自记时段
      Else
          If T(i) > = ZJSD(fiZJ + 1) And fiZJ + 1 < intZJ Then
              fiZJ = fiZJ + 2
          Else
              dMsg1 = Format(intYear & " - " & Mid(T(i), 1, 2) & "
```

```
 - " & Mid(T(i), 3, 2) & " " & Mid(T(i), 5, 2) & ":" & Mid(T(i), 8, 2), "YYYY -
MM - DD HH:MM")
                              dMsg2 = Format(intYear & " - " & Mid(T(i - 1), 1,
2) & " - " & Mid(T(i - 1), 3, 2) & " " & Mid(T(i - 1), 5, 2) & ":" & Mid(T(i -
1), 8, 2), "YYYY - MM - DD HH:MM")
                      intFi = DateDiff("n", dMsg2, dMsg1)
                      If intFi < 30 Then
                        strFH6(i) = ""
                      ElseIf intFi < = 60 Then
                          strFH6(i) = 24
                      ElseIf intFi < = 120 Then
                          strFH6(i) = 12
                      ElseIf intFi < = 360 Then
                          strFH6(i) = 4
                      ElseIf intFi < = 720 Then
                          strFH6(i) = 2
                      Else
                          strFH6(i) = 1
                      End If
                  End If
              End If
          Else
              dMsg2 = Format(intYear & " - " & Mid(T(i - 1), 1, 2) & " - "
& Mid(T(i - 1), 3, 2) & " " & Mid(T(i - 1), 5, 2) & ":" & Mid(T(i - 1), 8, 2),
"YYYY - MM - DD HH:MM")
              dMsg1 = Format(intYear & " - " & Mid(T(i), 1, 2) & " - " &
Mid(T(i), 3, 2) & " " & Mid(T(i), 5, 2) & ":" & Mid(T(i), 8, 2), "YYYY - MM -
DD HH:MM")
                  intFi = DateDiff("n", dMsg2, dMsg1)
                  If intFi < 30 Then
                      strFH6(i) = IDZ
                  ElseIf intFi < = 60 Then
                      strFH6(i) = 24
                  ElseIf intFi < = 120 Then
                      strFH6(i) = 12
                  ElseIf intFi < = 360 Then
                      strFH6(i) = 4
                  ElseIf intFi < = 720 Then
```

```
                        strFH6(i) = 2
                Else
                        strFH6(i) = 1
                End If
        End If
    End If
Else
    If intZJ > 0 Then
        If T(i) > = ZJSD(fiZJ) And T(i) < = ZJSD(fiZJ + 1) Then
            strFH6(i) = ""                        '自记时段
        Else
            If T(i) > = ZJSD(fiZJ + 1) And fiZJ + 1 < intZJ Then
                fiZJ = fiZJ + 2
            End If
            If p(i) > 0 Then                      '人工观测,确定段制
                fmsg = TToDT(intYear, T(i))
                msg = TToDT(intYear, T(i - 1))
                strFH6(i) = Int(24 / (DateDiff("n", msg, fmsg) / 60))
            Else
                strFH6(i) = IDZ
            End If
        End If
    Else
        If p(i) > 0 Then                          '人工观测,确定段制
            fmsg = TToDT(intYear, T(i))
            msg = TToDT(intYear, T(i - 1))
            strFH6(i) = Int(24 / (DateDiff("n", msg, fmsg) / 60))
        Else
            strFH6(i) = IDZ
        End If
    End If
End If
If intBQ > 1 And i < N Then
    If WCRQ(fiBQ) = T(i) Then
        strFH5(i) = "W"
        fiBQ = fiBQ + 1
    ElseIf WCRQ(fiBQ) < T(i) Then
        N = N + 1
```

```
ReDim Preserve T(N)
ReDim Preserve p(N)
ReDim Preserve strFH4(N)
ReDim Preserve strFH5(N)
ReDim Preserve strFH6(N)
For j = N To i + 1 Step -1
    T(j) = T(j - 1)                              '后移
    p(j) = p(j - 1)                              '后移
Next
T(i) = WCRQ(fiBQ)
p(i) = 0
strFH5(i) = "W"
fiBQ = fiBQ + 1
        End If
    End If
    If p(i) > 20000 Then
        msg = Str(p(i))
        p(i) = Val(Right(msg, Len(msg) - 2))
        strFH5(i) = "!"
        'strFH5(i - 1) = "!"
    ElseIf p(i) = 20000 Then
        p(i) = 0
        strFH5(i) = "!"
    ElseIf p(i) > 10000 Then
        msg = Str(p(i))
        p(i) = Val(Right(msg, Len(msg) - 2))
        strFH5(i) = ")"
    ElseIf p(i) = 10000 Then
        p(i) = 0
        strFH5(i) = " - "
    End If
```

5.4.8　固态存储数据处理

早期的固态存储数据的存储器包括 DT300 和 DT350 两种,均为十六进制数据,其中 DT350 包括水位观测数据。DT300 数据格式如下:

< HEADER > :R

Station ID 26350

DT300 2.10

09/12/08　09:42

<BASE>

091C　0918　7ED1D2　　7FE3C4　03　04　02　01

<START>

0000:2FDD00A47F6D3E00A47F6D3E00A47F6D

0010:3E00A87F6D3E00A47F6D3E00A87F6D3F

0020:00A47F6D3F00E07F6D4000A47F6D4000

0030:E07F6D4500A47F6D4500E07F6D4A00A4

0040:7F6D4A00E07F6D4F00A47F6D4F00E07F

0050:6D5400A47F6D5400E07F6D5900A47F6D

0060:5900E07F6D5E00A47F6D5E00E07F6D63

0070:00A47F6D6300E07F6D6800A47F6D6800

0080:A87F6D6A00A47FDF7E00E07FDF8200A4

0090:7FDF8200E07FDF8700A47FDF8700E07F

⋮

2E70:A47EE47E00E07EE48300A47EE48300E0

2E80:7EE48800A47EE48800E07EE48D00A47E

2E90:E48D00E07EE49200A47EE49200E07EE4

2EA0:9700A47EE49700E07EE49C00A47EE49C

<DD84>

<END>

DE OK

经过深入分析,采用合理方法对数据进行解码,形成各种整编数据合理格式,为本软件生成的数据格式。

5.5　蒸发量基本数据整理

蒸发量基本数据整理功能的实现由以下各模块完成。这些模块完成水面蒸发量数据编辑、蒸发量辅助项目月年统计数据编辑等。模块 frmeEData. frm 以 MDIChild 出现,非常驻内存。其中包括以下模块:

蒸发量数据编辑模块　　　　　　　　　　frmeEData. frm

蒸发量数据编辑公共模块　　　　　　　　mdlEdit. bas

5.5.1　蒸发量数据编辑模块 IPO 图

蒸发量数据编辑模块 IPO 图见图 5-14。

5.5.2　蒸发量数据编辑窗体模块组成

蒸发量数据编辑窗体模块 frmeEData. frm 由表 5-5 所列内容组成。

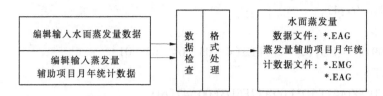

图 5-14　蒸发量数据编辑模块 IPO 图

表 5-5

操作项名称	名称	控件	作用
年份	cmbYear(0)	ComboBox	编辑资料年份
站号	cmbYear(1)	ComboBox	编辑测站编码
编辑选项	TabStrip1	TabStrip	蒸发量和辅助项目切换
蒸发器位置特征	Text5	TextBox	
蒸发器形式	Text5	TextBox	
水面蒸发量编辑区	hfg2	MSHFlexGrid	编辑正文数据
水面蒸发量编辑焦点区	tEdit	TextBox	正文编辑焦点区
统计标志	Check1	CheckBox	月年统计标志
附注(水面蒸发量数据)	Text2	TextBox	
	Text3	TextBox	输入辅助项目观测高度
辅助项目编辑区	MSHFlexGrid1	MSHFlexGrid	编辑蒸发量辅助项目
	Text3	TextBox	辅助项目输入焦点区
	Text7	TextBox	辅助项目年平均值输入焦点区
附注(辅助项目数据)	Text4	TextBox	辅助项目附注输入区
注解码提示输入区	FGrid	MSFlexGrid	提示或输入注解码
文件	menuFile	菜单	
编辑	menuEdit	菜单	
运行	menuRun	菜单	
选项	menuOption	菜单	
帮助	menuHelpMain	菜单	

5.5.3　蒸发量数据编辑模块组的功能

蒸发量数据编辑模块 frmeEData. frm 和数据编辑公共模块 mdlEdit. bas 的主要功能是

进行水面蒸发量数据文件和蒸发量辅助项目月年统计数据文件编辑等。

5.5.3.1　蒸发量数据编辑模块的输入项

1. 水面蒸发量数据

年份:资料年份,整型。填记四位公元年号,如2002。

测站编码:填统一的测站编码,字符型。填记8位数字字符。

月年统计信息:是否进行月统计和年统计的标志,整型量,共13项。统计填"1",否则填"0"。

正文数据:是水面蒸发观测的基本数据,包括蒸发器位置特征、蒸发器形式、每日的水面蒸发量和观测物符号、整编符号等。蒸发量排列顺序按时间顺序。每月的上、中、下旬各为一个记录。

说明数据:字符型量,可以包含汉字字符和数字字符。

2. 蒸发量辅助项目月年统计数据

年份:资料年份,整型。填记四位公元年号,如2002。

测站编码:填统一的测站编码,字符型。填记8位数字字符。

观测高度:实形量。

正文数据:包括辅助项目的观测高度、观测高度处的气温、水汽压、水汽压力差和风速各句的平均值。按时间顺序输入。

说明数据:字符型量,可以包含汉字字符和数字字符。

5.5.3.2　蒸发量数据编辑模块的输出项

编辑完成后,输出水面蒸发量数据文件 *. EAG 和蒸发量辅助项目月年统计数据文件 *. EMG。

```
Dim msg As String
Dim FileName As String
Dim fmsg As String, fss As String, fssMsg As String
Dim lngErr As Long
If blnMeIsChange = True Then
    If Text3(0) < > "" Or MSHFlexGrid1. TextMatrix(1, 1) < > "" Or Text5 < >
"" Or hfg2. TextMatrix(1, 1) < > "" Or Text2 < > "" Then
        msg = MsgBox("数据已经改变,如果不保存将无法计算。是否存储文
件?", vbYesNoCancel)
        If msg = vbYes Then
            menuSave_Click
            blnMeIsChange = False
        ElseIf msg = vbNo Then
            fmsg = "数据文件 ( *. EAG)| *. EAG|数据文件 ( *. DAT)| *. DAT|
文本文件( *. txt)| *. txt|"
            FileName = fcnGetFileName(frmMDIPrecipitation. CDlog1, App. path &
"\Data", "", True, "EAG", fmsg, 0)
```

```
                    fmsg = " "
                    fmsg = Dir(FileName, vbDirectory)
                If Len(fmsg) > 0 And FileName < > " " Then
                        lngErr = fcnEDCkeck(FileName)
    '数据检查
                        If lngErr < = 0 Then
                            fcnEvaporationOperation FileName        '逐日表计算
                            fmsg = Now
                            fmsg = Year(fmsg) & Format(Month(Now), "00") & Format
(Day(Now), "00") & "_" & Format(Hour(Now), "00") & Format(Minute(Now),
"00")
                            fss = App. path & "\Data\Temp\RunLog\"
                            If Len(Dir(fss, vbDirectory)) = 0 Then CreateNestedFolders
fss        '创建运行记录文件夹
                            strRunLogFile = fss & fmsg & ". txt"        '运行记录文件名
                            fssMsg = App. path & "\Data\Middle 文件夹"
                            fss = fmsg & vbCrLf & vbCrLf & "计算结果存储在"
                            fss = fss & fssMsg & vbCrLf & "运行记录存储在" & strRun-
LogFile
                            MsgBox fss
                        Else
                            fmsg = Now
                            fmsg = Year(fmsg) & Format(Month(Now), "00") & Format
(Day(Now), "00") & "_" & Format(Hour(Now), "00") & Format(Minute(Now),
"00")
                            fss = App. path & "\Data\Temp\RunLog\"
                            If Len(Dir(fss, vbDirectory)) = 0 Then CreateNestedFolders
fss        '创建运行记录文件夹
                            strRunLogFile = fss & fmsg & ". txt"        '运行记录文件名
                            fss = "数据错误,不计算" & vbCrLf & "检查记录存储在" &
strRunLogFile
                            MsgBox fss
                        End If
                End If
            ElseIf msg = vbCancel Then
                Exit Sub
            End If
        End If
```

```
        End If
        If Not blnMeIsChange Then
            FileName = ZFFilename
            fmsg = ""
            fmsg = Dir(FileName, vbDirectory)
            If Len(fmsg) > 0 Then
                lngErr = fcnEDCkeck(FileName)                        '数据检查
                If lngErr < = 0 Then
                    fcnEvaporationOperation FileName       '逐日表计算
    '               fmsg = App. path & "\Data\" & intNF & "\RAW\EAG\" & lngCZBM
& intNF & ". EMG"
                    fmsg = Replace(fmsg, ". EAG", ". EMG")
                    If Dir(fmsg, vbDirectory) < > "" Then
    '                   frmRunDisplay. Label1 = "正在编制 蒸发量辅助项目表 ,请稍侯!"
    '                   frmRunDisplay. Refresh
                        fcnEFZXM_RES fmsg                   '生成蒸发量辅助项目 RES
                    End If
                    fmsg = Now
                    fmsg = Year (fmsg) & Format (Month (Now), "00") & Format (Day
(Now), "00") & "_" & Format(Hour(Now), "00") & Format(Minute(Now), "00")
                    fss = App. path & "\Data\Temp\RunLog\"
                    If Len(Dir(fss, vbDirectory)) = 0 Then CreateNestedFolders fss
'创建运行记录文件夹
                    strRunLogFile = fss & fmsg & ". txt"           '运行记录文件名
                    fssMsg = App. path & "\Data\Middle 文件夹"
                    fss = fmsg & vbCrLf & vbCrLf & "计算结果存储在"
                    fss = fss & fssMsg & vbCrLf & "运行记录存储在" & strRunLogFile
                    MsgBox fss
                Else
                    fmsg = Now
                    fmsg = Year (fmsg) & Format (Month (Now), "00") & Format (Day
(Now), "00") & "_" & Format(Hour(Now), "00") & Format(Minute(Now), "00")
                    fss = App. path & "\Data\Temp\RunLog\"
                    If Len(Dir(fss, vbDirectory)) = 0 Then CreateNestedFolders fss
'创建运行记录文件夹
                    strRunLogFile = fss & fmsg & ". txt"           '运行记录文件名
                    fss = "数据错误,不计算" & vbCrLf & "检查记录存储在" & strRun-
LogFile
```

```
        MsgBox fss
      End If
    End If
  End If
```

第 6 章　降水量整编计算功能模块组

降水量整编计算功能的实现由以下各模块完成。这些模块完成包括恢复起始时间、数据检查、时间组合化为累计分钟数(1 月 1 日 8 时起始分钟数)、逐日降水量计算、降水量摘录、各时段最大降水量表①挑选、各时段最大降水量表②挑选等功能,计算完毕后生成无表格成果文件。除窗体模块 frmStationSelect. frm 以对话框模式出现非常驻内存,其他模块在降水量整编计算功能的实现过程中常驻内存。降水量整编计算模块包括:

计算文件选择窗体模块　　　　　frmStationSelect. frm
公共模块　　　　　　　　　　　mdlGenreal. bas
　　　　　　　　　　　　　　　mdlPDayTable. bas
　　　　　　　　　　　　　　　mdlRES. bas

6.1　降水量整编计算模块组 IPO 图

降水量整编计算模块组 IPO 图见图 6-1。

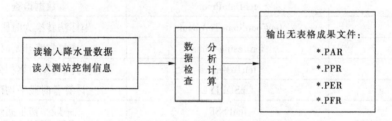

图 6-1　降水量整编计算模块组 IPO 图

6.2　降水量整编计算文件选择窗体模块组成

降水量整编计算窗体模块 frmStationSelect. frm 由表 6-1 所列内容组成。

表 6-1

操作项名称	名称	控件	作用
磁盘分区	Drive1	DriveListBox	选择磁盘分区
路径	Dir1	DirListBox	选择文件路径
数据格式 – PDT	Option4	OptionButton	选择文件格式
数据格式 – DAT	Option1	OptionButton	选择文件格式
所有文件	File1	FileListBox	Dir1 的所有文件列表

续表 6-1

操作项名称	名称	控件	作用
选定文件	List1	ListBox	从 File1 选定文件列表
>	Command3	CommandButton	加入选中内容
> >	Command4	CommandButton	加入全部内容
<	Command6	CommandButton	删除选中内容
< <	Command7	CommandButton	删除全部内容
确定	Command1	CommandButton	执行转换
取消	Command2	CommandButton	取消转换操作

6.3 降水量整编计算公共模块组成

降水量整编计算各公共模块所包含的主要过程及其作用见表 6-2。

表 6-2

模块名称	主要过程	过程的作用
mdlGenreal. bas	fcnSingelOperation	单站计算入口
	fcnReadData	读取降水量数据
	fcnReadCtrlData	读取测站控制信息
	fcnDataProof	数据检查
	fcnCoordinateToAmount	坐标法转换为时段量法
	fcnResumeTime	恢复省略开始时间
	fcnToMinute	将时间转换为累积分钟数
	fcnSDPJYL	计算各时段平均雨量
	fcnFSSP	一般站初步摘录
	fcnFsspSmall	小河站初步摘录
	fcnNoMinuteSelectedPassage	不记起讫时间的初步合并
	fcnNoMinuteSelected	不计起讫时间摘录
	fcnHaveMinuteSelected	记起讫时间摘录
	fcnTZZB1	计算各时段最大降水量表①
	fcnTZZB2	计算各时段最大降水量表②
mdlPDayTable. bas	fcnPDayTable	计算逐日平均雨量
mdlRES. bas	fcnOutPAR_RES	输出逐日降水量无表格成果
	fcnOutPPR_RES	输出降水量摘录无表格成果
	fcnOutSinglePER_RES	输出表①单排无表格成果
	fcnOutSinglePFR_RES	输出表②单排无表格成果
	fcnOutPER_RES	输出表①连排无表格成果
	fcnOutPFR_RES	输出表②连排无表格成果

6.3.1　降水量整编计算模块组功能和流程

降水量整编计算公共模块 mdlGenreal. bas、mdlPDayTable. bas 的主要功能是进行降水量整编计算,计算逐日降水量、进行降水量月年统计、进行降水量摘录、计算各时段最大降水量表①和各时段最大降水量表②,并输出降水量各种无表格文件等。

6.3.1.1　降水量整编计算模块组的输入项

降水量数据和测站控制信息数据。

6.3.1.2　降水量整编计算模块组的输出项

GPEP 标准格式逐日降水量、降水量摘录、各时段最大降水量表①和表②无表格文件等。

6.3.1.3　降水量整编计算模块组的算法描述

降水量整编计算模块组的主要算法如下:

(1)数据准备:读入降水量数据和测站控制信息数据,根据测站控制信息进行降水量数据格式检查,在降水量数据格式正确的情况下恢复省略的起始时间;如果数据整理采用坐标法,则进行坐标法到时段量法的转换;转换时间为累计分钟数,计算各时段平均雨量。至此,降水量整编计算的数据准备工作执行完毕。

(2)分项计算:计算逐日降水量;根据是否"小河站"和是否"记起迄时间"选择不同的方法进行降水量摘录;根据是否"计算各时段最大降水量表①"和是否"计算各时段最大降水量表②"进行表①、表②或两者全部的计算。

(3)成果输出:将计算结果分别输出为逐日降水量、降水量摘录、各时段最大降水量表①或(和)各时段最大降水量表②等无表格成果文件 ∗. PAR、∗. PPR、∗. PER、∗. PFR。

6.3.2　降水量数据准备阶段的主要算法

6.3.2.1　降水量数据检查

降水量数据检查的主要内容包括:时间组的月份、日期、时、分等 4 项合乎正常时间要求而无非法数值,无时间逆序发生;无非法观测物符号或非法整编符号等。降水量数据检查由过程 fcnDataProof 完成。

降水量数据准备流程见图 6-2。

6.3.2.2　恢复省略的起始时间

恢复省略的起始时间主要是用于人工观测(录入)的数据。当两组相邻观测数据的时间间隔超过其相应的观测段制且两组观测数据的降水量均大于 0(除第一组外)时,则进行起始时间恢复。恢复省略的起始时间由过程 fcnResumeTime 完成。

确定为人工观测;

确定非合并量又非停测观测;

本时段量非零(本时段有雨);

确认省略了起始时间(上一次有雨);

超过本时段观测段制的长度。

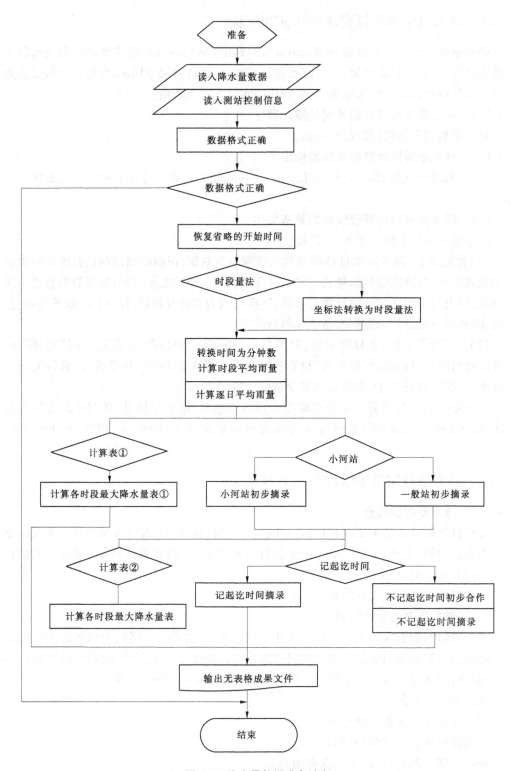

图 6-2　降水量数据准备流程

　　同时满足上述五个条件的数据即需要恢复被省略的时段起始时间。恢复被省略的起始时间程序实现如下：

```
If Val( aDZ( fi) ) < > 0 Then                    '确定为人工观测 aDZ( fi) < > "0" And
        If azF( fi) < > "!" And azF( fi) < > "W" Then        '确定非合并量又非停测观测
                If p( fi) > 0 Then                              '本时段量非零
                        If p( fi - 1) > 0 Then                  '确认省略了起始时间
                                FS = TToDT( intYear, T( fi - 1) )       '取得标准时间
                                fmsg = TToDT( intYear, T( fi) )
                                fk = DateDiff( "n", FS, fmsg)
                                fm = 1440 / aDZ( fi)
                                If fk > fm Then        '超过本时段观测段制的长度
                                        fcnInsertData fi, fmsg    '插入一个段制长度的时间、降水量等各项
                                End If
                        End If
                End If
        End If
End If
```

6.3.2.3　坐标法转换为时段量法

　　自记记录数据整理时可以采用坐标法。采用坐标法整理的数据，在两次虹吸之间应增加摘点，并需在控制信息数据中将相应的"整理方法"项置"1"。当某坐标量为人工干预量时，应将相应的"整编符号"置"T"。

　　当"整理方法"等于 1 时，本程序将进行坐标法到时段量法的转换，然后进行各项计算。程序实现如下：

```
ssng1 = p( fj)
    If azF( fj) < > "T" Then                        '本量为正常量
        If p( fj) > fsng Then                        '未虹吸，顺程
            p( fj) = p( fj) - fsng
        End If
        fsng = ssng1
    Else                                  '人工干预量，整编符号 T，实际量为零
        p( fj) = 0
        fsng = Abs( ssng1)
    End If
```

6.3.3　逐日降水量计算的主要算法

逐日降水量计算主要由模块 mdlPDayTable. bas 的发 fcnPDayTable 过程进行,其主要内容包括累计计算逐日降水量数值、计算观测物符号、统计月年降水量及其降水物符号、挑选各时段(日)最大降水量等。

6.3.3.1　观测物符号计算

观测物符号包括雪(*)、雨夹雪(· *)、雹(A)、雹夹雪(A *)、霜(U)和雾(※)等六种。观测物符号计算,首先累计日内观测物符号,再从中挑选当日特征符号。算法实现如下:

```
'累计观测无符号
If aWF(j) = "" Or aWF(j) = " " Then
    If p(j) > 0 Then ZRLW(ZTS) = ZRLW(ZTS) & " · "
Else
    ZRLW(ZTS) = ZRLW(ZTS) & aWF(j)
End If
'挑选最大(规范规定的优先级)观测无符号
If ZRL(Y) > 0 Then
    If InStr(ZRLW(Y), "A") Then
        If InStr(ZRLW(Y), " * ") Then
            ZRLW(Y) = "A * "
        Else
            ZRLW(Y) = "A"
        End If
    ElseIf InStr(ZRLW(Y), " * ") Then
        If InStr(ZRLW(Y), " · ") Then
            ZRLW(Y) = " · * "
        Else
            ZRLW(Y) = " * "
        End If
    ElseIf InStr(ZRLW(Y), " ※ ") Then
        ZRLW(Y) = " ※ "
    Else
        ZRLW(Y) = ""
    End If
Else
    ZRLW(Y) = ""
End If
If InStr(ZRLW(Y), "U") Then ZRLW(Y) = ZRLW(Y) & "U"
```

6.3.3.2　计算各日降水量并统计整编符号

逐日降水量计算与整编符号计算同步进行。首先计算各日的降水量、累计日内整编符号；然后，进行降水量月年统计，挑选当日最大整编符号；进行各时段（日）最大降水量统计。算法实现如下：

```
'逐日降水量和观测物符号计算
If InStr(azF(j), "!") Then
    If fi > 0 Then                                    '非合并开始 And j
        Y = Int(tf(j - 1) / (24 * 60) + 0.9999)
        dblRL = dblRL + p(j)
        dblRLWF = dblRLWF & aWF(j)
        If Y < > ZTS Then                             '跨日合并
            If (tf(j) Mod 1440 = 0) Then              '日分界
                If ZTS - Y > 1 Then
                    For i = Y To ZTS - 2
                        ZRLZ(i) = ZRLZ(i) & "!"
                        ZRL(i) = 0
                        ZRLW(i) = ""
                    Next
                    ZRL(i) = dblRL + ZRL(i)
                    ZRLW(i) = dblRLWF + ZRLW(i)
                End If
            Else
                For i = Y To ZTS - 1
                    ZRLZ(i) = ZRLZ(i) & "!"
                    ZRL(i) = 0
                    ZRLW(i) = ""
                Next
                ZRL(i) = dblRL + ZRL(i)
                ZRLW(i) = dblRLWF + ZRLW(i)
            End If
        End If
    End If
    fi = ZTS
Else
    If ZTS - fi > 0 Then
        ZRLZ(ZTS) = ZRLZ(ZTS) & azF(j)
        fi = 0
        dblRL = 0
```

```
                dblRLWF = ""
            Else
                dblRL = dblRL + p(j)
                dblRLWF = dblRLWF & aWF(j)
            End If
        End If
Next
'停测的处理
fmsg = ""
For j = 0 To fn
    If InStr(azF(j), "W") Then
        isW = Not isW
        If isW Then
            intYwS = Int((tf(j) + 2) / (24 * 60))
            If ((tf(j) + 2) / (24 * 60)) > Int((tf(j) + 2) / (24 * 60)) Then
                intYwS = intYwS + 1
            End If
        Else
            intYwS = Int((tf(j) - 2) / (24 * 60))
            If ((tf(j) - 2) / (24 * 60)) > Int((tf(j) - 2) / (24 * 60)) Then
                intYwS = intYwS + 1
            End If
        End If
        WZL(intYwS) = "W"
    End If
Next
'挑选最大整编符号,同步进行年降水量统计
    ZRLZ(Y) = Replace(ZRLZ(Y), "W", "")
    If InStr(ZRLZ(Y), "-") Then
        ZRLZ(Y) = "-"
        isLack = Not isLack
    ElseIf isLack Then
        ZRLZ(Y) = "-"
    ElseIf InStr(ZRLZ(Y), "!") Then
        ZRLZ(Y) = "!"
    ElseIf InStr(ZRLZ(Y), ")") Then
        ZRLZ(Y) = ")"
    ElseIf InStr(ZRLZ(Y), "@") Then
```

```
        ZRLZ(Y) = "@"
    ElseIf InStr(ZRLZ(Y), "?") Then
        ZRLZ(Y) = "?"
    ElseIf InStr(ZRLZ(Y), " +") Then
        ZRLZ(Y) = " +"
    ElseIf WZL(Y) = "W" Then
        isW = Not isW
        ZRLZ(Y) = "W"
    ElseIf InStr(ZRLZ(Y), "Q") Then
        ZRLZ(Y) = "Q"
    End If
    If isW Then ZRLZ(Y) = "W"
    If ZRL(Y) > 0 Then ts = ts + 1: tfr = tfr + ZRL(Y)    '统计年降水天数及年降
水总量
    If ZRL(Y) > YZD1T Then YZD1T = ZRL(Y): YZD1TXH = Y    '统计年最大降水
量及序号
Next Y
```

6.3.4　降水量摘录计算的主要算法

降水量摘录计算主要由模块 mdlGenreal. bas 的 fcnFsspSmall、fcnFSSP、fcnNoMinuteSe‐lectedPassage、fcnNoMinuteSelected、fcnHaveMinuteSelected 进行。

在数据准备(参见 6.3.2)和逐日降水量计算(参见 6.3.3)完成后,根据"摘录段数"intZD 和测站控制信息的"摘录输出"项决定是否进行摘录表计算和采用什么方式计算。当摘录段数等于 0 时,不进行摘录;当摘录段数大于 0 时,若"摘录输出"intQZSJ = 1 则按"记起讫时间"摘录,若 intQZSJ = 2 时则按"不记起讫时间"摘录。

摘录过程中,如果是小河站雨洪配套摘录,则相应摘录时段内的数据按照控制数据中"摘录时段"的摘录段制和合并标准进行摘录;如果其摘录段制大于 24,则原样照摘。

6.3.4.1　初步摘录

初步摘录主要包括:①对时间间隔小于 15 min(同一场降水)的降水量进行合并,但不跨过正点;②对于跨过正点的自记时段进行正点分割。

其中,普通站与小河站的降水量摘录方法不同,应注意控制参数和处理过程的变化。

降水量摘录计算流程见图 6-3。

普通站程序实现如下:

```
        '有累计量 - !)@? +WQ
        Select Case azF(i)
        Case " - ", "!", "W"
        Case ")", "@", "?", " +", "Q"
            '上一场降水非正常结束
```

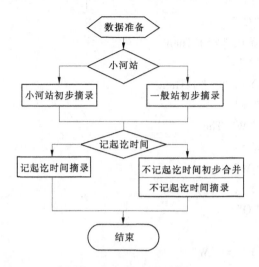

图 6-3　降水量摘录计算流程

strTZL(intZl)　=　tf(i － 1)

sngPZL(intZl)　=　fsng

strWZL(intZl)　=　fss

strZZL(intZl)　=　azF(i)

fss　=　" "

fsng　=　0

intZl　=　intZl　+　1

strTZL(intZl)　=　tf(i)

sngPZL(intZl)　=　p(i)

strWZL(intZl)　=　fss & aWF(i)

strZZL(intZl)　=　azF(i)

intZl　=　intZl　+　1

lngZDFD0　=　Int(tf(i) ／ intDC) ＊ intDC

lngZDFD1　=　lngZDFD0　+　intDC

Case Else

　　　　　'正常降水间隔,继续进行

　　If p(i)　=　0 Then

　　　　If tf(i) － tf(i － 1)　>　15 Then

　　　　　　strTZL(intZl)　=　tf(i － 1)　　　　　'上一场降水结束

　　　　　　sngPZL(intZl)　=　fsng

　　　　　　strWZL(intZl)　=　fss

　　　　　　intZl　=　intZl　+　1

　　　　　　strTZL(intZl)　=　tf(i)

　　　　　　sngPZL(intZl)　=　0

　　　　　　strWZL(intZl)　=　" "

```
            intZl = intZl + 1
            fsng = 0                              '初始化累计量
            fss = ""
            If aDZ(i) = 0 Then               '自记,确定正点分段
                lngZDFD0 = Int(tf(i) / intDC) * intDC
                lngZDFD1 = lngZDFD0 + intDC
            End If
        Else
            If tf(i) > lngZDFD1 Then               '超过正点分段
                strTZL(intZl) = lngZDFD1        ' tf(i - 1)         '上
一正点分段降水结束
                sngPZL(intZl) = fsng
                strWZL(intZl) = fss
                intZl = intZl + 1
                fsng = 0                              '初始化累计量
                fss = ""
                If aDZ(i) = 0 Then               '自记,确定正点分段
                    lngZDFD0 = Int(tf(i) / intDC) * intDC
                    lngZDFD1 = lngZDFD0 + intDC
                End If
            ElseIf tf(i) = lngZDFD1 Then               '等于正点分段
                strTZL(intZl) = lngZDFD1                'tf(i - 1)        '上
一正点分段降水结束,本端开始
                sngPZL(intZl) = fsng
                strWZL(intZl) = fss
                intZl = intZl + 1
                fsng = 0                              '初始化累计量
                fss = ""
                If aDZ(i) = 0 Then               '自记,确定正点分段
                    lngZDFD0 = Int(tf(i) / intDC) * intDC
                    lngZDFD1 = lngZDFD0 + intDC
                End If
            End If
        End If
    End If
    Else                                          '本时段有雨
    If aDZ(i) = 0 Then                         '自记
        If tf(i) > lngZDFD1 Then               '跨过正点分段
            If lngZDFD1 - tf(i - 1) < 0 Then           '正点分段滞后
```

```
                    strTZL(intZl) = tf(i)
                    sngPZL(intZl) = fsng + p(i)
                    strWZL(intZl) = fss & aWF(i)
                    intZl = intZl + 1
                    fsng = 0                              '初始化累计量
                    fss = ""
                Else
                    strTZL(intZl) = lngZDFD1
                    sngPZL(intZl) = fsng + (lngZDFD1 - tf(i - 1)) *
sngMP(i)
                    strWZL(intZl) = fss & aWF(i)
                    fss = aWF(i)
                    fi = Int((tf(i) - lngZDFD1) / intDC)
                    intZl = intZl + 1
                    Do While fi > 0
                        strTZL(intZl) = strTZL(intZl - 1) + intDC
                        sngPZL(intZl) = intDC * sngMP(i)
                        strWZL(intZl) = fss
                        intZl = intZl + 1
                        fi = fi - 1
                    Loop
                    If Val(strTZL(intZl - 1)) < tf(i) Then
                        fsng = (tf(i) - strTZL(intZl - 1)) * sngMP(i)
                    Else
                        fsng = 0                          '初始化累计量
                        fss = ""
                    End If
                End If
                lngZDFD0 = Int(tf(i) / intDC) * intDC
                lngZDFD1 = lngZDFD0 + intDC
            ElseIf tf(i) = lngZDFD1 Then                  '等于正点分段
                strTZL(intZl) = tf(i)
                sngPZL(intZl) = fsng + p(i)
                strWZL(intZl) = fss & aWF(i)
                intZl = intZl + 1
                fsng = 0                                  '初始化累计量
                fss = ""
                lngZDFD1 = tf(i) + intDC
```

```
                Else
                    fsng = fsng + p(i)                                    '正常累计
                    fss = fss & aWF(i)
                End If
            Else                                                          '人工
                If tf(i) > lngZDFD1 Then                                  '跨过正点分段
                    strTZL(intZl) = tf(i - 1)
                    sngPZL(intZl) = fsng + p(i)
                    strWZL(intZl) = fss & aWF(i)
                    intZl = intZl + 1
                    fsng = 0                                              '初始化累计量
                    fss = ""
                    lngZDFD0 = Int(tf(i) / intDC) * intDC
                    lngZDFD1 = lngZDFD0 + intDC
                Else
                    fsng = fsng + p(i)                                    '正常累计
                    fss = fss & aWF(i)
                End If
            End If
        End If
    End Select
Else                                                                      '无累计量
    Select Case azF(i)
    Case " - ", "!", "W"
    Case ")", "@", "?", " + ", "Q"
        '非正常时段
        If azF(i) = "W" Or azF(i) = " - " Then
            strTZL(intZl) = tf(i)
            sngPZL(intZl) = fsng
            strWZL(intZl) = ""
            intZl = intZl + 1
            fsng = 0
        Else
            If p(i) > 0 Then
                strTZL(intZl) = tf(i)
                fsng = fsng + p(i)
                fss = fss & aWF(i)
                sngPZL(intZl) = fsng
```

```
                        strWZL(intZl) = fss
                        intZl = intZl + 1
                        fss = " "
                        fsng = 0
                    Else
                        strTZL(intZl) = tf(i - 1)
                        sngPZL(intZl) = fsng
                        strWZL(intZl) = " "
                        intZl = intZl + 1
                        fsng = 0
                    End If
                End If
                lngZDFD0 = Int(tf(i) / intDC) * intDC
                lngZDFD1 = lngZDFD0 + intDC
        Case Else
        '正常降水间隔,继续进行
            If p(i) = 0 Then
                If i > = 1 Then
                    If tf(i) - tf(i - 1) > 15 Then
                        strTZL(intZl) = tf(i)
                        sngPZL(intZl) = 0
                        strWZL(intZl) = " "
                        intZl = intZl + 1
                        If aDZ(i) = 0 Then                          '自记,确定正点分段
                            lngZDFD0 = Int(tf(i) / intDC) * intDC
                            lngZDFD1 = lngZDFD0 + intDC
                        End If
                    ElseIf tf(i) > lngZDFD1 Then
                        strTZL(intZl) = tf(i)
                        sngPZL(intZl) = 0
                        strWZL(intZl) = " "
                        intZl = intZl + 1
                        If aDZ(i) = 0 Then                          '自记,确定正点分段
                            lngZDFD0 = Int(tf(i) / intDC) * intDC
                            lngZDFD1 = lngZDFD0 + intDC
                        End If
                    End If
                End If
            Else
```

```
                strTZL( intZl)  =  tf(i)
                sngPZL( intZl)  =  0
                strWZL( intZl)  =  " "
                intZl  =  intZl + 1
                If aDZ(i) = 0 Then                    '自记,确定正点分段
                    lngZDFD0  =  Int( tf(i) / intDC)  *  intDC
                    lngZDFD1  =  lngZDFD0  +  intDC
            End If
        End If
    Else                                             '本时段有雨
        If aDZ(i)  =  0 Then                         '自记
            If tf(i)  >  lngZDFD1 Then               '跨过正点分段
                If lngZDFD1 - tf(i - 1)  <  0 Then          '正点分段滞后
                    strTZL( intZl)  =  tf(i)
                    sngPZL( intZl)  =  fsng + p(i)
                    strWZL( intZl)  =  fss & aWF(i)
                    intZl  =  intZl + 1
                    fsng  =  0                                    '初始化累计量
                    fss  =  " "
                Else
                    strTZL( intZl)  =  lngZDFD1
                    sngPZL( intZl)  =  fsng + ( lngZDFD1 - tf(i - 1) ) *
sngMP(i)
                    strWZL( intZl)  =  fss & aWF(i)
                    fss  =  aWF(i)
                    fi  =  Int( ( tf(i) - lngZDFD1) / intDC)
                    intZl  =  intZl + 1
                    Do While fi > 0
                        strTZL( intZl)  =  strTZL( intZl - 1) + intDC
                        sngPZL( intZl)  =  intDC * sngMP(i)
                        intZl  =  intZl + 1
                        strWZL( intZl)  =  fss
                        fi  =  fi - 1
                    Loop
                    If Val( strTZL( intZl - 1) )  <  tf(i) Then
                        fsng  =  ( tf(i) - strTZL( intZl - 1) ) * sngMP(i)
                    Else
                        fsng  =  0                                '初始化累计量
```

```
                    fss = " "
                End If
            End If
            lngZDFD0 = Int(tf(i) / intDC) * intDC
            lngZDFD1 = lngZDFD0 + intDC
        ElseIf tf(i) = lngZDFD1 Then                        '等于正点分段
            strTZL(intZl) = tf(i)
            sngPZL(intZl) = p(i)
            strWZL(intZl) = aWF(i)
            intZl = intZl + 1
            fsng = 0                                        '初始化累计量
            fss = " "
            lngZDFD1 = lngZDFD1 + intDC
        Else
            If i < N Then
                If tf(i + 1) > = Val(FDZ2(ifm)) Then
                    strTZL(intZl) = tf(i)
                    sngPZL(intZl) = p(i)
                    strWZL(intZl) = aWF(i)
                    intZl = intZl + 1
                    fsng = 0                                '初始化累计量
                    fss = " "
                    lngZDFD0 = Int(tf(i) / intDC) * intDC
                    lngZDFD1 = lngZDFD0 + intDC
                Else
                    fsng = fsng + p(i)                      '正常累计
                    fss = fss & aWF(i)
                End If
            Else
                strTZL(intZl) = tf(i)
                sngPZL(intZl) = p(i)
                strWZL(intZl) = aWF(i)
                intZl = intZl + 1
                fsng = 0                                    '初始化累计量
                fss = " "
            End If
        End If
    Else                                                    '人工
```

```
                    strTZL(intZl) = tf(i)
                    sngPZL(intZl) = p(i)
                    strWZL(intZl) = aWF(i)
                    intZl = intZl + 1
                    fsng = 0                              '初始化累计量
                    fss = ""
              End If
          End If
      End Select
```

而小河站的摘录,重点在于掌握雨洪配套摘录、暴雨摘录的处理。主要代码如下:

```
If fsng > 0 Then
    '有累计量 - !)@? + WQ
    Select Case azF(i)
    Case " - ", "!", "W"                        '上一场降水非正常结束
        strTZL(intZl) = tf(i - 1)
        sngPZL(intZl) = fsng
        fsng = 0
    Case ")", "@", "?", " + ", "Q"
    Case Else
                '正常降水间隔,继续进行
        If p(i) = 0 Then
            If tf(i) - tf(i - 1) > 15 Then
                strTZL(intZl) = tf(i - 1)            '上一场降水结束
                sngPZL(intZl) = fsng
                strWZL(intZl) = fss
                fss = ""
                intZl = intZl + 1
                strTZL(intZl) = tf(i)
                sngPZL(intZl) = 0
                strWZL(intZl) = fss
                intZl = intZl + 1
                intLast = i
                fsng = 0                              '初始化累计量
                If aDZ(i) = 0 Then                    '自记,确定正点分段
                    If intDC > = 60 Then
                        lngZDFD0 = Int(tf(i) / intDC) * intDC
                        lngZDFD1 = lngZDFD0 + intDC
                    Else
```

```
                        lngZDFD0 = Int(tf(i) / 60) * 60
                        lngZDFD1 = lngZDFD0 + 60
                End If
            End If
        Else
            If tf(i) > lngZDFD1 Then                    '超过正点分段
                strTZL(intZl) = lngZDFD1     'tf(i - 1)    '上一正点分
段降水结束
                sngPZL(intZl) = fsng
                intZl = intZl + 1
                fsng = 0                                 '初始化累计量
                intLast = i
                If aDZ(i) = 0 Then                       '自记,确定正点分段
                    If intDC > = 60 Then
                        lngZDFD0 = Int(tf(i) / intDC) * intDC
                        lngZDFD1 = lngZDFD0 + intDC
                    Else
                        lngZDFD0 = Int(tf(i) / 60) * 60
                        lngZDFD1 = lngZDFD0 + 60
                    End If
                End If
            Else    'If tf(i) = lngZDFD1 Then            '等于正点分段
                strTZL(intZl) = lngZDFD1         'tf(i - 1)  '上一
正点分段降水结束,本端开始
                sngPZL(intZl) = fsng
                intZl = intZl + 1
                fsng = 0                                 '初始化累计量
                intLast = i
                If aDZ(i) = 0 Then                       '自记,确定正点分段
                    If intDC > = 60 Then
                        lngZDFD0 = Int(tf(i) / intDC) * intDC
                        lngZDFD1 = lngZDFD0 + intDC
                    Else
                        lngZDFD0 = Int(tf(i) / 60) * 60
                        lngZDFD1 = lngZDFD0 + 60
                    End If
                End If
            End If
        End If
```

```
        End If
    Else                                            '本时段有雨
        If aDZ(i) = 0 Then                          '自记
            If tf(i) > lngZDFD1 Then                '跨过正点分段
                If lngZDFD1 - tf(i - 1) < 0 Then        '正点分段滞后
                    Do
                        If intDC > = 60 Then
                            lngZDFD1 = lngZDFD1 + intDC
                        Else
                            lngZDFD1 = lngZDFD1 + 60
                        End If
                    Loop Until lngZDFD1 - tf(i - 1) > 0
                End If
                strTZL(intZl) = lngZDFD1
                sngPZL(intZl) = fsng + (lngZDFD1 - tf(i - 1)) * sngMP(i)
                intZl = intZl + 1
                If intDC > = 60 Then
                    fi = Int((tf(i) - lngZDFD1) / intDC)
                    intLast = i - 1
                    Do While fi > 0
                        strTZL(intZl) = strTZL(intZl - 1) + intDC
                        sngPZL(intZl) = intDC * sngMP(i)
                        intZl = intZl + 1
                        fi = fi - 1
                    Loop
                Else
                    fi = Int((tf(i) - lngZDFD1) / 60)
                    intLast = i - 1
                    Do While fi > 0
                        strTZL(intZl) = strTZL(intZl - 1) + 60
                        sngPZL(intZl) = 60 * sngMP(i)
                        intZl = intZl + 1
                        fi = fi - 1
                    Loop
                End If
                If Val(strTZL(intZl - 1)) < tf(i) Then
                    strTZL(intZl) = tf(i)
                    sngPZL(intZl) = (tf(i) - strTZL(intZl - 1)) * sngMP(i)
```

```
                        intZl = intZl + 1
                    End If
                    intLast = i
                    fsng = 0                              '初始化累计量
                    If intDC > = 60 Then
                        lngZDFD0 = Int(tf(i) / intDC) * intDC
                        lngZDFD1 = lngZDFD0 + intDC
                    Else
                        lngZDFD0 = Int(tf(i) / 60) * 60
                        lngZDFD1 = lngZDFD0 + 60
                    End If
              Else          'If tf(i) = lngZDFD1 Then        '等于正点分段
                    strTZL(intZl) = tf(i)
                    sngPZL(intZl) = fsng + p(i)
                    strWZL(intZl) = fss & aWF(i)
                    fss = " "
                    intZl = intZl + 1
                    intLast = i
                    fsng = 0                              '初始化累计量
                    If intDC > = 60 Then
                        lngZDFD0 = Int(tf(i) / intDC) * intDC
                        lngZDFD1 = lngZDFD0 + intDC
                    Else
                        lngZDFD0 = Int(tf(i) / 60) * 60
                        lngZDFD1 = lngZDFD0 + 60
                    End If
'               End If
          Else                                          '人工
                    strTZL(intZl) = tf(i)           'tf(i - 1)
                    sngPZL(intZl) = fsng + p(i)
                    strWZL(intZl) = fss & aWF(i)
                    fss = " "
                    intLast = i - 1
                    intZl = intZl + 1
                    fsng = 0                              '初始化累计量
          End If
      End If
End Select
```

```
Else
'无累计量
    Select Case azF(i)
    Case " - ", "!", "W"                          '非正常时段
        strTZL(intZl) = tf(i)          'tf(i - 1)
        sngPZL(intZl) = fsng
        intZl = intZl + 1
        fsng = 0
        lngZDFD0 = Int(tf(i) / intDC) * intDC
        lngZDFD1 = lngZDFD0 + intDC
    Case ")", "@", "?", "+", "Q"
    Case Else
'正常降水间隔,继续进行
        If p(i) = 0 Then
            If i > = 1 Then
                If tf(i) - tf(i - 1) > 15 Then
                    strTZL(intZl) = tf(i)
                    sngPZL(intZl) = 0
                    strWZL(intZl) = fss
                    fss = ""
                    intLast = i
                    intZl = intZl + 1
                    If aDZ(i) = 0 Then                '自记,确定正点分段
                        If intDC > = 60 Then
                            lngZDFD0 = Int(tf(i) / intDC) * intDC
                            lngZDFD1 = lngZDFD0 + intDC
                        Else
                            lngZDFD0 = Int(tf(i) / 60) * 60
                            lngZDFD1 = lngZDFD0 + 60
                        End If
                    End If
                Else               'If tf(i) > = lngZDFD1 Then
                    strTZL(intZl) = tf(i)
                    sngPZL(intZl) = 0
                    strWZL(intZl) = fss
                    fss = ""
                    intLast = i
                    intZl = intZl + 1
```

```
            If aDZ(i) = 0 Then                              '自记,确定正点分段
                If intDC > = 60 Then
                    lngZDFD0 = Int(tf(i) / intDC) * intDC
                    lngZDFD1 = lngZDFD0 + intDC
                Else
                    lngZDFD0 = Int(tf(i) / 60) * 60
                    lngZDFD1 = lngZDFD0 + 60
                End If
            End If
        End If
    Else
        strTZL(intZl) = tf(i)
        sngPZL(intZl) = 0
        strWZL(intZl) = fss & aWF(i)
        fss = ""
        intLast = i
        intZl = intZl + 1
        If aDZ(i) = 0 Then                                '自记,确定正点分段
            If intDC > = 60 Then
                lngZDFD0 = Int(tf(i) / intDC) * intDC
                lngZDFD1 = lngZDFD0 + intDC
            Else
                lngZDFD0 = Int(tf(i) / 60) * 60
                lngZDFD1 = lngZDFD0 + 60
            End If
        End If
    End If
Else                                                      '本时段有雨
    If aDZ(i) = 0 Then                                    '自记
        If tf(i) > lngZDFD1 Then                          '跨过正点分段
            If lngZDFD1 - tf(i - 1) < 0 Then              '正点分段滞后
                Do
                    If intDC > = 60 Then
                        lngZDFD1 = lngZDFD1 + intDC
                    Else
                        lngZDFD1 = lngZDFD1 + 60
                    End If
                Loop Until lngZDFD1 - tf(i - 1) > 0
```

```
                        End If
                        If tf(i) > lngZDFD1 Then                    '跨过正点分段
                            strTZL(intZl) = lngZDFD1
                            sngPZL(intZl) = fsng + (lngZDFD1 - tf(i - 1)) *
sngMP(i)
                            intZl = intZl + 1
                            If intDC > = 60 Then
                                fi = Int((tf(i) - lngZDFD1) / intDC)
                                Do While fi > 0
                                    strTZL(intZl) = strTZL(intZl - 1) + intDC
                                    sngPZL(intZl) = intDC * sngMP(i)
                                    intZl = intZl + 1
                                    fi = fi - 1
                                Loop
                            Else
                                fi = Int((tf(i) - lngZDFD1) / 60)
                                Do While fi > 0
                                    strTZL(intZl) = strTZL(intZl - 1) + 60
                                    sngPZL(intZl) = 60 * sngMP(i)
                                    intZl = intZl + 1
                                    fi = fi - 1
                                Loop
                            End If
                            If Val(strTZL(intZl - 1)) < tf(i) Then
                                strTZL(intZl) = tf(i)
                                sngPZL(intZl) = (tf(i) - strTZL(intZl - 1)) *
sngMP(i)
                                intZl = intZl + 1
                            End If
                        intLast = i
                        fsng = 0                                    '初始化累计量
                        If intDC > = 60 Then
                            lngZDFD0 = Int(tf(i) / intDC) * intDC
                            lngZDFD1 = lngZDFD0 + intDC
                        Else
                            lngZDFD0 = Int(tf(i) / 60) * 60
                            lngZDFD1 = lngZDFD0 + 60
                        End If
```

```
          Else              'If tf(i) = lngZDFD1 Then      '等于正点
分段
              strTZL(intZl) = tf(i)
              sngPZL(intZl) = fsng + p(i)
              intZl = intZl + 1
              intLast = i
              fsng = 0                                '初始化累计量
              If intDC > = 60 Then
                  lngZDFD0 = Int(tf(i) / intDC) * intDC
                  lngZDFD1 = lngZDFD0 + intDC
              Else
                  lngZDFD0 = Int(tf(i) / 60) * 60
                  lngZDFD1 = lngZDFD0 + 60
              End If
'           Else
'               strTZL(intZl) = tf(i)
'               sngPZL(intZl) = fsng + p(i)
'               intZl = intZl + 1
'               intLast = i
'               fsng = 0                             '初始化累计量
          End If
      Else              'If tf(i) = lngZDFD1 Then              '等于正点分段
          strTZL(intZl) = tf(i)
          sngPZL(intZl) = fsng + p(i)
          strWZL(intZl) = fss & aWF(i)
          intZl = intZl + 1
          intLast = i
          fsng = 0                                '初始化累计量
          fss = ""
          If intDC > = 60 Then
              lngZDFD0 = Int(tf(i) / intDC) * intDC
              lngZDFD1 = lngZDFD0 + intDC
          Else
              lngZDFD0 = Int(tf(i) / 60) * 60
              lngZDFD1 = lngZDFD0 + 60
          End If
'      End If
      Else                                                '人工
```

```
                    strTZL( intZl)  =  tf( i)
                    sngPZL( intZl)  =  p( i)
                    strWZL( intZl)  =  fss & aWF( i)
                    intZl  =  intZl + 1
                    intLast  =  i
                    fsng  =  0                            '初始化累计量
                    fss  =  " "
              End If
           End If
        End Select
     End If
```

6.3.4.2　记起讫时间摘录

记起讫时间摘录在初步摘录结果中进行。主要算法包括：①对时段平均降水量小于 2.5 mm/h 且在同一降水时段内(时间间隔小于 15 min)的降水量进行合并，但不跨过"跨越段制"；②累计计算时段观测物符号。其程序实现如下：

```
If  Val( strTZL( i))  >  =  Val( FDZ1( ifm))  And  Val( strTZL( i))  <  =  Val( FDZ2
( ifm))  Then
      If ( intZLDZ  =  yZldz Or intZLDZ  <  = 24)  And sngHBBZ  > 0 Then
      If Val( strTZL( i))  >  =  Val( fVar1( ifm))  And Val( strTZL( i))  <  =  Val( fVar2
( ifm))  Then                                      '超出前一个摘录时段
                 If sngPZL( i)  = 0 Then                         '降水量为 0
                    If strTZL( i)  –  strTZL( i – 1)  > 15 Then        '超过 15 分钟
                       If fsng  > 0 Then                       '前边有累计雨量
                          fi  =  fi + 1
                          lngZlt( fi)  =  strTZL( i – 1)
                          fsng  =  fsng
                          sngZlp( fi)  =  Round( fsng, 1)
                          fss  =  fss
                          fsWZL( fi)  =  fss
                          fss  =  " "
                          fsng  =  0
                       End If
                    If i  < 2 Then
                       fi  =  fi + 1
                    ElseIf sngPZL( i – 1)  > 0 Then
                       fi  =  fi + 1
                    End If
```

```vb
              lngZlt(fi) = strTZL(i)
              fsng = fsng + sngPZL(i)
              sngZlp(fi) = Round(fsng, 1)
              fss = fss & strWZL(i)
              fsWZL(fi) = fss
              fss = ""
              fsng = 0
              If strTZL(i) = lngEF Then                '等于不得跨越的段制
                  lngEF = lngEF + intHBSD
              ElseIf strTZL(i) > lngEF Then            '大于不得跨越的段制
                  lngSF = Int(strTZL(i) / intHBSD) * intHBSD
                  lngEF = lngSF + intHBSD
              End If                                    '小于不得跨越的段制
          Else                                          '不超过15分钟
              If strTZL(i) > = lngEF Then              '等于不得跨越的段制
                  If fsng > 0 Then                      '前边有累计雨量
                      fi = fi + 1
                      lngZlt(fi) = strTZL(i - 1)
                      fsng = fsng
                      sngZlp(fi) = Round(fsng, 1)
                      fss = fss
                      fsWZL(fi) = fss
                      fss = ""
                      fsng = 0
                      fi = fi + 1
                      lngZlt(fi) = strTZL(i)
                      fsng = fsng + sngPZL(i)
                      sngZlp(fi) = Round(fsng, 1)
                      fss = fss & strWZL(i)
                      fsWZL(fi) = fss
                      fss = ""
                      fsng = 0
                  Else
                      fi = fi + 1
                      lngZlt(fi) = strTZL(i)
                      fsng = fsng + sngPZL(i)
                      sngZlp(fi) = Round(fsng, 1)
                      fss = fss & strWZL(i)
```

```
                    fsWZL(fi) = fss
                    fss = ""
                    fsng = 0
            End If
            If strTZL(i) = lngEF Then        '等于不得跨越的段制
                lngEF = lngEF + intHBSD
            ElseIf strTZL(i) > lngEF Then    '大于不得跨越的段制
                lngSF = Int(strTZL(i) / intHBSD) * intHBSD
                lngEF = lngSF + intHBSD
            End If                               '小于不得跨越的段制
        Else                                     '小于不得跨越的段制
            If i > 2 Then
                If sngPZL(i - 1) * 60 / (Val(strTZL(i - 1)) -
                Val(strTZL(i - 2))) < sngHBBZ + 0.001 Then
                If sngPZL(i + 1) * 60 / (Val(strTZL(i + 1)) -
                Val(strTZL(i))) < sngHBBZ + 0.001 Then
                fsng = fsng + sngPZL(i)
                Else
                        fi = fi + 1
                        lngZlt(fi) = strTZL(i - 1)
                        fsng = fsng '+ sngPZL(i - 1)
                        sngZlp(fi) = Round(fsng, 1)
                        fss = fss '& strWZL(i - 1)
                        fsWZL(fi) = fss
                        fss = ""
                        fsng = 0
                        fi = fi + 1
                        lngZlt(fi) = strTZL(i)
                        fsng = fsng + sngPZL(i)
                        sngZlp(fi) = Round(fsng, 1)
                        fss = fss & strWZL(i)
                        fsWZL(fi) = fss
                        fss = ""
                        fsng = 0
                        lngSF = Int(strTZL(i) / intHBSD) * in-
tHBSD
                        lngEF = lngSF + intHBSD
                    End If
```

```
                            Else
                            '上一时段超过合并强度,摘录本事段开始时间
                            fi = fi + 1
                            lngZlt(fi) = strTZL(i)
                            fsng = fsng + sngPZL(i)
                            sngZlp(fi) = Round(fsng, 1)
                            fss = fss & strWZL(i)
                            fsWZL(fi) = fss
                            fss = " "
                            fsng = 0
                            lngSF = Int(strTZL(i) / intHBSD) * intH-
BSD
                            lngEF = lngSF + intHBSD
                         End If
                    Else
                    If sngPZL(i + 1) * 60 / (Val(strTZL(i + 1)) -
                         Val(strTZL(i))) < sngHBBZ + 0.001 Then
                            fsng = fsng + sngPZL(i)
                    Else
                            fi = fi + 1
                            lngZlt(fi) = strTZL(i - 1)
                            fsng = fsng '+ sngPZL(i - 1)
                            sngZlp(fi) = Round(fsng, 1)
                            fss = fss '& strWZL(i - 1)
                            fsWZL(fi) = fss
                            fss = " "
                            fsng = 0
                            fi = fi + 1
                            lngZlt(fi) = strTZL(i)
                            fsng = fsng + sngPZL(i)
                            sngZlp(fi) = Round(fsng, 1)
                            fss = fss & strWZL(i)
                            fsWZL(fi) = fss
                            fss = " "
                            fsng = 0
                            lngSF = Int(strTZL(i) / intHBSD) * intHBSD
                            lngEF = lngSF + intHBSD
                    End If
```

```
                        End If
                    End If
                End If
            Else                                         '本降水量大于0
                If sngPZL(i) * 60 / (Val(strTZL(i)) - Val(strTZL(i
- 1)))) < sngHBBZ + 0.001 Then
                    If strTZL(i) = lngEF Then            '等于不得跨越的段制
                        fi = fi + 1
                        lngZlt(fi) = strTZL(i)
                        fsng = fsng + sngPZL(i)
                        sngZlp(fi) = Round(fsng, 1)
                        fss = fss & strWZL(i)
                        fsWZL(fi) = fss
                        fss = " "
                        fsng = 0
                        lngEF = lngEF + intHBSD
                    ElseIf strTZL(i) > lngEF Then        '大于不得跨越的段制
                        If fi > 0 Then
                            If Val(strTZL(i)) = Val(FDZ1(ifm)) Then
                                If sngPZL(i + 1) > 0 Then
                                    fi = fi + 1
                                    lngZlt(fi) = strTZL(i)
                                    fsng = fsng + sngPZL(i)
                                    sngZlp(fi) = Round(fsng, 1)
                                    fss = fss & strWZL(i)
                                    fsWZL(fi) = fss
                                    fss = " "
                                    fsng = 0
                                    lngSF = Int(strTZL(i) / intHBSD) *
intHBSD
                                    lngEF = lngSF + intHBSD
                                End If
                            Else
                                fi = fi + 1
                                lngZlt(fi) = strTZL(i - 1)
                                fsng = fsng + sngPZL(i - 1)
                                sngZlp(fi) = Round(fsng, 1)
                                fss = fss & strWZL(i - 1)
```

```
                              fsWZL( fi) = fss
                              fss = " "
                              fsng = 0
                              fi = fi + 1
                              lngZlt( fi) = strTZL( i)
                              fsng = fsng + sngPZL( i)
                              sngZlp( fi) = Round( fsng, 1)
                              fss = fss & strWZL( i)
                              fsWZL( fi) = fss
                              fss = " "
                              fsng = 0
                              lngSF = Int( strTZL( i) / intHBSD) * in-
tHBSD
                              lngEF = lngSF + intHBSD
                    End If
                 Else
                     lngSF = Int( strTZL( i) / intHBSD) * intHBSD
                     lngEF = lngSF + intHBSD
                 End If
              ElseIf Val( strTZL( i + 1) ) > Val( fVar2( ifm) ) Then
                 fi = fi + 1
                 lngZlt( fi) = strTZL( i)
                 fsng = fsng + sngPZL( i)
                 sngZlp( fi) = Round( fsng, 1)
                 fss = fss & strWZL( i)
                 fsWZL( fi) = fss
                 fss = " "
                 fsng = 0
                 lngSF = Int( strTZL( i) / intHBSD) * intHBSD
                 lngEF = lngSF + intHBSD
              Else                                      '小于不得跨越的段制
                 fsng = fsng + sngPZL( i)
                 fss = fss & strWZL( i)
              End If
           Else                                          '大于2.5
              If fsng > 0 Then                           '前边有累计雨量
                 fi = fi + 1
                 lngZlt( fi) = strTZL( i - 1)
```

```
                    sngZlp( fi) = Round( fsng, 1)
                        'fss = fss & strWZL( i)
                        fsWZL( fi) = fss
                        fss = " "
                    fsng = 0
                    fi = fi + 1
                    lngZlt( fi) = strTZL( i)
                    fsng = fsng + sngPZL( i)
                    sngZlp( fi) = Round( fsng, 1)
                        fss = fss & strWZL( i)
                        fsWZL( fi) = fss
                        fss = " "
                    fsng = 0
                    If strTZL( i) = lngEF Then              '等于不得跨越的段制
                        lngEF = lngEF + intHBSD
                    ElseIf strTZL( i) > lngEF Then      '大于不得跨越的段制
                        lngSF = Int( strTZL( i) / intHBSD) * intHBSD
                        lngEF = lngSF + intHBSD
                    End If                  '小于不得跨越的段制
                Else
                    fi = fi + 1
                    lngZlt( fi) = strTZL( i)
                    fsng = fsng + sngPZL( i)
                    sngZlp( fi) = Round( fsng, 1)
                    fss = fss & strWZL( i)
                    fsWZL( fi) = fss
                    fss = " "
                    fsng = 0
                    If strTZL( i) = lngEF Then              '等于不得跨越的段制
                        lngEF = lngEF + intHBSD
                    ElseIf strTZL( i) > lngEF Then      '大于不得跨越的段制
                        lngSF = Int( strTZL( i) / intHBSD) * intHBSD
                        lngEF = lngSF + intHBSD
                    End If                  '小于不得跨越的段制
                End If
            End If
        End If
    ElseIf Val( strTZL( i)) > Val( fVar2( ifm)) Then
```

```
            If strTZL(i) = lngEF Then                   '等于不得跨越的段制
                lngEF = lngEF + intHBSD
            ElseIf strTZL(i) > lngEF Then               '大于不得跨越的段制
                lngSF = Int(strTZL(i) / intHBSD) * intHBSD
                lngEF = lngSF + intHBSD
            End If
        End If
    Else
        If strTZL(i) Mod intHBSD = 0 Then
            fi = fi + 1
            lngZlt(fi) = strTZL(i)
            fsng = fsng + sngPZL(i)
            fss = fss & strWZL(i)
            sngZlp(fi) = Round(fsng, 1)
            fsWZL(fi) = fss
            fss = ""
            fsng = 0
            lngSF = Int(strTZL(i) / intHBSD) * intHBSD
            lngEF = lngSF + intHBSD
        ElseIf strTZL(i) Mod 60 = 0 Then
            If i < fk - 1 And i > 1 Then
                If Abs(sngPZL(i) / (strTZL(i) - strTZL(i - 1)) - sngPZL(i
                    + 1) / (strTZL(i + 1) - strTZL(i))) < 0.00001 Then
                    fsng = fsng + sngPZL(i)
                    fss = fss & strWZL(i)
                Else
                    fi = fi + 1
                    lngZlt(fi) = strTZL(i)
                    fsng = fsng + sngPZL(i)
                    fss = fss & strWZL(i)
                    sngZlp(fi) = Round(fsng, 1)
                    fsWZL(fi) = fss
                    fss = ""
                    fsng = 0
                    lngSF = Int(strTZL(i) / intHBSD) * intHBSD
                    lngEF = lngSF + intHBSD
                End If
            Else
```

```
                                    fi = fi + 1
                                    lngZlt(fi) = strTZL(i)
                                    fsng = fsng + sngPZL(i)
                                    fss = fss & strWZL(i)
                                    sngZlp(fi) = Round(fsng, 1)
                                    fsWZL(fi) = fss
                                    fss = " "
                                    fsng = 0
                                    lngSF = Int(strTZL(i) / intHBSD) * intHBSD
                                    lngEF = lngSF + intHBSD
                            End If
                    Else
                                    fi = fi + 1
                                    lngZlt(fi) = strTZL(i)
                                    fsng = fsng + sngPZL(i)
                                    fss = fss & strWZL(i)
                                    sngZlp(fi) = Round(fsng, 1)
                                    fsWZL(fi) = fss
                                    fss = " "
                                    fsng = 0
                                    lngSF = Int(strTZL(i) / intHBSD) * intHBSD
                                    lngEF = lngSF + intHBSD
                    End If
            End If
    End If
```

6.3.4.3　不记起讫时间摘录

不记起讫时间摘录在初步摘录结果中进行。主要算法包括:①对正点时段内的降水量进行合并,保留正点时间,滤去分钟数;②对平均降水量小于 2.5 mm/h 的降水量进行合并,但不跨过"跨越段制";③累计计算时段观测物符号。其程序实现如下:

```
If intZLDZ < = yZldz Or intZLDZ < = 24 Then
    If Val(TZD(i)) > Val(fVar2(ifm)) Then             '超出前一个摘录时段
        If fsng > 0 Then
                fi = fi + 1
                lngZlt(fi) = TZD(i - 1)
                sngZlp(fi) = Round(fsng, 1)
                fsWZL(fi) = fss
                fss = " "
                fsng = 0
```

```
            Else
            End If
        Else
            If Val(TZD(i)) = Val(fVar2(ifm)) Then                          '等于段尾
                If PZD(i) > 0 Then
                    If fsng = 0 Then
                        fi = fi + 1
                        lngZlt(fi) = TZD(i)
                        fsng = fsng + PZD(i)
                        sngZlp(fi) = Round(fsng, 1)
                        fss = fss & strWF(i)
                        fsWZL(fi) = fss
                        fss = ""
                        fsng = 0
                    Else
                        If PZD(i) * 60 / (Val(TZD(i)) - Val(TZD(i - 1))) < sng-
HBBZ + 0.001 Then
                            fi = fi + 1
                            lngZlt(fi) = TZD(i)
                            fsng = fsng + PZD(i)
                            sngZlp(fi) = Round(fsng, 1)
                            fss = fss & strWF(i)
                            fsWZL(fi) = fss
                            fss = ""
                            fsng = 0
                        Else
                            fi = fi + 1
                            lngZlt(fi) = TZD(i - 1)
                            sngZlp(fi) = Round(fsng, 1)
                            fsWZL(fi) = fss
                            fi = fi + 1
                            lngZlt(fi) = TZD(i)
                            sngZlp(fi) = Round(PZD(i), 1)
                            fsWZL(fi) = strWF(i)
                            fss = ""
                            fsng = 0
                        End If
                End If
```

```
        Else
            If fsng > 0 Then
                fi = fi + 1
                lngZlt(fi) = TZD(i)
                fsng = fsng + PZD(i)
                sngZlp(fi) = Round(fsng, 1)
                fss = fss & strWF(i)
                fsWZL(fi) = fss
                fss = ""
                fsng = 0
            End If
        End If
    Else
        If Val(TZD(i)) > Val(fVar1(ifm)) Then          '在本摘录时段内
            If Val(TZD(i)) > lngSF And Val(TZD(i)) < lngEF Then    '在本合
并时段内
                If PZD(i) > 0 Then
                    If fsng > 0 Then                  '累计量为0,开始
                        If (PZD(i) * 60 / (Val(TZD(i)) - Val(TZD(i - 1))))
< sngHBBZ + 0.001 Then
                            fsng = fsng + PZD(i)
                            fss = fss & strWF(i)
                        Else
                            fi = fi + 1
                            lngZlt(fi) = TZD(i - 1)
                            sngZlp(fi) = Round(fsng, 1)
                            fsWZL(fi) = fss
                            fi = fi + 1
                            lngZlt(fi) = TZD(i)
                            sngZlp(fi) = Round(PZD(i), 1)
                            fsWZL(fi) = strWF(i)
                            fss = ""
                            fsng = 0
                        End If
                    Else
                        If PZD(i) * 60 / (Val(TZD(i)) - Val(TZD(i -
1)))
                            < sngHBBZ + 0.001 Then
```

```
                        fsng = fsng + PZD(i)
                        fss = fss & strWF(i)
                Else
                        fi = fi + 1
                        lngZlt(fi) = TZD(i)
                        sngZlp(fi) = Round(PZD(i), 1)
                        fsWZL(fi) = strWF(i)
                        fss = " "
                        fsng = 0
                End If
        End If
    Else
        If fsng > 0 Then                    '累计量为0,开始
            If TZD(i) Mod intHDJG2 = 0 Then
                fi = fi + 1
                lngZlt(fi) = TZD(i - 1)
                fsng = fsng + PZD(i)
                sngZlp(fi) = Round(fsng, 1)
                fss = fss & strWF(i)
                fsWZL(fi) = fss
                fss = " "
                fsng = 0
                fi = fi + 1
                lngZlt(fi) = TZD(i)
                fsng = fsng + PZD(i)
                sngZlp(fi) = Round(fsng, 1)
                fss = fss & strWF(i)
                fsWZL(fi) = fss
                fss = " "
                fsng = 0
            End If
        Else
            If TZD(i) Mod intHDJG2 = 0 Then
                fi = fi + 1
                lngZlt(fi) = TZD(i)
                fsng = fsng + PZD(i)
                sngZlp(fi) = Round(fsng, 1)
                fss = fss & strWF(i)
```

```
                                        fsWZL(fi) = fss
                                        fss = " "
                                        fsng = 0
                                End If
                        End If
                End If
        ElseIf TZD(i) = lngEF Then                          '等于本合并时段
            If PZD(i) > 0 Then
                If fsng > 0 Then                        '累计量为0,开始
                    If PZD(i) * 60 / (Val(TZD(i)) - Val(TZD(i - 1)))
< sngHBBZ + 0.001 Then
                                fi = fi + 1
                                lngZlt(fi) = TZD(i)
                                fsng = fsng + PZD(i)
                                sngZlp(fi) = Round(fsng, 1)
                                fss = fss & strWF(i)
                                fsWZL(fi) = fss
                                fss = " "
                                fsng = 0
                    Else
                                fi = fi + 1
                                lngZlt(fi) = TZD(i - 1)
                                sngZlp(fi) = Round(fsng, 1)
                                fsWZL(fi) = fss
                                fi = fi + 1
                                lngZlt(fi) = TZD(i)
                                sngZlp(fi) = Round(PZD(i), 1)
                                fsWZL(fi) = strWF(i)
                                fss = " "
                                fsng = 0
                    End If
                Else
                        fi = fi + 1
                        lngZlt(fi) = TZD(i)
                        sngZlp(fi) = Round(PZD(i), 1)
                        fsWZL(fi) = strWF(i)
                        fss = " "
                        fsng = 0
```

```
                End If
            Else
                If fsng > 0 Then                    '累计量为0,开始
                    fi = fi + 1
                    lngZlt(fi) = TZD(i - 1)
                    sngZlp(fi) = Round(fsng, 1)
                    fsWZL(fi) = fss
                    fi = fi + 1
                    lngZlt(fi) = TZD(i)
                    sngZlp(fi) = Round(PZD(i), 1)
                    fsWZL(fi) = strWF(i)
                    fss = " "
                    fsng = 0
                Else
                    fi = fi + 1
                    lngZlt(fi) = TZD(i)
                    sngZlp(fi) = Round(PZD(i), 1)
                    fsWZL(fi) = strWF(i)
                    fss = " "
                    fsng = 0
                End If
            End If
            lngSF = lngSF + intHBSD
            lngEF = lngEF + intHBSD
        ElseIf Val(TZD(i)) > lngEF Then              '等于本合并时段
            If fsng > 0 Then                         '累计量为0,开始
                If PZD(i) > 0 Then
                    fi = fi + 1
                    lngZlt(fi) = TZD(i)
                    fsng = fsng + PZD(i)
                    sngZlp(fi) = Round(fsng, 1)
                    fss = fss & strWF(i)
                    fsWZL(fi) = fss
                    fss = " "
                    fsng = 0
                Else
                    fi = fi + 1
                    lngZlt(fi) = TZD(i - 1)           ' lngEF
```

```
                fsng  =  fsng  +  PZD(i)
                sngZlp(fi)  =  Round(fsng, 1)
                fss  =  fss & strWF(i)
                fsWZL(fi)  =  fss
                fss  =  " "
                fsng  =  0
                lngSF  =  Int(TZD(i) / intHBSD)  *  intHBSD
                lngEF  =  lngSF  +  intHBSD
                fi  =  fi  +  1
                lngZlt(fi)  =  TZD(i)
                fsng  =  fsng  +  PZD(i)
                sngZlp(fi)  =  Round(fsng, 1)
                fss  =  fss & strWF(i)
                fsWZL(fi)  =  fss
                fss  =  " "
                fsng  =  0
            End If
        Else
                lngSF  =  Int(TZD(i) / intHBSD)  *  intHBSD
                lngEF  =  lngSF  +  intHBSD
                fi  =  fi  +  1
                lngZlt(fi)  =  TZD(i)
                fsng  =  fsng  +  PZD(i)
                sngZlp(fi)  =  Round(fsng, 1)
                fss  =  fss & strWF(i)
                fsWZL(fi)  =  fss
                fss  =  " "
                fsng  =  0
            End If
        End If
    ElseIf Val(TZD(i))  =  Val(fVar1(ifm)) Then
        If PZD(i + 1)  >  0 Then
            fi  =  fi  +  1
            lngZlt(fi)  =  TZD(i)
            fsng  =  fsng  +  0
            sngZlp(fi)  =  Round(fsng, 1)
            fsWZL(fi)  =  fss
            fss  =  " "
```

```
            fsng = 0
            lngSF = Int(TZD(i) / intHBSD) * intHBSD
            lngEF = lngSF + intHBSD
        End If
    Else
        If fsng > 0 Then
            If isIfm Then
                If PZD(i) > 0 Then
                    fi = fi + 1
                    lngZlt(fi) = TZD(i - 1)
                    fsng = fsng + PZD(i)
                    sngZlp(fi) = Round(fsng, 1)
                    fss = fss & strWF(i)
                    fsWZL(fi) = fss
                    fss = ""
                    fsng = 0
                    fi = fi + 1
                    lngZlt(fi) = TZD(i)
                    fsng = fsng + PZD(i)
                    sngZlp(fi) = Round(fsng, 1)
                    fss = fss & strWF(i)
                    fsWZL(fi) = fss
                    fss = ""
                    fsng = 0
                Else
                    fi = fi + 1
                    lngZlt(fi) = TZD(i - 1)
                    fsng = fsng + PZD(i)
                    sngZlp(fi) = Round(fsng, 1)
                    fss = fss & strWF(i)
                    fsWZL(fi) = fss
                    fss = ""
                    fsng = 0
                End If
                lngSF = Int(TZD(i) / intHBSD) * intHBSD
                lngEF = lngSF + intHBSD
            End If
        End If
```

```
                    End If
                End If
            End If
    Else
            If TZD(i) Mod intHBSD = 0 Then
                    fi = fi + 1
                    lngZlt(fi) = TZD(i)
                    fsng = fsng + PZD(i)
                    fss = fss & strWF(i)
                    sngZlp(fi) = Round(fsng, 1)
                    fsWZL(fi) = fss
                    fss = " "
                    fsng = 0
                    lngSF = Int(TZD(i) / intHBSD) * intHBSD
                    lngEF = lngSF + intHBSD
            ElseIf TZD(i) Mod 60 = 0 Then
                If i < fk - 1 And i > 1 Then
                    If Abs(PZD(i) / (TZD(i) - TZD(i - 1)) - PZD(i + 1) / (TZD(i + 1) -
                            TZD(i))) < 0.00001 Then
                            fsng = fsng + PZD(i)
                            fss = fss & strWF(i)
                    Else
                            fi = fi + 1
                            lngZlt(fi) = TZD(i)
                            fsng = fsng + PZD(i)
                            fss = fss & strWF(i)
                            sngZlp(fi) = Round(fsng, 1)
                            fsWZL(fi) = fss
                            fss = " "
                            fsng = 0
                            lngSF = Int(TZD(i) / intHBSD) * intHBSD
                            lngEF = lngSF + intHBSD
                    End If
                Else
                            fi = fi + 1
                            lngZlt(fi) = TZD(i)
                            fsng = fsng + PZD(i)
                            fss = fss & strWF(i)
```

```
            sngZlp(fi) = Round(fsng, 1)
            fsWZL(fi) = fss
            fss = " "
            fsng = 0
            lngSF = Int(TZD(i) / intHBSD) * intHBSD
            lngEF = lngSF + intHBSD
        End If
    Else
        fi = fi + 1
        lngZlt(fi) = TZD(i)
        fsng = fsng + PZD(i)
        fss = fss & strWF(i)
        sngZlp(fi) = Round(fsng, 1)
        fsWZL(fi) = fss
        fss = " "
        fsng = 0
        lngSF = Int(TZD(i) / intHBSD) * intHBSD
        lngEF = lngSF + intHBSD
    End If
End If
```

6.3.4.4　摘录时段挑选

摘录时段挑选是降水量资料整编的一个重要环节,符合标准的降水量时段必须进行摘录,而不符合标准的,也不能滥竽充数增大篇幅,所以在进行摘录之前先进行摘录时段的符合性选择。主要方法如下:

```
ReDim aa(a13 + 20000, 2)
ReDim bb(a13 + 10000, 2)
bb(0, 1) = a13
  For i = 1 To a13
    Do
      Input #1, b1                              '读取时间
      b1 = Trim(b1)
    Loop While Len(b1) = 0
    ba = Int(b1)                                '获得月日时
    If Len(ba) = 6 Then yy = Mid(ba, 1, 2): rr = Mid(ba, 3, 2): ss = Mid(ba, 5, 2)
    If Len(ba) = 5 Then yy = Mid(ba, 1, 1): rr = Mid(ba, 2, 2): ss = Mid(ba, 4, 2)
    If Len(ba) = 4 Then rr = Mid(ba, 1, 2): ss = Mid(ba, 3, 2)
    If Len(ba) = 3 Then rr = Mid(ba, 1, 1): ss = Mid(ba, 2, 2)
    If Len(ba) = 2 Then ss = Mid(ba, 1, 2)
```

```
    If Len(ba) = 1 Then
        If ba = 0 Then
        Else
            ss = Mid(ba, 1, 1)
        End If
    End If
    Call fzzh                                        '将时间化为累计分钟数
    ff = b1 - ba                                     '分钟
    zhsj = zhy * 24 + (rr - 1) * 24 + ss + ff
    Do
        Input #1, b2                                 '读取降水量
    Loop While Len(b2) = 0
    b2 = Int(b2 * 10) / 10
    If i = 1 Then
        bb(i, 1) = zhsj
        bb(i, 2) = b2
    Else
        bb(i, 1) = zhsj
        bb(i, 2) = b2 + bb(i - 1, 2)
    End If
Next i
jszla = bb(i - 1, 2)
j = 1
aa(1, 1) = bb(1, 1): aa(1, 2) = bb(1, 2): j = j + 1
For i = 2 To a13
    If Int(bb(i, 1)) = bb(i, 1) And Int(bb(i - 1, 1)) = bb(i - 1, 1) Then  '前后
时间都是整数
        aa(j, 1) = bb(i, 1): aa(j, 2) = bb(i, 2)
        j = j + 1
    Else  '1
        If Int(bb(i, 1)) = Int(bb(i - 1, 1)) Then       '前后时间整数部分相同
        Else                                            '前后时间整数部分不同
            If Int(bb(i - 1, 1)) = bb(i - 1, 1) Then
                aa(j, 1) = bb(i, 1): aa(j, 2) = bb(i, 2): j = j + 1
            Else
                If Int(bb(i, 1)) = bb(i, 1) Then             '当前时间是整数
                    If Int(bb(i, 1)) = Int(bb(i - 1, 1)) + 1 Then
                        aa(j, 1) = bb(i, 1): aa(j, 2) = bb(i, 2): j = j + 1
```

```
            Else
                aa(j, 1) = bb(i - 1, 1): aa(j, 2) = bb(i - 1, 2): j = j + 1
                aa(j, 1) = bb(i, 1): aa(j, 2) = bb(i, 2): j = j + 1
            End If
        Else
            If bb(i - 1, 1) = aa(j - 1, 1) Then        '前一时间已经添加
进来
                aa(j, 1) = bb(i, 1): aa(j, 2) = bb(i, 2): j = j + 1
            Else
                aa(j, 1) = bb(i - 1, 1): aa(j, 2) = bb(i - 1, 2): j = j
+ 1
                aa(j, 1) = bb(i, 1): aa(j, 2) = bb(i, 2): j = j + 1
            End If
        End If
    End If
    End If '2
    End If '1
'       Debug. Print aa(j - 1, 1), aa(j - 1, 2)
Next i
zs = j - 1
j = 1
For i = 1 To zs
    If aa(i, 1) < > Int(aa(i, 1)) Then
        If aa(i, 2) = aa(i - 1, 2) Then
            If Int(aa(i, 1)) - Int(aa(i - 1, 1)) = 1 Then
                bb(j, 1) = Int(aa(i, 1)): bb(j, 2) = aa(i, 2): j = j + 1
            Else
                If Int(aa(i, 1)) - Int(aa(i - 1, 1)) > 1 Then
                    If Int(aa(i - 1, 1)) < > aa(i - 1, 1) Then
                        bb(j, 1) = Int(aa(i - 1, 1)) + 1: bb(j, 2) = aa(i - 1,
2): j = j + 1
                        bb(j, 1) = Int(aa(i, 1)): bb(j, 2) = aa(i, 2): j = j + 1
                    Else
                        bb(j, 1) = Int(aa(i, 1)): bb(j, 2) = aa(i, 2): j = j + 1
                    End If
                End If
            End If
        Else
```

```
                    If Int( aa( i, 1) ) < > Int( aa( i - 1, 1) ) Then
                        b1 = aa( i - 1, 2)
                        b2 = aa( i, 2)
                        ks = Int( aa( i - 1, 1) ) * 60 + ( aa( i - 1, 1) - Int( aa( i - 1,
1) ) ) * 100
                        js = Int( aa( i, 1) ) * 60 + ( aa( i, 1) - Int( aa( i, 1) ) ) * 100
                        b3 = js - ks '时间差分钟
                        b4 = b2 - b1 '降水量差
                        For k = ks + 1 To js
                            If Int( k / 60) = k / 60 Then
                                bb( j, 1) = k / 60:
                                bb( j, 2) = b1 + b4 / b3 * ( k - ks):
                                j = j + 1
                            End If
                        Next k
                    End If
                End If
            Else
                If aa( i, 2) = aa( i - 1, 2) Then
                    If Int( aa( i, 1) ) - Int( aa( i - 1, 1) ) = 1 Then '3 = = = = = = = = =
                        bb( j, 1) = Int( aa( i, 1) ): bb( j, 2) = aa( i, 2): j = j + 1
                    Else
                        If Int( aa( i, 1) ) - Int( aa( i - 1, 1) ) > 1 Then '2 = = = = = = =
                            If Int( aa( i - 1, 1) ) < > aa( i - 1, 1) Then '1 - - - - - -
                                bb( j, 1) = Int( aa( i - 1, 1) ) + 1: bb( j, 2) = aa( i - 1,
2): j = j + 1
                                bb( j, 1) = Int( aa( i, 1) ): bb( j, 2) = aa( i, 2): j = j + 1
                            Else '1 - - - - - - - - - -
                                bb( j, 1) = Int( aa( i, 1) ): bb( j, 2) = aa( i, 2): j = j + 1
                            End If
                        End If
                    End If
                Else
                    If aa( i - 1, 1) = Int( aa( i - 1, 1) ) Then
                        bb( j, 1) = aa( i, 1): bb( j, 2) = aa( i, 2): j = j + 1
                    Else
                        b1 = aa( i - 1, 2)
                        b2 = aa( i, 2)
```

```
                    ks = Int(aa(i - 1, 1)) * 60 + (aa(i - 1, 1) - Int(aa(i - 1,
1))) * 100
                    js = Int(aa(i, 1)) * 60 + (aa(i, 1) - Int(aa(i, 1))) * 100
                    b3 = js - ks '时间差分钟
                    b4 = b2 - b1 '降水量差
                    For k = ks + 1 To js
                        If Int(k / 60) = k / 60 Then
                            bb(j, 1) = k / 60:
                            bb(j, 2) = b1 + b4 / b3 * (k - ks):
                            j = j + 1
                        End If
                    Next k
                End If
            End If
        End If
    Next i
    zs = j - 1
    j = 1
    aa(j, 1) = bb(1, 1): aa(j, 2) = bb(1, 2): j = j + 1
    For i = 2 To zs
        If bb(i, 1) - bb(i - 1, 1) > 12 Or bb(i, 2) = bb(i - 1, 2) Then
            aa(j, 1) = bb(i, 1): aa(j, 2) = bb(i, 2): j = j + 1
        Else
            b1 = bb(i - 1, 2)
            b2 = bb(i, 2)
            ks = bb(i - 1, 1)
            js = bb(i, 1)
            b3 = js - ks '时间差分钟
            b4 = b2 - b1 '降水量差
            For k = ks + 1 To js
                aa(j, 2) = b1 + b4 / b3 * (k - ks):
                aa(j, 1) = k
                j = j + 1
            Next k
        End If
    Next i
    zs = j - 1
    For i = zs To 2 Step - 1
```

```
        aa(i, 2) = aa(i, 2) - aa(i - 1, 2)
Next i
For i = 1 To zs
    bb(i, 1) = aa(i, 1): bb(i, 2) = aa(i, 2)
Next i
jj = 1
'选汛期时段
If Len(strXQS) = 6 Then yy = Mid(strXQS, 1, 2): rr = Mid(strXQS, 3, 2): ss = Mid
(strXQS, 5, 2)
If Len(strXQS) = 5 Then yy = Mid(strXQS, 1, 1): rr = Mid(strXQS, 2, 2): ss = Mid
(strXQS, 4, 2)
Call fzzh
sj1 = zhy * 24 + (rr - 1) * 24 + ss
If Len(strXQZ) = 6 Then yy = Mid(strXQZ, 1, 2): rr = Mid(strXQZ, 3, 2): ss = Mid
(strXQZ, 5, 2)
If Len(strXQZ) = 5 Then yy = Mid(strXQZ, 1, 1): rr = Mid(strXQZ, 2, 2): ss = Mid
(strXQZ, 4, 2)
Call fzzh
sj2 = zhy * 24 + (rr - 1) * 24 + ss
jj = 1
For i = 1 To zs
    If bb(i, 1) = sj1 Then
        If bb(i, 2) = 0 Then
            aa(jj, 1) = bb(i, 1): 'Exit For
        Else
            For j = i To 1 Step -1
                If bb(j, 2) = 0 Then aa(jj, 1) = bb(j, 1): 'Exit For
            Next j
        End If
    End If
    If bb(i, 1) < sj1 And bb(i + 1, 1) > sj1 Then
        aa(jj, 1) = bb(i + 1, 1)
    End If
    If bb(i, 1) = sj2 Then
        If bb(i + 1, 2) = 0 Then
            aa(jj, 2) = bb(i, 1): jj = jj + 1: Exit For
        Else
            For j = i To zs
```

```
                  If bb(j, 2) = 0 Then aa(jj, 2) = bb(j - 1, 1): jj = jj + 1: Exit
For
               Next j
            End If
            Exit For
         End If
         If bb(i, 1) < sj2 And bb(i + 1, 1) > sj2 Then
            aa(jj, 2) = bb(i, 1): jj = jj + 1
            Exit For
         End If
Next i
If bb(1, 1) > sj1 Then aa(jj, 1) = bb(1, 1)
If bb(zs, 1) < sj2 Then aa(jj, 2) = bb(zs, 1): jj = jj + 1
                                                   '选 40 mm 摘录时段
For i = 1 To zs - 1
   If bb(i, 1) > aa(1, 1) And bb(i, 1) < aa(1, 2) - 24 Then
   Else
         jsl = 0: kssj = bb(i, 1): ksxh = i
         If bb(i + 1, 1) - bb(i, 1) > = 12 Then
         Else
            For j = i + 1 To zs
                  jsl = jsl + bb(j, 2)
                  If bb(j + 1, 1) - bb(j, 1) > = 12 Then i = j: Exit For
                  If jsl > = Val(P24) Then
                        If bb(j, 1) - kssj < 24 Then
                           jssj = bb(j, 1): jsxh = j
                           For kk = ksxh To 1 Step -1
                              If bb(kk, 2) = 0 Or bb(kk, 1) - bb(kk - 1, 1) > =
12 Then aa(jj, 1) = bb(kk, 1): Exit For
                           Next kk
                           tt = kssj + 24      '计算结束时间
                           For kk = jsxh To zs
                              If bb(kk + 1, 1) - bb(kk, 1) > = 12 Then aa(jj, 2)
= bb(kk, 1): jj = jj + 1: Exit For
                              If bb(kk, 1) > = tt Then
                                 For jk = kk To zs
                                    If jk = zs Then
                                       aa(jj, 2) = bb(jk, 1): jj = jj + 1
```

```
                                Else
                                    If bb( jk, 1 ) - bb( jk - 1, 1 ) > = 12 Or
bb( jk, 2 ) = 0 Then aa( jj, 2 ) = bb( jk - 1, 1 ) : jj = jj + 1 : Exit For
                                End If
                            Next jk
                            Exit For
                        End If
                    Next kk
                Else
                    Exit For
                End If
            End If
        Next j
    End If
    End If
Next i
'选 20 mm 摘录时段
For i = 1 To zs - 1
    jsl = 0
    sj1 = bb( i, 1 )
    If sj1 < aa( 1, 1 ) Or sj1 > aa( 1, 2 ) Then ' \ \ \ 1
        For j = i + 1 To zs
            jsl = jsl + bb( j, 2 )
            If bb( j + 1, 2 ) = 0 Then
                If jsl > = Val( P20 ) And jsl / ( bb( j, 1 ) - sj1 ) > Val( PP ) Then
                    aa( jj, 1 ) = sj1
                    aa( jj, 2 ) = bb( j, 1 ) : jj = jj + 1
                End If
                i = j
                Exit For
            End If
        Next j
    End If ' \ \ \ 1
Next i
'时间排序
For i = 1 To jj - 2
    For j = i + 1 To jj - 1
        If aa( j, 1 ) < aa( i, 1 ) Then
```

```
            q1 = aa(j, 1)：aa(j, 1) = aa(i, 1)：aa(i, 1) = q1
            q1 = aa(j, 2)：aa(j, 2) = aa(i, 2)：aa(i, 2) = q1
        End If
    Next j
Next i
j = 1
bb(j, 1) = aa(1, 1)：bb(j, 2) = aa(1, 2)
For i = 2 To jj - 1
    If aa(i, 1) < = bb(j, 2) Then
        If aa(i, 2) < bb(j, 2) Then
        Else
            bb(j, 2) = aa(i, 2)
        End If
    Else
        j = j + 1
        bb(j, 1) = aa(i, 1)：bb(j, 2) = aa(i, 2)
    End If
Next i
For i = 1 To j
    a1 = bb(i, 1) * 60
    Call sjzh                                    '累计分钟数化为月日时分
    bb(i, 1) = yyt $ + rrt $ + sst $
    a1 = bb(i, 2) * 60
    Call sjzh
    bb(i, 2) = yyt $ + rrt $ + sst $
    strFs = strFs & Str $(bb(i, 1)) & "," & Str $(bb(i, 2)) & vbCrLf
Next i
```

6.3.5　各时段最大降水量表①计算的主要算法

各时段最大降水量表①包括 10 min、20 min、30 min、45 min、60 min、90 min、120 min、240 min、360 min、540 min、720 min 和 1 440 min 的最大降水量,计算主要由模块 mdlGenreal. bas 的 fcnTZZB1 完成。在数据准备(参见 6.3.2)的基础上,根据最大观测段制和测站控制信息的"表①表②"项决定是否进行各时段最大降水量表①计算。计算时,按照测站控制信息的"滑动间隔"逐一滑动并分别累计计算各时段的最大降水量。其程序实现如下:

```
If p(fk) > 0 Then                               '排除无雨时段
    For fl = 0 To 12
        sSDB1(fl) = fcnGenrealTZZ1(fk, fl, fvar, sngPB1(fl), sSDB1(fl), intHDJG)
```

```
Next
If fk < N - 4 Then
    lngFJ = 0
    dblFI = 0
    If aDZ(fk) = 1 Then
        If p(fk) > aryDuLiL(1) Then aryDuLiL(1) = p(fk)
        aryDuLiSJ(1) = tf(fk - 1)
        If p(fk) > aryRGZDSDL(2) Then aryRGZDSDL(2) = p(fk)
        aryRGZDSJ(2) = tf(fk - 1)
        dblFI = p(fk) + p(fk + 1)
        If aryRGZDSDL(1) < dblFI Then
            aryRGZDSDL(1) = dblFI
            aryRGZDSJ(1) = tf(fk - 1)
        End If
    ElseIf aDZ(fk) = 2 Then
        If p(fk) > aryDuLiL(2) Then aryDuLiL(2) = p(fk)
        aryDuLiSJ(2) = tf(fk - 1)
        If p(fk) > aryRGZDSDL(3) Then aryRGZDSDL(3) = p(fk)
        aryRGZDSJ(3) = tf(fk - 1)
        lngFi = 0
        Do While lngFJ < = 720 And aDZ(fk + lngFi) > 0
            dblFI = dblFI + p(fk + lngFi)
            lngFJ = tf(fk + lngFi) - tf(fk - 1)
            lngFi = lngFi + 1
        Loop
        If aryRGZDSDL(2) < dblFI Then aryRGZDSDL(2) = dblFI
        aryRGZDSJ(2) = tf(fk - 1)
        Do While lngFJ < = 1440 And aDZ(fk + lngFi) > 0
            dblFI = dblFI + p(fk + lngFi)
            lngFJ = tf(fk + lngFi) - tf(fk - 1)
            lngFi = lngFi + 1
        Loop
        If aryRGZDSDL(1) < dblFI Then aryRGZDSDL(1) = dblFI
        aryRGZDSJ(1) = tf(fk - 1)
    ElseIf aDZ(fk) = 4 Then
        If p(fk) > aryDuLiL(3) Then aryDuLiL(3) = p(fk)
        aryDuLiSJ(3) = tf(fk - 1)
```

```
        If p(fk) > aryRGZDSDL(4) Then aryRGZDSDL(4) = p(fk)
        aryRGZDSJ(4) = tf(fk - 1)
        lngFi = 0
        Do While lngFJ < = 360 And aDZ(fk + lngFi) > 0
            dblFI = dblFI + p(fk + lngFi)
            lngFJ = tf(fk + lngFi) - tf(fk - 1)
            lngFi = lngFi + 1
        Loop                                        '12 小时
        If aryRGZDSDL(3) < dblFI Then aryRGZDSDL(3) = dblFI
        aryRGZDSJ(3) = tf(fk - 1)
        Do While lngFJ < = 720 And aDZ(fk + lngFi) > 0
            dblFI = dblFI + p(fk + lngFi)
            lngFJ = tf(fk + lngFi) - tf(fk - 1)
            lngFi = lngFi + 1
        Loop
        If aryRGZDSDL(2) < dblFI Then aryRGZDSDL(2) = dblFI
        aryRGZDSJ(2) = tf(fk - 1)
        Do While lngFJ < = 1440 And aDZ(fk + lngFi) > 0
            dblFI = dblFI + p(fk + lngFi)
            lngFJ = tf(fk + lngFi) - tf(fk - 1)
            lngFi = lngFi + 1
        Loop                                        '36 小时
        If aryRGZDSDL(1) < dblFI Then aryRGZDSDL(1) = dblFI
        aryRGZDSJ(1) = tf(fk - 1)
    ElseIf aDZ(fk) = 12 Then
        If p(fk) > aryDuLiL(4) Then aryDuLiL(4) = p(fk)
         aryDuLiSJ(4) = tf(fk - 1)
        If p(fk) > aryRGZDSDL(6) Then aryRGZDSDL(6) = p(fk)
         aryRGZDSJ(6) = tf(fk - 1)
        lngFi = 0
        Do While lngFJ < = 120 And aDZ(fk + lngFi) > 0
            dblFI = dblFI + p(fk + lngFi)
            lngFJ = tf(fk + lngFi) - tf(fk - 1)
            lngFi = lngFi + 1
        Loop                                        '4 小时
        If aryRGZDSDL(5) < dblFI Then aryRGZDSDL(5) = dblFI
         aryRGZDSJ(5) = tf(fk - 1)
```

```
    Do While lngFJ < = 240 And aDZ(fk + lngFi) > 0
        dblFI = dblFI + p(fk + lngFi)
        lngFJ = tf(fk + lngFi) − tf(fk − 1)
        lngFi = lngFi + 1
    Loop
    If aryRGZDSDL(4) < dblFI Then aryRGZDSDL(4) = dblFI
    aryRGZDSJ(4) = tf(fk − 1)
    Do While lngFJ < = 360 And aDZ(fk + lngFi) > 0
        dblFI = dblFI + p(fk + lngFi)
        lngFJ = tf(fk + lngFi) − tf(fk − 1)
        lngFi = lngFi + 1
    Loop
    If aryRGZDSDL(3) < dblFI Then aryRGZDSDL(3) = dblFI
    aryRGZDSJ(3) = tf(fk − 1)
    Do While lngFJ < = 720 And aDZ(fk + lngFi) > 0
        dblFI = dblFI + p(fk + lngFi)
        lngFJ = tf(fk + lngFi) − tf(fk − 1)
        lngFi = lngFi + 1
    Loop
    If aryRGZDSDL(2) < dblFI Then aryRGZDSDL(2) = dblFI
    aryRGZDSJ(2) = tf(fk − 1)
    Do While lngFJ < = 1440 And aDZ(fk + lngFi) > 0
        dblFI = dblFI + p(fk + lngFi)
        lngFJ = tf(fk + lngFi) − tf(fk − 1)
        lngFi = lngFi + 1
    Loop                          '36 小时
    If aryRGZDSDL(1) < dblFI Then aryRGZDSDL(1) = dblFI
    aryRGZDSJ(1) = tf(fk − 1)
ElseIf aDZ(fk) = 24 Then
    If p(fk) > aryDuLiL(5) Then aryDuLiL(5) = p(fk)
    aryDuLiSJ(5) = tf(fk − 1) '独立时段量(1)
    If p(fk) > aryRGZDSDL(7) Then aryRGZDSDL(7) = p(fk)
    aryRGZDSJ(7) = tf(fk − 1)
    lngFi = 0
    Do While lngFJ < = 60 And aDZ(fk + lngFi) > 0
        dblFI = dblFI + p(fk + lngFi)
        lngFJ = tf(fk + lngFi) − tf(fk − 1)
```

```
        lngFi = lngFi + 1
Loop
If aryRGZDSDL(6) < dblFI Then aryRGZDSDL(6) = dblFI
aryRGZDSJ(6) = tf(fk - 1)
Do While lngFJ < = 120 And aDZ(fk + lngFi) > 0
        dblFI = dblFI + p(fk + lngFi)
        lngFJ = tf(fk + lngFi) - tf(fk - 1)
        lngFi = lngFi + 1
Loop
If aryRGZDSDL(5) < dblFI Then aryRGZDSDL(5) = dblFI
aryRGZDSJ(5) = tf(fk - 1)
Do While lngFJ < = 240 And aDZ(fk + lngFi) > 0
        dblFI = dblFI + p(fk + lngFi)
        lngFJ = tf(fk + lngFi) - tf(fk - 1)
        lngFi = lngFi + 1
Loop
If aryRGZDSDL(4) < dblFI Then aryRGZDSDL(4) = dblFI
aryRGZDSJ(4) = tf(fk - 1)
Do While lngFJ < = 360 And aDZ(fk + lngFi) > 0
        dblFI = dblFI + p(fk + lngFi)
        lngFJ = tf(fk + lngFi) - tf(fk - 1)
        lngFi = lngFi + 1
Loop
If aryRGZDSDL(3) < dblFI Then aryRGZDSDL(3) = dblFI
aryRGZDSJ(3) = tf(fk - 1)
Do While lngFJ < = 720 And aDZ(fk + lngFi) > 0
        dblFI = dblFI + p(fk + lngFi)
        lngFJ = tf(fk + lngFi) - tf(fk - 1)
        lngFi = lngFi + 1
Loop
If aryRGZDSDL(2) < dblFI Then aryRGZDSDL(2) = dblFI
aryRGZDSJ(2) = tf(fk - 1)
Do While lngFJ < = 1440 And aDZ(fk + lngFi) > 0
        dblFI = dblFI + p(fk + lngFi)
        lngFJ = tf(fk + lngFi) - tf(fk - 1)
        lngFi = lngFi + 1
Loop
```

```
                If aryRGZDSDL(1) < dblFI Then aryRGZDSDL(1) = dblFI
                    aryRGZDSJ(1) = tf(fk - 1)
            End If
        End If
    End If
Next
For fk = 0 To 12
    sngPB1(fk) = Round(sngPB1(fk), 1)                'fDAE(sngPB1(fk), 5, 1, 1)
Next
For fk = 0 To 7
    If aryDuLiSJ(fk) < dblMSA(0) Or aryDuLiSJ(fk) > dblMSA(5) Then
        aryDuLiL(fk) = aryDuLiL(fk) * dbl_W_S
    ElseIf aryDuLiSJ(fk) < dblMSA(1) Or aryDuLiSJ(fk) > dblMSA(4) Then
        aryDuLiL(fk) = aryDuLiL(fk) * dbl_SAndA_S1
    ElseIf aryDuLiSJ(fk) < dblMSA(2) Or aryDuLiSJ(fk) > dblMSA(3) Then
        aryDuLiL(fk) = aryDuLiL(fk) * dbl_SAndA_S2
    End If
    If aryRGZDSJ(fk) < dblMSA(0) Or aryRGZDSJ(fk) > dblMSA(5) Then
        aryRGZDSDL(fk) = aryRGZDSDL(fk) * dbl_W_M
    ElseIf aryRGZDSJ(fk) < dblMSA(1) Or aryRGZDSJ(fk) > dblMSA(4) Then
        aryRGZDSDL(fk) = aryRGZDSDL(fk) * dbl_SAndA_M1
    ElseIf aryRGZDSJ(fk) < dblMSA(2) Or aryRGZDSJ(fk) > dblMSA(3) Then
        aryRGZDSDL(fk) = aryRGZDSDL(fk) * dbl_SAndA_M2
    End If
Next
fk = 0
If sngPB1(fk) * 1.24 < = aryDuLiL(5) Then
    sngPZJMB1(fk) = ")"
    If aryDuLiSJ(5) < > sSDB1(fk) Then sSDZJMB1(fk) = ")"
ElseIf sngPB1(fk) * 1.36 < aryDuLiL(4) Then
    sngPZJMB1(fk) = ")"
    If aryDuLiSJ(4) < > sSDB1(fk) Then sSDZJMB1(fk) = ")"
ElseIf sngPB1(fk) * 1.7 < aryDuLiL(3) Then
    sngPZJMB1(fk) = ")"
    If aryDuLiSJ(3) < > sSDB1(fk) Then sSDZJMB1(fk) = ")"
End If
fk = 1
```

```
If sngPB1(fk) * 1.2 < = aryDuLiL(5) Then
    sngPZJMB1(fk) = ")"
    If aryDuLiSJ(5) < > sSDB1(fk) Then sSDZJMB1(fk) = ")"
ElseIf sngPB1(fk) * 1.3 < aryDuLiL(4) Then
    sngPZJMB1(fk) = ")"
    If aryDuLiSJ(4) < > sSDB1(fk) Then sSDZJMB1(fk) = ")"
ElseIf sngPB1(fk) * 1.45 < aryDuLiL(3) Then
    sngPZJMB1(fk) = ")"
    If aryDuLiSJ(3) < > sSDB1(fk) Then sSDZJMB1(fk) = ")"
End If
fk = 2
If sngPB1(fk) * 1.16 < = aryDuLiL(5) Then
    sngPZJMB1(fk) = ")"
    If aryDuLiSJ(5) < > sSDB1(fk) Then sSDZJMB1(fk) = ")"
ElseIf sngPB1(fk) * 1.25 < aryDuLiL(4) Then
    sngPZJMB1(fk) = ")"
    If aryDuLiSJ(4) < > sSDB1(fk) Then sSDZJMB1(fk) = ")"
ElseIf sngPB1(fk) * 1.4 < aryDuLiL(3) Then
    sngPZJMB1(fk) = ")"
    If aryDuLiSJ(3) < > sSDB1(fk) Then sSDZJMB1(fk) = ")"
ElseIf sngPB1(fk) * 1.21 < aryRGZDSDL(6) Then
    sngPZJMB1(fk) = ")"
    If aryRGZDSJ(6) < > sSDB1(fk) Then sSDZJMB1(fk) = ")"
End If
fk = 3
If sngPB1(fk) * 1.1 < = aryDuLiL(5) Then
    sngPZJMB1(fk) = ")"
    If aryDuLiSJ(5) < > sSDB1(fk) Then sSDZJMB1(fk) = ")"
ElseIf sngPB1(fk) * 1.16 < aryDuLiL(4) Then
    sngPZJMB1(fk) = ")"
    If aryDuLiSJ(4) < > sSDB1(fk) Then sSDZJMB1(fk) = ")"
ElseIf sngPB1(fk) * 1.25 < aryDuLiL(3) Then
    sngPZJMB1(fk) = ")"
    If aryDuLiSJ(3) < > sSDB1(fk) Then sSDZJMB1(fk) = ")"
ElseIf sngPB1(fk) * 1.17 < aryRGZDSDL(6) Then
    sngPZJMB1(fk) = ")"
    If aryRGZDSJ(6) < > sSDB1(fk) Then sSDZJMB1(fk) = ")"
```

```
ElseIf sngPB1(fk) * 1.29 < aryRGZDSDL(4) Then
    sngPZJMB1(fk) = ")"
    If aryRGZDSJ(4) < > sSDB1(fk) Then sSDZJMB1(fk) = ")"
End If
fk = 4
If sngPB1(fk) * 1.08 < = aryDuLiL(4) Then
    sngPZJMB1(fk) = ")"
    If aryDuLiSJ(4) < > sSDB1(fk) Then sSDZJMB1(fk) = ")"
ElseIf sngPB1(fk) * 1.16 < aryDuLiL(3) Then
    sngPZJMB1(fk) = ")"
    If aryDuLiSJ(3) < > sSDB1(fk) Then sSDZJMB1(fk) = ")"
ElseIf sngPB1(fk) * 1.3 < aryDuLiL(2) Then
    sngPZJMB1(fk) = ")"
    If aryDuLiSJ(2) < > sSDB1(fk) Then sSDZJMB1(fk) = ")"
ElseIf sngPB1(fk) * 1.13 < aryRGZDSDL(6) Then
    sngPZJMB1(fk) = ")"
    If aryRGZDSJ(6) < > sSDB1(fk) Then sSDZJMB1(fk) = ")"
ElseIf sngPB1(fk) * 1.25 < aryRGZDSDL(4) Then
    sngPZJMB1(fk) = ")"
    If aryRGZDSJ(4) < > sSDB1(fk) Then sSDZJMB1(fk) = ")"
ElseIf sngPB1(fk) * 1.47 < aryRGZDSDL(3) Then
    sngPZJMB1(fk) = ")"
    If aryRGZDSJ(3) < > sSDB1(fk) Then sSDZJMB1(fk) = ")"
End If
fk = 5
If sngPB1(fk) * 1.04 < = aryDuLiL(4) Then
    sngPZJMB1(fk) = ")"
    If aryDuLiSJ(4) < > sSDB1(fk) Then sSDZJMB1(fk) = ")"
ElseIf sngPB1(fk) * 1.09 < aryDuLiL(3) Then
    sngPZJMB1(fk) = ")"
    If aryDuLiSJ(3) < > sSDB1(fk) Then sSDZJMB1(fk) = ")"
ElseIf sngPB1(fk) * 1.35 < aryDuLiL(2) Then
    sngPZJMB1(fk) = ")"
    If aryDuLiSJ(2) < > sSDB1(fk) Then sSDZJMB1(fk) = ")"
ElseIf sngPB1(fk) * 1.15 < aryRGZDSDL(6) Then
    sngPZJMB1(fk) = ")"
    If aryRGZDSJ(6) < > sSDB1(fk) Then sSDZJMB1(fk) = ")"
```

```
ElseIf sngPB1(fk) * 1.3 < aryRGZDSDL(4) Then
    sngPZJMB1(fk) = ")"
    If aryRGZDSJ(4) < > sSDB1(fk) Then sSDZJMB1(fk) = ")"
ElseIf sngPB1(fk) * 1.6 < aryRGZDSDL(3) Then
    sngPZJMB1(fk) = ")"
    If aryRGZDSJ(3) < > sSDB1(fk) Then sSDZJMB1(fk) = ")"
End If
fk = 6
If sngPB1(fk) * 1.12 < = aryDuLiL(3) Then
    sngPZJMB1(fk) = ")"
    If aryDuLiSJ(3) < > sSDB1(fk) Then sSDZJMB1(fk) = ")"
ElseIf sngPB1(fk) * 1.3 < aryDuLiL(2) Then
    sngPZJMB1(fk) = ")"
    If aryDuLiSJ(2) < > sSDB1(fk) Then sSDZJMB1(fk) = ")"
ElseIf sngPB1(fk) * 1.5 < aryDuLiL(1) Then
    sngPZJMB1(fk) = ")"
    If aryDuLiSJ(1) < > sSDB1(fk) Then sSDZJMB1(fk) = ")"
ElseIf sngPB1(fk) * 1.05 < aryRGZDSDL(6) Then
    sngPZJMB1(fk) = ")"
    If aryRGZDSJ(6) < > sSDB1(fk) Then sSDZJMB1(fk) = ")"
ElseIf sngPB1(fk) * 1.2 < aryRGZDSDL(4) Then
    sngPZJMB1(fk) = ")"
    If aryRGZDSJ(4) < > sSDB1(fk) Then sSDZJMB1(fk) = ")"
ElseIf sngPB1(fk) * 1.35 < aryRGZDSDL(3) Then
    sngPZJMB1(fk) = ")"
    If aryRGZDSJ(3) < > sSDB1(fk) Then sSDZJMB1(fk) = ")"
ElseIf sngPB1(fk) * 1.52 < aryRGZDSDL(2) Then
    sngPZJMB1(fk) = ")"
    If aryRGZDSJ(2) < > sSDB1(fk) Then sSDZJMB1(fk) = ")"
End If
fk = 7
If sngPB1(fk) * 1.08 < = aryDuLiL(3) Then
    sngPZJMB1(fk) = ")"
    If aryDuLiSJ(3) < > sSDB1(fk) Then sSDZJMB1(fk) = ")"
ElseIf sngPB1(fk) * 1.25 < aryDuLiL(2) Then
    sngPZJMB1(fk) = ")"
    If aryDuLiSJ(2) < > sSDB1(fk) Then sSDZJMB1(fk) = ")"
```

```
ElseIf sngPB1(fk) * 1.42 < aryDuLiL(1) Then
    sngPZJMB1(fk) = ")"
    If aryDuLiSJ(1) <> sSDB1(fk) Then sSDZJMB1(fk) = ")"
ElseIf sngPB1(fk) * 1.2 < aryRGZDSDL(4) Then
    sngPZJMB1(fk) = ")"
    If aryRGZDSJ(4) <> sSDB1(fk) Then sSDZJMB1(fk) = ")"
ElseIf sngPB1(fk) * 1.3 < aryRGZDSDL(3) Then
    sngPZJMB1(fk) = ")"
    If aryRGZDSJ(3) <> sSDB1(fk) Then sSDZJMB1(fk) = ")"
ElseIf sngPB1(fk) * 1.5 < aryRGZDSDL(2) Then
    sngPZJMB1(fk) = ")"
    If aryRGZDSJ(2) <> sSDB1(fk) Then sSDZJMB1(fk) = ")"
ElseIf sngPB1(fk) * 1.7 < aryRGZDSDL(1) Then
    sngPZJMB1(fk) = ")"
    If aryRGZDSJ(1) <> sSDB1(fk) Then sSDZJMB1(fk) = ")"
End If
fk = 8
If sngPB1(fk) * 1.04 <= aryDuLiL(3) Then          '独立 6 小时量
    sngPZJMB1(fk) = ")"
    If aryDuLiSJ(3) <> sSDB1(fk) Then sSDZJMB1(fk) = ")"
ElseIf sngPB1(fk) * 1.2 < aryDuLiL(2) Then
    sngPZJMB1(fk) = ")"
    If aryDuLiSJ(2) <> sSDB1(fk) Then sSDZJMB1(fk) = ")"
ElseIf sngPB1(fk) * 1.32 < aryDuLiL(1) Then
    sngPZJMB1(fk) = ")"
    If aryDuLiSJ(1) <> sSDB1(fk) Then sSDZJMB1(fk) = ")"
ElseIf sngPB1(fk) * 1.15 < aryRGZDSDL(4) Then      量
    sngPZJMB1(fk) = ")"
    If aryRGZDSJ(4) <> sSDB1(fk) Then sSDZJMB1(fk) = ")"
ElseIf sngPB1(fk) * 1.25 < aryRGZDSDL(3) Then
    sngPZJMB1(fk) = ")"
    If aryRGZDSJ(3) <> sSDB1(fk) Then sSDZJMB1(fk) = ")"
ElseIf sngPB1(fk) * 1.45 < aryRGZDSDL(2) Then
    sngPZJMB1(fk) = ")"
    If aryRGZDSJ(2) <> sSDB1(fk) Then sSDZJMB1(fk) = ")"
ElseIf sngPB1(fk) * 1.65 < aryRGZDSDL(1) Then
    sngPZJMB1(fk) = ")"
```

```
        If aryRGZDSJ(1) < > sSDB1(fk) Then sSDZJMB1(fk) = ")"
End If
fk = 9
If sngPB1(fk) * 1.16 < = aryDuLiL(2) Then
    sngPZJMB1(fk) = ")"
    If aryDuLiSJ(2) < > sSDB1(fk) Then sSDZJMB1(fk) = ")"
ElseIf sngPB1(fk) * 1.26 < aryDuLiL(1) Then
    sngPZJMB1(fk) = ")"
    If aryDuLiSJ(1) < > sSDB1(fk) Then sSDZJMB1(fk) = ")"
ElseIf sngPB1(fk) * 1.1 < aryRGZDSDL(4) Then
    sngPZJMB1(fk) = ")"
    If aryRGZDSJ(4) < > sSDB1(fk) Then sSDZJMB1(fk) = ")"
ElseIf sngPB1(fk) * 1.2 < aryRGZDSDL(3) Then
    sngPZJMB1(fk) = ")"
    If aryRGZDSJ(3) < > sSDB1(fk) Then sSDZJMB1(fk) = ")"
ElseIf sngPB1(fk) * 1.4 < aryRGZDSDL(2) Then
    sngPZJMB1(fk) = ")"
    If aryRGZDSJ(2) < > sSDB1(fk) Then sSDZJMB1(fk) = ")"
ElseIf sngPB1(fk) * 1.6 < aryRGZDSDL(1) Then
    sngPZJMB1(fk) = ")"
    If aryRGZDSJ(1) < > sSDB1(fk) Then sSDZJMB1(fk) = ")"
End If
fk = 10
If sngPB1(fk) * 1.1 < = aryDuLiL(2) Then
    sngPZJMB1(fk) = ")"
    If aryDuLiSJ(2) < > sSDB1(fk) Then sSDZJMB1(fk) = ")"
ElseIf sngPB1(fk) * 1.18 < aryDuLiL(1) Then
    sngPZJMB1(fk) = ")"
    If aryDuLiSJ(1) < > sSDB1(fk) Then sSDZJMB1(fk) = ")"
ElseIf sngPB1(fk) * 1.15 < aryRGZDSDL(3) Then
    sngPZJMB1(fk) = ")"
    If aryRGZDSJ(3) < > sSDB1(fk) Then sSDZJMB1(fk) = ")"
ElseIf sngPB1(fk) * 1.3 < aryRGZDSDL(2) Then
    sngPZJMB1(fk) = ")"
    If aryRGZDSJ(2) < > sSDB1(fk) Then sSDZJMB1(fk) = ")"
ElseIf sngPB1(fk) * 1.5 < aryRGZDSDL(1) Then
    sngPZJMB1(fk) = ")"
```

```
        If aryRGZDSJ(1) < > sSDB1(fk) Then sSDZJMB1(fk) = ")"
End If
fk = 11
If sngPB1(fk) * 1.1 < = aryDuLiL(1) Then
    sngPZJMB1(fk) = ")"
    If aryDuLiSJ(1) < > sSDB1(fk) Then sSDZJMB1(fk) = ")"
ElseIf sngPB1(fk) * 1.05 < aryRGZDSDL(3) Then
    sngPZJMB1(fk) = ")"
    If aryRGZDSJ(3) < > sSDB1(fk) Then sSDZJMB1(fk) = ")"
ElseIf sngPB1(fk) * 1.17 < aryRGZDSDL(2) Then
    sngPZJMB1(fk) = ")"
    If aryRGZDSJ(2) < > sSDB1(fk) Then sSDZJMB1(fk) = ")"
ElseIf sngPB1(fk) * 1.3 < aryRGZDSDL(1) Then
    sngPZJMB1(fk) = ")"
    If aryRGZDSJ(1) < > sSDB1(fk) Then sSDZJMB1(fk) = ")"
End If
fk = 12
If sngPB1(fk) * 1.1 < aryRGZDSDL(2) Then
    sngPZJMB1(fk) = ")"
    If aryRGZDSJ(2) < > sSDB1(fk) Then sSDZJMB1(fk) = ")"
ElseIf sngPB1(fk) * 1.2 < aryRGZDSDL(1) Then
    sngPZJMB1(fk) = ")"
    If aryRGZDSJ(1) < > sSDB1(fk) Then sSDZJMB1(fk) = ")"
End If
```

6.3.6　各时段最大降水量表②计算的主要算法

各时段最大降水量表②计算主要由模块 mdlGenreal. bas 的 fcnTZZB2 过程在初步摘录 fcnFSSP 的基础上完成。如果该站采用记起讫时间的摘录方法,则应首先进行初步摘录 fcnFSSP。其算法和程序实现与各时段最大降水量表①基本相同,这里不再赘述。

6.3.7　降水量整编成果无表格文件输出的主要算法

降水量整编成果无表格成果输出由公共模块 mdlRES 完成,各表依照水文资料整编规范规定的整编表式生成成果数据及其注解码数据文件。

(1)逐日降水量无表格成果数据排列顺序如表 6-3 所示。

表 6-3

行	名称	内容		说明
1	控制信息	年份,站码,河名,站名		
2	正文信息	1 日	1 月,2 月,…,12 月	
3		2 日	1 月,2 月,…,12 月	
⋮		⋮	⋮	
32		31 日	1 月,2 月,…,12 月	
33		月总量	1 月,2 月,…,12 月	除日期外的所有数据,均包括数值和符号两部分
34		降水日数	1 月,2 月,…,12 月	
35		最大日量	1 月,2 月,…,12 月	
36		年统计	降水量,符号,降水日数,符号	
37			各时段最大降水量(1 日、3 日、7 日、15 日、30 日)及符号	
38			各时段最大量开始时间及符号	
39~41	附注			

各数据项之间以逗号","分隔。数据实例如下:

2003,40753600,贾家沟,太和寨,

(以下为逐日降水量数据)

5.6,,5.4,,20.2,,14.9,,4.0,,1.9,,1.2,,155.0,,0.1,,5.4,,7.1,,7.5,,

5.4,,5.5,,22.1,,14.8,,4.0,,2.2,,0.0,,29.6,,4.5,,5.7,,7.1,,4.6,,

…

(以下为月统计信息)

4.2,,3.0,,16.5,,24.3,,48.0,,58.2,,110.8,,62.8,,107.0,,25.2,,23.2,,0.0,,

3,,3,,8,,6,,11,,14,,15,,10,,15,,4,,5,,0,,

3.0,,1.4,,6.0,,12.7,,11.6,,13.2,,39.4,,20.4,,9.6,,10.8,,17.8,,0.0,,

(以下为年统计信息)

634.6,,62,,

33.2,,39.6,,44.2,,70.4,,96.2,,

9,,4,,9,,3,,9,,3,,8,,28,,8,,21,,

(以下为附注信息)

5 月 1 日至 10 月 31 日用固态雨量计观测,分辨力为 0.2。

(2)降水量摘录数据排列顺序如表 6-4 所示。

表6-4

行	名称	内容	说明
1	控制信息	年份,站码,河名,站名,记录数	
2	正文信息	开始时间,结束时间,降水量,符号,	时间格式:
3		开始时间,结束时间,降水量,符号,	yyyy – mm – dd HH: MM
⋮		⋮	
…	附注		

(3)各时段最大降水量表①数据排列顺序如表6-5所示。

表6-5

行	名称	内容	说明
1	控制信息	年份,站码,河名,站名	
2	正文信息	10 min、20 min、30 min、45 min、60 min、90 min、120 min、180 min、240 min、360 min、540 min、720 min、1 440 min 最大降水量及符号	除日期外的所有数据,均包括数值和符号两部分
3		对应开始时间(月,日)及符号	
⋮		⋮	
…	附注		

(4)各时段最大降水量表②数据排列顺序如表6-6所示。

表6-6

行	名称	内容	说明
1	控制信息	年份,站码,河名,站名	
2	正文信息	1 h、2 h、3 h、6 h、12 h、24 h 最大降水量及符号	除日期外的所有数据,均包括数值和符号两部分
3		对应开始时间(月,日)及符号	
⋮		⋮	
…	附注		

6.4　有效数字处理

　　水文资料整编规范对各项目的有效数字有严格规定,整编软件的一个重要技术就是处理各项目的有效数字。由于计算机存储数据的特点,一个常规数字,经过计算,在计算机中的数据与实际数据不同。例如:4.355,在计算机中双精度数可能是4.35499999999997,如果按照常规的进舍方法就会是4.35;而另一种情况3.865,则可能是3.86500000000002,如果按照常规的进舍方法就会是3.87。这里描述的两种情况都不符合规范要求,我们采取一些措施来加以改进,确保所有计算符合规范要求。

　　关键代码如下:

```
Dim sngX As Variant 'Single '预处理的单精度数
Dim sngXJs1    As Variant    '奇偶标志
Dim sngXJs2    As Variant '进舍标志
Dim sngXR As Integer '位数
Dim intFn As Integer
Dim ss As String
Dim dblSS As String
Dim jw As Integer
Dim MySign As Integer
'intEd 有效位数,intDd 最多小数位数,jingdu 单精度 =0,双精度 =1
jw = 50
'5 后为 0 看前位,jw =50,此时与 Round 函数相同;不管 5 后,只看 5 前,则 jw =60,
'数字奇进偶舍函数    Abandon    Enter
MySign = Sgn( strX )    '返回 1
Select Case MySign
Case 0
    sngX = 0
Case Else
    If MySign < 0 Then strX = Abs( strX)
    jingdu = 1 - jingdu
    dblSS = 0.0000005 * 10 ^ ( jingdu * 8 - 8) * 1.6 ^ (1 - jingdu)
    intFn = Int( Log( strX) / Log( 10) )
    ss = strX + dblSS * 10 ^ ( intFn + 1)
    sngX = Format( ss, "0.00000000000000E +00" )  '科学计数法
    sngXR = intFn + 1 '数字整数位数
    sngX = Replace( Left( sngX, Len( sngX) - 3), ".", "")    '去掉小数点
    If intEd - sngXR < intDd Then intDd = intEd - sngXR '确定小数位数
    intEd = sngXR + intDd '确定最后应取有效数字的位数
```

```
If intEd < 0 Then intEd = 0 '不能出现负的有效数字
sngX = Left(sngX, intEd + 2) '比有效数字多一位的数字组合
sngXJs2 = Right(sngX, 3) '进舍标志
sngXJs1 = Left(sngXJs2, 1) '奇偶标志
sngXJs2 = Right(sngXJs2, 2)
If sngXJs2 > jw Then
    sngX = Int((sngX + 50) / 100) '六入
Else
    If sngXJs2 < 50 Then
        sngX = Int(sngX / 100) '四舍
    Else
        If sngXJs1 Mod 2 = 0 Then
            sngX = Int(sngX / 100) '偶舍
        Else
            sngX = Int((sngX + 50) / 100) '奇进
        End If
    End If
End If
sngX = sngX / 10 ^ (intEd - sngXR) '处理有效数字
Select Case intDd
Case Is < = 0
    sngX = Format(sngX, "0")
Case 1
    sngX = Format(sngX, "0.0")
Case 2
    sngX = Format(sngX, "0.00")
Case 3
    sngX = Format(sngX, "0.000")
Case 4
    sngX = Format(sngX, "0.0000")
Case 5
    sngX = Format(sngX, "0.00000")
Case Is > = 6
    sngX = Format(sngX, "0.000000")
End Select
If MySign < 0 Then sngX = " - " & sngX
End Select
fDAE = sngX
```

6.5　关于各时段最大降水量可疑的判断

降水量资料整编电算化最大的难点是各时段最大降水量可疑数据的判断。过去人工判断,规范上没有明确的判断标准,只是技术人员根据缺测时段、合并观测时段雨量大小,按照经验判断是否加可疑符号,但是采用计算机进行可疑情况判断,就需要准确的数学模型。

为此查阅了大量的历史资料,进行了细致的分析工作,确定了可疑特征值判断的数学模型,主要是分析不同地区降水量的季节分布特点,各种特征时段的降水强度、最大降水量的分布特点等。累计各时段最大降水量计算代码如下:

```
fj = N – 1
For fk = 0 To fj                                    '以每个时段内计算特征值
    If p(fk) > 0 And aDZ(fk) > 0 Then               ' And aDZ(fk) <
intMaxDZ 排除无雨时段
        lngFJ = 0
        dblFI = 0
        If aDZ(fk) = 1 Then                                 '1 段制观测
            If p(fk) > aryDuLiL(1) Then aryDuLiL(1) = p(fk):aryDuLiSJ(1) = tf
(fk – 1) '独立时段量(24)
            If p(fk) > aryRGZDSDL(2) Then aryRGZDSDL(2) = p(fk):aryRGZDSJ
(2) = tf(fk – 1)
            If fk < N – 2 Then
                dblFI = p(fk) + p(fk + 1)
                If aryRGZDSDL(1) < dblFI Then
                    aryRGZDSDL(1) = dblFI                           '36 小时量
                    aryRGZDSJ(1) = tf(fk – 1)
                End If
            '24 小时量
            End If
        ElseIf aDZ(fk) = 2 Then                                 '2 段制观测
            '12 小时量
            If p(fk) > aryDuLiL(2) Then aryDuLiL(2) = p(fk):aryDuLiSJ(2) = tf
(fk – 1) '独立时段量(12)
            If p(fk) > aryRGZDSDL(3) Then aryRGZDSDL(3) = p(fk):aryRGZDSJ
(3) = tf(fk – 1)
            If fk < N – 3 Then
                lngFi = 0
                Do While lngFJ < = 720 And aDZ(fk + lngFi) > 0 And aDZ(fk +
```

lngFi) < intMaxDZ

$\qquad$ dblFI = dblFI + p(fk + lngFi)

$\qquad$ lngFJ = tf(fk + lngFi) − tf(fk − 1)

$\qquad$ lngFi = lngFi + 1

$\qquad$ Loop　　　　　　　　　　　　　　　'24 小时

$\qquad$ If aryRGZDSDL(2) < dblFI Then aryRGZDSDL(2) = dblFI: aryRGZD-

SJ(2) = tf(fk − 1)

$\qquad$ Do While lngFJ < = 1440 And aDZ(fk + lngFi) > 0 And aDZ(fk +

lngFi) < intMaxDZ

$\qquad$ dblFI = dblFI + p(fk + lngFi)

$\qquad$ lngFJ = tf(fk + lngFi) − tf(fk − 1)

$\qquad$ lngFi = lngFi + 1

$\qquad$ Loop　　　　　　　　　　　　　　　'36 小时

$\qquad$ If aryRGZDSDL(1) < dblFI Then aryRGZDSDL(1) = dblFI: aryRGZD-

SJ(1) = tf(fk − 1)

$\qquad$ End If

$\qquad$ ElseIf aDZ(fk) = 4 Then　　　　　　　　　　　　'4 段制观测

$\qquad$ '6 小时量

$\qquad$ If p(fk) > aryDuLiL(3) Then aryDuLiL(3) = p(fk): aryDuLiSJ(3) = tf

(fk − 1) '独立时段量(6)

$\qquad$ If p(fk) > aryRGZDSDL(4) Then aryRGZDSDL(4) = p(fk): aryRGZDSJ

(4) = tf(fk − 1)

$\qquad$ If fk < N − 2 Then

$\qquad$ lngFi = 0

$\qquad$ Do While lngFJ < = 360 And aDZ(fk + lngFi) > 0 And aDZ(fk +

lngFi) < intMaxDZ

$\qquad$ dblFI = dblFI + p(fk + lngFi)

$\qquad$ lngFJ = tf(fk + lngFi) − tf(fk − 1)

$\qquad$ lngFi = lngFi + 1

$\qquad$ Loop　　　　　　　　　　　　　　　'12 小时

$\qquad$ If aryRGZDSDL(3) < dblFI Then aryRGZDSDL(3) = dblFI: aryRGZD-

SJ(3) = tf(fk − 1)

$\qquad$ End If

$\qquad$ If fk < N − 3 Then

$\qquad$ Do While lngFJ < = 720 And aDZ(fk + lngFi) > 0 And aDZ(fk +

lngFi) < intMaxDZ

$\qquad$ dblFI = dblFI + p(fk + lngFi)

$\qquad$ lngFJ = tf(fk + lngFi) − tf(fk − 1)

```
            lngFi = lngFi + 1
        Loop                          '24 小时
        If aryRGZDSDL(2) < dblFI Then
            aryRGZDSDL(2) = dblFI
            aryRGZDSJ(2) = tf(fk - 1)
        End If
    If fk < N - 4 Then
        Do While lngFJ < = 1440 And aDZ(fk + lngFi) > 0 And aDZ(fk +
lngFi) < intMaxDZ
                dblFI = dblFI + p(fk + lngFi)
                lngFJ = tf(fk + lngFi) - tf(fk - 1)
                lngFi = lngFi + 1
        Loop                          '36 小时
        If aryRGZDSDL(1) < dblFI Then
            aryRGZDSDL(1) = dblFI
            aryRGZDSJ(1) = tf(fk - 1)
        End If
    ElseIf aDZ(fk) = 12 Then                          '12 段制观测
        '2 小时量
    If p(fk) > aryDuLiL(4) Then
        aryDuLiL(4) = p(fk)
        aryDuLiSJ(4) = tf(fk - 1)  '独立时段量(2)
    End If
    If p(fk) > aryRGZDSDL(6) Then
        aryRGZDSDL(6) = p(fk)
        aryRGZDSJ(6) = tf(fk - 1)
    End If
    If fk < N - 2 Then
        lngFi = 0
        Do While lngFJ < = 120 And aDZ(fk + lngFi) > 0 And aDZ(fk +
lngFi) < intMaxDZ
                dblFI = dblFI + p(fk + lngFi)
                lngFJ = tf(fk + lngFi) - tf(fk - 1)
                lngFi = lngFi + 1
        Loop                          '4 小时
        If aryRGZDSDL(5) < dblFI Then
            aryRGZDSDL(5) = dblFI
            aryRGZDSJ(5) = tf(fk - 1)
```

```
                End If
            End If
        If fk ＜ N － 3 Then
            Do While lngFJ ＜ = 240 And aDZ(fk + lngFi) ＞ 0 And aDZ(fk +
lngFi) ＜ intMaxDZ
                    dblFI = dblFI + p(fk + lngFi)
                    lngFJ = tf(fk + lngFi) － tf(fk － 1)
                    lngFi = lngFi + 1
                Loop                            '6 小时
                If aryRGZDSDL(4) ＜ dblFI Then
                    aryRGZDSDL(4) = dblFI
                    aryRGZDSJ(4) = tf(fk － 1)
                End If
            End If
        If fk ＜ N － 4 Then
            Do While lngFJ ＜ = 360 And aDZ(fk + lngFi) ＞ 0 And aDZ(fk +
lngFi) ＜ intMaxDZ
                    dblFI = dblFI + p(fk + lngFi)
                    lngFJ = tf(fk + lngFi) － tf(fk － 1)
                    lngFi = lngFi + 1
                Loop                            '12 小时
                If aryRGZDSDL(3) ＜ dblFI Then
                    aryRGZDSDL(3) = dblFI
                    aryRGZDSJ(3) = tf(fk － 1)
                End If
            End If
        If fk ＜ N － 6 Then
            Do While lngFJ ＜ = 720 And aDZ(fk + lngFi) ＞ 0 And aDZ(fk +
lngFi) ＜ intMaxDZ
                    dblFI = dblFI + p(fk + lngFi)
                    lngFJ = tf(fk + lngFi) － tf(fk － 1)
                    lngFi = lngFi + 1
                Loop                            '24 小时
                If aryRGZDSDL(2) ＜ dblFI Then
                    aryRGZDSDL(2) = dblFI
                    aryRGZDSJ(2) = tf(fk － 1)
                End If
            End If
```

```
        If fk < N - 12 Then
              Do While lngFJ < = 1440 And aDZ(fk + lngFi) > 0 And aDZ(fk +
lngFi) < intMaxDZ
                    dblFI = dblFI + p(fk + lngFi)
                    lngFJ = tf(fk + lngFi) - tf(fk - 1)
                    lngFi = lngFi + 1
              Loop                              '36 小时
              If aryRGZDSDL(1) < dblFI Then
                    aryRGZDSDL(1) = dblFI
                    aryRGZDSJ(1) = tf(fk - 1)
              End If
        End If
    ElseIf aDZ(fk) = 24 Then                              '24 段制观测
        '1 小时量
        If p(fk) > aryDuLiL(5) Then
            aryDuLiL(5) = p(fk)
            aryDuLiSJ(5) = tf(fk - 1) '独立时段量(1)
        End If
        If p(fk) > aryRGZDSDL(7) Then
            aryRGZDSDL(7) = p(fk)
            aryRGZDSJ(7) = tf(fk - 1)
        End If
        If fk < N - 2 Then
            lngFi = 0
            Do While lngFJ < = 60
                dblFI = dblFI + p(fk + lngFi)
                lngFJ = tf(fk + lngFi) - tf(fk - 1)
                lngFi = lngFi + 1
            Loop                              '2 小时
            If aryRGZDSDL(6) < dblFI Then
                aryRGZDSDL(6) = dblFI
                aryRGZDSJ(6) = tf(fk - 1)
            End If
        End If
        If fk < N - 3 Then
            Do While lngFJ < = 120
                dblFI = dblFI + p(fk + lngFi)
                lngFJ = tf(fk + lngFi) - tf(fk - 1)
```

```
                    lngFi = lngFi + 1
            Loop                              '4 小时
            If aryRGZDSDL(5) < dblFI Then
                    aryRGZDSDL(5) = dblFI
                    aryRGZDSJ(5) = tf(fk - 1)
            End If
        End If
        If fk < N - 4 Then
            Do While lngFJ < = 240
                    dblFI = dblFI + p(fk + lngFi)
                    lngFJ = tf(fk + lngFi) - tf(fk - 1)
                    lngFi = lngFi + 1
            Loop                              '6 小时
            If aryRGZDSDL(4) < dblFI Then
                    aryRGZDSDL(4) = dblFI
                    aryRGZDSJ(4) = tf(fk - 1)
            End If
        End If
        If fk < N - 6 Then
            Do While lngFJ < = 360
                    dblFI = dblFI + p(fk + lngFi)
                    lngFJ = tf(fk + lngFi) - tf(fk - 1)
                    lngFi = lngFi + 1
            Loop                              '12 小时
            If aryRGZDSDL(3) < dblFI Then
                    aryRGZDSDL(3) = dblFI
                    aryRGZDSJ(3) = tf(fk - 1)
            End If
        End If
        If fk < N - 12 Then
            Do While lngFJ < = 720
                    dblFI = dblFI + p(fk + lngFi)
                    lngFJ = tf(fk + lngFi) - tf(fk - 1)
                    lngFi = lngFi + 1
            Loop                              '24 小时
            If aryRGZDSDL(2) < dblFI Then
                    aryRGZDSDL(2) = dblFI
                    aryRGZDSJ(2) = tf(fk - 1)
```

```
                    End If
                End If
                If fk  <  N  –  24 Then
                    Do While lngFJ  <  =  1440
                        dblFI  =  dblFI  +  p(fk  +  lngFi)
                        lngFJ  =  tf(fk  +  lngFi)  –  tf(fk  –  1)
                        lngFi  =  lngFi  +  1
                    Loop                              '36 小时
                    If aryRGZDSDL(1)  <  dblFI Then
                        aryRGZDSDL(1)  =  dblFI
                        aryRGZDSJ(1)  =  tf(fk  –  1)
                    End If
                End If
            End If
        End If
Next
```

在此基础上进行特征值可疑情况判断。关键技术如下：

首先进行不同季节特征值衰减率计算：

```
For fk  =  0 To 7                              '进行冬春秋季节衰减
    If aryDuLiSJ(fk)  <  dblMSA(0) Or aryDuLiSJ(fk)  >  dblMSA(5) Then       '冬季独
立时段
        aryDuLiL(fk)  =  aryDuLiL(fk)  *  dbl_W_S
    ElseIf aryDuLiSJ(fk)  <  dblMSA(1) Or aryDuLiSJ(fk)  >  dblMSA(4) Then     '春秋
季独立时段
        aryDuLiL(fk)  =  aryDuLiL(fk)  *  dbl_SAndA_S1
    ElseIf aryDuLiSJ(fk)  <  dblMSA(2) Or aryDuLiSJ(fk)  >  dblMSA(3) Then '春秋季
独立时段
        aryDuLiL(fk)  =  aryDuLiL(fk)  *  dbl_SAndA_S2
    End If
    If aryRGZDSJ(fk)  <  dblMSA(0) Or aryRGZDSJ(fk)  >  dblMSA(5) Then '冬季多时
段
        aryRGZDSDL(fk)  =  aryRGZDSDL(fk)  *  dbl_W_M
    ElseIf aryRGZDSJ(fk)  <  dblMSA(1) Or aryRGZDSJ(fk)  >  dblMSA(4) Then '春秋
季多时段
        aryRGZDSDL(fk)  =  aryRGZDSDL(fk)  *  dbl_SAndA_M1
    ElseIf aryRGZDSJ(fk)  <  dblMSA(2) Or aryRGZDSJ(fk)  >  dblMSA(3) Then     '春秋
季多时段
        aryRGZDSDL(fk)  =  aryRGZDSDL(fk)  *  dbl_SAndA_M2
```

```
      End If
Next
```

然后,根据不同时段,利用相应的衰减系数进行可疑情况判断。关键代码如下:

```
fk = 0                                    '60 分钟最大
If sngPB2(fk) > 0 Then
    If sngPB2(fk) * 1.08 <= aryDuLiL(4) Then              '独立 2 小时量
        sngPZJMB2(fk) = ")"
        If aryDuLiSJ(4) <> sSDB2(fk) Then sSDZJMB2(fk) = ")"
    ElseIf sngPB2(fk) * 1.2 < aryDuLiL(3) Then            '独立 6 小时量
        sngPZJMB2(fk) = ")"
        If aryDuLiSJ(3) <> sSDB2(fk) Then sSDZJMB2(fk) = ")"
    ElseIf sngPB2(fk) * 1.4 < aryDuLiL(2) Then            '独立 12 小时量
        sngPZJMB2(fk) = ")"
        If aryDuLiSJ(2) <> sSDB2(fk) Then sSDZJMB2(fk) = ")"
    ElseIf sngPB2(fk) * 1.13 < aryRGZDSDL(6) Then            '累计 2 小时量
        sngPZJMB2(fk) = ")"
        If aryRGZDSJ(6) <> sSDB2(fk) Then sSDZJMB2(fk) = ")"
    ElseIf sngPB2(fk) * 1.25 < aryRGZDSDL(4) Then            '累计 6 小时量
        sngPZJMB2(fk) = ")"
        If aryRGZDSJ(4) <> sSDB2(fk) Then sSDZJMB2(fk) = ")"
    ElseIf sngPB2(fk) * 1.47 < aryRGZDSDL(3) Then            '累计 12 小时量
        sngPZJMB2(fk) = ")"
        If aryRGZDSJ(3) <> sSDB2(fk) Then sSDZJMB2(fk) = ")"
    End If
End If
```

第7章 蒸发量整编计算模块

蒸发量整编计算功能的实现由蒸发量公共模块 mdlEvaporation. bas 完成。

7.1 蒸发量整编计算模块组成

降水量整编计算各公共模块所包含的主要过程及其作用见表 7-1。

表 7-1

模块名称	主要过程	过程的作用
mdlEvaporation. bas	fcnEvaporationOperation	逐日水面蒸发量计算
	fcnEDCkeck	蒸发量数据检查
	fcnReadCtrlData	读取测站控制信息
	ZRZFL_RES	输出逐日蒸发量无表格成果文件
	fcnEFZXM_RES	蒸发量辅助项目统计计算并输出无表格成果文件

7.2 蒸发量整编计算模块功能和流程

蒸发量整编计算公共模块 mdlEvaporation. bas 的主要功能是进行水面蒸发量整编计算,计算逐日水面蒸发量、水面蒸发量月年统计、计算蒸发量辅助项目月年统计,并输出逐日水面蒸发量、蒸发量辅助项目月年统计无表格数据文件等(参见图 7-1)。

7.2.1 蒸发量整编计算模块的输入项

水面蒸发量数据、蒸发量辅助项目月年统计数据和测站控制信息数据。

7.2.2 蒸发量整编计算模块的输出项

GPEP 标准格式逐日水面蒸发量、蒸发量辅助项目月年统计无表格数据文件。

7.2.3 蒸发量整编计算模块的算法描述

蒸发量整编计算模块的主要算法是:读入逐日水面蒸发数据、蒸发量辅助项目月年统计数据和测站控制信息数据,进行数据格式检查,在数据格式正确的情况下分离蒸发量观测数值、观测物符号和整编符号,(根据控制数据决定是否)进行月年统计,进行蒸发量辅助项目月年统计计算,最后将计算结果分别输出为逐日水面蒸发量、蒸发量辅助项目月

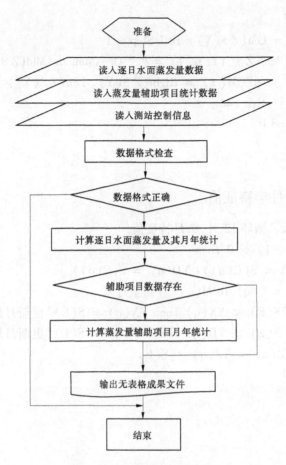

图 7-1 蒸发量整编计算流程

年统计等无表格成果文件 ∗.EAR、∗.EMR。

7.3 蒸发量整编计算的程序实现

7.3.1 分离观测值和注解码

650 S(Y) = Val(Z $(Y))
  Select Case Z $(Y)
  Case "", " - ", " ! ", "W"
    strZCM(Y) = Z $(Y)
  Case Else
    DWZ = InStr(Z $(Y), ".")
    Zfc = Len(Z $(Y))
    If (Zfc - DWZ) > 1 Then
      Z $(zsz + 1) = Z $(zsz + 1) + Z $(Y) + " " '登录非规定符号

```
        End If
        For fi = Len(Z $(Y)) To 1 Step −1
            If Mid(Z $(Y), fi, 1) = "." Or IsNumeric(Mid(Z $(Y), fi, 1)) Then
                strZCM(Y) = Right(Z $(Y), Len(Z $(Y)) − fi)
                Exit For
            End If
        Next
    End Select
```

7.3.2　统计计算月年特征值

```
For q = 1 To 12 '循环12月,选月特征值
    If intTJ(q − 1) > 0 Then
        YX(q) = S(C(q)): YD(q) = S(C(q))
        For E = C(q) To M(q) '月初至月末
            If S(E) < YX(q) Then YX(q) = S(E) '更新月最小值
            If S(E) > YD(q) Then YD(q) = S(E) '更新月最大值
            YZ(q) = YZ(q) + S(E)
        Next E
    End If
Next q
YZFZS = 0
YZx = S(C(1))
YZXXH = C(1)
YZD = S(C(1))
YZDXH = C(1)
If InStr(strZFQ, "月") = 0 Or intTJ(12) > 0 Then
    For A = C(1) To M(12) '循环全年,选年特征值
        If S(A) < YZx Then YZx = S(A): YZXXH = A '更新年最小值
        If S(A) > YZD Then YZD = S(A): YZDXH = A '更新年最大值
        YZFZS = YZFZS + S(A) '统计年总数
    Next A
End If
For g = 1 To 12
    For U = C(g) To M(g)
        If U = YZDXH Then YZDRQ $ = g & "," & (U − C(g) + 1) & ","
        If U = YZXXH Then YZxRQ $ = g & "," & (U − C(g) + 1)
    Next U
Next g
```

7.3.3 进行冰情统计

```
For q = 1 To 12 '循环 12 月,选月特征值
    If intTJ(q - 1) > 0 Then
        YX(q) = S(C(q)) : YD(q) = S(C(q))
        For E = C(q) To M(q) '月初至月末
            If S(E) < YX(q) Then YX(q) = S(E) '更新月最小值
            If S(E) > YD(q) Then YD(q) = S(E) '更新月最大值
            YZ(q) = YZ(q) + S(E)
        Next E
    End If
Next q
YZFZS = 0
YZx = S(C(1))
YZXXH = C(1)
YZD = S(C(1))
YZDXH = C(1)
If InStr(strZFQ, "月") = 0 Or intTJ(12) > 0 Then
    For A = C(1) To M(12) '循环全年,选年特征值
        If S(A) < YZx Then YZx = S(A) : YZXXH = A '更新年最小值
        If S(A) > YZD Then YZD = S(A) : YZDXH = A '更新年最大值
        YZFZS = YZFZS + S(A) '统计年总数
    Next A
End If
For g = 1 To 12
    For U = C(g) To M(g)
        If U = YZDXH Then YZDRQ $ = g & "," & (U - C(g) + 1) & ","
        If U = YZXXH Then YZxRQ $ = g & "," & (U - C(g) + 1)
    Next U
Next g
```

7.3.4 输出逐日水面蒸发量无表格文件

```
'写出测站年蒸发量(文本格式),文件名:测站号 + 类别 + 年号 + 后缀(文件类型)
DWZ = InStrRev(ZFLYS, "\")
ZFLwj = App. path & "\Data\" & intNF & "\RES\EAR\"
If Dir(ZFLwj, vbDirectory) = "" Then CreateNestedFolders ZFLwj        '创建文件夹
ZFLwj = ZFLwj & lngCZBM & intNF & ".EAR"
Open ZFLwj For Output As #3
```

```
    Print #3, intNF & "," & lngCZBM & "," & intZhanCi & "," & strHeMing & "," &
strZhanMing
    Print #3, strZFC & "," & strZFQ
    For q = 1 To 31  '月天数
        For p = 1 To 11
            If q > 30 Then
                Select Case p
                Case 2, 4, 6, 9, 11
                    msg = ",,"
                Case Else
                    Select Case Z$(C(p) + q - 1)
                    Case "-", "!", "w"
                        msg = "," & Z$(C(p) + q - 1) & ","
                    Case Else
                        msg = Format(S(C(p) + q - 1), "###0.0") & "," &
                        strZCM(C(p) + q - 1) & ","
                    End Select
                End Select
            ElseIf q > i Then
                If p = 2 Then
                    msg = ",,"
                Else
                    Select Case Z$(C(p) + q - 1)
                    Case "-", "!", "w"
                        msg = "," & Z$(C(p) + q - 1) & ","
                    Case Else
                        msg = Format(S(C(p) + q - 1), "###0.0") & "," &
                        strZCM(C(p) + q - 1) & ","
                    End Select
                End If
            Else
                Select Case Z$(C(p) + q - 1)
                Case "W", "-", "!"
                    msg = "," & Z$(C(p) + q - 1) & ","
                Case Else
                    msg = Format(S(C(p) + q - 1), "###0.0") & "," & strZCM
(C(p) + q - 1) & ","
                End Select
```

```
            End If
        fmsg = fmsg & msg
    Next
    Select Case Z $(C(p) + q - 1)
    Case "W", " - ", " !"
        msg = "," & Z $(C(p) + q - 1) & ","
    Case Else
        msg = Format(S(C(p) + q - 1), "###0.0") & "," & strZCM(C(p) +
q - 1)
    End Select
    fmsg = fmsg & msg
    Print #3, fmsg: fmsg = ""
Next q
For p = 1 To 11                                              '月蒸发量
    If intTJ(p - 1) Then Print #3, Format(YZ(p), "###0.0") & ",,"; Else Print #
3, ",,";
Next p
If intTJ(p - 1) Then Print #3, Format(YZ(p), "###0.0") & "," Else Print #3, ","
For p = 1 To 11                                              '月最大蒸发量
    If intTJ(p - 1) Then Print #3, Format(YD(p), "###0.0") & ",,"; Else Print #
3, ",,";
Next p
If intTJ(p - 1) Then Print #3, Format(YD(p), "###0.0") & "," Else Print #3, ","
For p = 1 To 11                                              '月最小蒸发量
    If intTJ(p - 1) Then Print #3, Format(YX(p), "###0.0") & ",,"; Else Print #
3, ",,";
Next p
If intTJ(p - 1) Then Print #3, Format(YX(p), "###0.0") & "," Else Print #3, ","
If ZBRQ $ = "" Then ZBRQ $ = ",,"
If CBRQ $ = "" Then CBRQ $ = ",,"
If intTJ(p) Then                                             '年统计
    Print #3, Format(YZFZS, "###0.0") & ",," & Format(YZD, "###0.0") &
",," & YZDRQ $ & "," & Format(YZx, "###0.0") & ",," & YZxRQ $ & ","
    Print #3, ZBRQ $ & "," & CBRQ $
Else
    Print #3, ",,,,,,,,,,,"
    Print #3, ZBRQ $ & "," & CBRQ $
End If
```

```
    Print #3 , strMsg                                               '附注
    Close #3
```

7.3.5　蒸发量辅助项目月年统计无表格文件

蒸发量辅助项目月年统计无表格成果文件计算输出由过程 fcnEFZXM_RES 完成。

```
Open fsFileName For Input As #1
Input #1 , intNF, lngCZBM
If Not isE Then fcnGetCTRLData                              '获取控制数据
strDIR = App. path & " \Data\" & intNF & " \RES\EMR\"
If Dir( strDIR, vbDirectory) = "" Then CreateNestedFolders strDIR      '创建文件夹
strFileName = strDIR & lngCZBM & intNF & ". EMR"
Open strFileName For Output As #101
fmsg = intNF & "," & lngCZBM & "," & intZhanCi & "," & strHeMing & "," &
strZhanMing
    Print #101 , fmsg
    Input #1 , fmsg
    Print #101 , Format( fmsg, "##0.0" )
    For fi = 0 To 11
        For fj = 1 To 20
            Input #1 , fmsg
            fmsg = Format( fmsg, "###0.0" )
            varFZXM( fj, fi) = fmsg
        Next
    Next
    For fj = 1 To 4
        fmsg = ""
        For fi = 0 To 10
            fmsg = fmsg & varFZXM( fj, fi) & ","
        Next
        fmsg = fmsg & varFZXM( fj, fi)
        Print #101 , fmsg
    Next
    Print #101 , varFZXM( fj, 0)
    For fj = 6 To 9
        fmsg = ""
        For fi = 0 To 10
            fmsg = fmsg & varFZXM( fj, fi) & ","
        Next
```

```
            fmsg  =  fmsg & varFZXM( fj, fi)
            Print #101, fmsg
        Next
    Print #101, varFZXM( fj, 0)
    For fj  =  11 To 14
        fmsg  =  " "
        For fi  =  0 To 10
            fmsg  =  fmsg & varFZXM( fj, fi) & " ,"
        Next
        fmsg  =  fmsg & varFZXM( fj, fi)
        Print #101, fmsg
    Next
    Print #101, varFZXM( fj, 0)
    For fj  =  16 To 19
        fmsg  =  " "
        For fi  =  0 To 10
            fmsg  =  fmsg & varFZXM( fj, fi) & " ,"
        Next
        fmsg  =  fmsg & varFZXM( fj, fi)
        Print #101, fmsg
    Next
    Print #101, varFZXM( fj, 0)
    fmsg  =  " "
    Do While Not EOF( 1)
        Line Input #1, fmsg
        If Len( Trim( fmsg) )  > 0 Then
            FS  =  FS & fmsg & " ,"
        End If
    Loop
    If Len( FS)  > 0 Then
        FS  =  Left( FS, Len( FS)  − 1)
        Print #101, FS
    End If
    Close #1
    Close #101
```

第 8 章 整编成果输出模块组

8.1 整编成果输出模块组 IPO 图

整编成果输出模块组 IPO 图如图 8-1 所示。

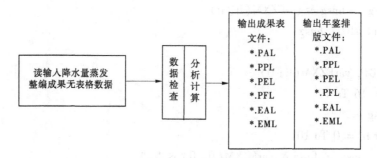

图 8-1 整编成果输出模块组 IPO 图

降水量蒸发量资料整编成果输出功能的实现由 frmTableDataSelect. frm、frmZheng-FaZhiBiao. frm、frmOutYBK. frm、frmE_YBK. frm、mdlTableOutToExcel. bas、mdlWriteToYBK. bas 等模块完成。这些模块完成包括选择相应的无表格成果数据文件、读入无表格数据、分别按照各成果表的规定格式化数据、分别编制 Excel 成果表和水文年鉴排版标准数据文件等,计算完毕后整编成果表格文件和水文年鉴排版数据文件。窗体模块 frmTable-DataSelect. frm、frmZhengFaZhiBiao. frm、frmOutYBK. frm、frmE_YBK. frm 等以对话框模式出现,非常驻内存。

8.2 降水量成果输出文件选择窗体模块组成

降水量整编成果输出文件选择窗体模块包括 frmTableDataSelect. frm 和 frmOutYBK. frm,分别完成降水量资料整编成果表格编制文件选择和降水量资料整编成果年鉴排版数据文件选择,两者的组成基本相同,由表 8-1 所列内容组成。

表 8-1

操作项名称	名称	控件	作用
制表方式	optTabMode	OptionButton	单站方式、多站方式选择
编制项目	Check5	CheckBox	选择编制输出项目
表式	optMaxPrecipitation	OptionButton	数据排列方式
年份	Combo1	ComboBox	资料年份

续表 8-1

操作项名称	名称	控件	作用
测站编码	Combo2	ComboBox	单站制表时的测站编码
成果数据路径	Text2	TextBox	无表格成果文件路径
浏览	Command8	CommandButton	查找无表格成果文件路径
所有文件	List12	ListBox	Text2 对应的所有文件列表
选定文件	List1	ListBox	从 List2 选定文件列表
>	Command3	CommandButton	加入选中内容
> >	Command4	CommandButton	加入全部内容
<	Command6	CommandButton	删除选中内容
< <	Command7	CommandButton	删除全部内容
确定	Command1	CommandButton	执行
取消	Command2	CommandButton	取消

8.3　蒸发量成果输出文件选择窗体模块组成

蒸发量整编成果输出文件选择窗体模块包括 frmZhengFaZhiBiao.frm、frmE_YBK.frm，分别完成蒸发量资料整编成果表格编制文件选择和蒸发量资料整编成果年鉴排版数据文件选择，两者的组成基本相同，由表 8-2 所列内容组成。

表 8-2

操作项名称	名称	控件	作用
表式	optMaxPrecipitation	OptionButton	数据排列方式
年份	Combo3	ComboBox	资料年份
控制文件路径及文件名	Combo1	ComboBox	测站控制信息文件路径及名称
成果数据路径	Combo2	ComboBox	无表格成果文件路径
浏览	Command8	CommandButton	查找无表格成果文件路径
站次	Text5	ListBox	单站方式时的站次
站号	Text1	ListBox	
河名	Text2	CommandButton	
站名	Text3	CommandButton	
开始	Command3	CommandButton	执行
退出	Command4	CommandButton	取消

8.4　整编成果输出公共模块组成

降水量蒸发量资料整编成果输出各公共模块所包含的主要过程及其作用如表 8-3 所示。

表 8-3

模块名称	主要过程	过程的作用
mdlTableOutToExcel. bas		降水量蒸发量整编成果制表模块
	ribiao	编制逐日降水量表
	zhailubiao	编制降水量摘录表
	BiaoYiDanPai	编制单排的各时段最大降水量表①
	BiaoErDanPai	编制单排的各时段最大降水量表②
	BiaoYiLianPai	编制单排的各时段最大降水量表①
	BiaoErLianPai	编制单排的各时段最大降水量表②
	zhengfa	编制逐日水面蒸发量表
	fcnEFZXMOperation	编制蒸发量辅助项目月年统计表
	subRationality	编制逐日降水量对照表
mdlWriteToYBK. bas		降水量蒸发量年鉴排版数据输出模块
	fcnOutPAL_YBK	输出逐日降水量表排版数据
	fcnOutPPL_YBK	输出降水量摘录表排版数据
	fcnOutPEL_YBK	输出各时段最大降水量表①排版数据
	fcnOutPFL_YBK	输出各时段最大降水量表②排版数据
	fcnE_YBK	输出逐日水面蒸发量排版数据
	fcnEFZXM_YBK	输出蒸发量辅助项目月年统计排版数据

8.5　整编成果输出的程序实现

整编成果输出的算法,各种表格基本上都是读入无表格数据、分别按照各成果表的规定格式化数据、分别编制 Excel 成果表或水文年鉴排版标准数据文件。这里仅说明降水量摘录表、逐日水面蒸发量表的成果制表和降水量摘录表年鉴排版数据输出程序实现。

8.5.1　降水量摘录表编制的程序实现

降水量摘录表的编制由 zhailubiao、zhailubiao1、zhailubiaoRR 三个过程共同完成。其中, zhailubiao1、zhailubiaoRR 是 zhailubiao 的子过程。程序实现如下。

8.5.1.1　zhailubiao 过程

```
Input #1, aaa1, bbb1, ccc1, ddd1, aaa, ZongShu
fi = Err. Number
If fi = 55 Then MsgBox "摘录表成果数据出错"
DoEvents
fk = Int(ZongShu / 3 / 35)
fmsg = App. path & "\TempLate\TempLate_PPL. xlt"
Set xlsPDT = Excel. Application
xlsPDT. Workbooks. Open (fmsg)
jsq = 0
jsq1 = 0
intNF = aaa: lngCZBM = bbb1: intZhanCi = ccc1: strHeMing = ddd1: strZhanMing
= aaa
DoEvents
' xlsPDT. Visible = True
tt = 1
    pn = 0
    Do Until pn > = fk
        Call zhailubiao1(intNF)
        pn = pn + 1
        jsq = pn * 46
        jsq1 = pn * 105
    Loop
fl = ZongShu - pn * 35 * 3
fi = tt
If fl > 0 Then
    fm = Int(fl / 3 + 0.99)
    Call zhailubiaoRR(intNF, fm, intF)
    pn = pn + 1
    fj = 0
    Do While Not EOF(1)
        Line Input #1, fss
        If Not IsEmpty(fss) And Len(fss) > 0 Then fj = fj + 1: fAsg(fj) = fss
    Loop
    If fj > 0 Then                                    '有附注
        If fm + Int(fm / 5 + 0.99) + fj + 1 < = 41 Then
            tt = intF
            For i = 1 To fj
```

```
                    Worksheets("Sheet1").Cells(tt + i - 1, 2) = fAsg(i)
            Next
        Else
            fk = 41 - (fm + Int(fm / 5 + 0.99 - 1) + fj)
            If fk > 0 Then
                tt = tt + 2
                For i = 1 To fk
                    Worksheets("Sheet1").Cells(tt + i - 1, 2) = fAsg(i)
                Next
                pn = pn + 1
                jsq = pn * 46
                jsq1 = pn * 105
                tt = jsq + 1
                zhailubiaotou8 intNF, CInt(tt)                    '填制表头数据
                tt = jsq + 6
                For i = fk To fj
                    Worksheets("Sheet1").Cells(tt + i - 1, 2) = fAsg(i)
                Next
            Else
                jsq = pn * 46
                jsq1 = pn * 105
                tt = jsq + 1
                zhailubiaotou8 intNF, CInt(tt)                    '填制表头数据
                pn = pn + 1
                tt = jsq + 6
                For i = 1 To fj
                    Worksheets("Sheet1").Cells(tt + i - 1, 2) = fAsg(i)
                Next
            End If
        End If
    End If
Else
    fj = 0
    Do While Not EOF(1)
        Line Input #1, fss
        If Not IsEmpty(fss) And Len(fss) > 0 Then fj = fj + 1: fAsg(fj) = fss
    Loop
    If fj > 0 Then
```

```
        fl = fl + fj
        If fl < = 0 Then
            'pn = pn + 1
            jsq = pn * 46
            jsq1 = pn * 105
            tt = jsq + 6
            For i = 1 To fj
                Worksheets("Sheet1").Cells(tt + i - 1, 2) = fAsg(i)
            Next
        Else
            jsq = pn * 46
            jsq1 = pn * 105
            tt = jsq + 1
            zhailubiaotou8 intNF, CInt(tt)                    '填制表头数据
            pn = pn + 1
            tt = jsq + 6
            For i = 1 To fj
                Worksheets("Sheet1").Cells(tt + i - 1, 2) = fAsg(i)
            Next
        End If
    End If
End If
For i = 0 To pn - 1
    Worksheets("Sheet1").Cells(i * 46 + 3, 14) = "共 " & Right("    " & pn,
2) & " 页"
    Worksheets("Sheet1").Cells(i * 46 + 3, 15) = "第 " & Right("    " & i +
1, 2) & " 页
Next
fmsg = pn * 46 + 1
fmsg = fmsg & ":" & 1000
Rows(fmsg).Select
Selection.Delete Shift: = xlUp                           '删除多余的行
Range("A1").Select
fmsgFN = App.path & "\Data\" & Left(Right(strFileName, 8), 4) & "\TAB\"
If Dir(fmsgFN, vbDirectory) < > "" Then
    fmsgFN = fmsgFN & Left(Right(strFileName, 16), 12)
    On Error Resume Next
    Kill fmsgFN & ".PPL"
```

```
        Else
            CreateNestedFolders fmsgFN        '创建文件夹
            fmsgFN = fmsgFN & Left( Right( strFileName, 16), 12)
        End If
```

8.5.1.2 zhailubiao1 过程

```
    For j = 0 To 2
        frmRunFlags. ProgressBar1. Value = frmRunFlags. ProgressBar1. Value + frmRun-
Flags. ProgressBar1. Max * 0.025
        frmRunFlags. Refresh
        tt = jsq + 6
        For k = 0 To 34
            Line Input #1 , aaa
            bbb = Split( aaa, ",")
    '        xlsPDT. Visible = True
            If Val( bbb(0) ) < 0 Then                         '开始时间组
                bbb(0) = Right( bbb(0), Len( bbb(0) ) - 1)
                asj1 = Month( bbb(0) )                             'yue
                asj1 = Space(3 - Len( asj1) ) & asj1                   'yue
                asj2 = Day( bbb(0) )                               'ri
                asj2 = Space(3 - Len( asj2) ) & asj2                   'ri
                asj3 = Hour( bbb(0) )
                asj3 = Space(5 - Len( asj3) ) & asj3
            Else
                asj1 = Month( bbb(0) )                             'yue
                asj1 = Space(4 - Len( asj1) ) & asj1                   'yue
                asj2 = Day( bbb(0) )                               'ri
                asj2 = Space(4 - Len( asj2) ) & asj2                   'ri
                asj3 = Hour( bbb(0) ) & ":" & Format( Minute( bbb(0) ), "00" )
                asj3 = Space(8 - Len( asj3) ) & asj3
            End If
            If Val( bbb(1) ) < 0 Then                         'zhongzhi 时间组
                bbb(1) = Right( bbb(1), Len( bbb(1) ) - 1)
                bsj3 = Val( Mid( bbb(1), 12, 2) )
                If bsj3 = 0 Then bsj3 = 24
                bsj3 = Space(5 - Len( bsj3) ) & bsj3
            Else
                bsj3 = Val( Mid( bbb(1), 12, 2) ) & ":" & Val( Mid( bbb(1), 15,
2) )
```

```
            If bsj3 = "0:00" Then bsj3 = "24:00"
            bsj3 = Space(8 - Len(bsj3)) & bsj3
        End If
        If k > 0 And (k Mod 5 = 0) Then tt = tt + 1
        If k = 0 Then
            sj1 = asj1: sj2 = asj2
            Worksheets("Sheet1").Cells(tt, j * 5 + 1) = asj1
            Worksheets("Sheet1").Cells(tt, j * 5 + 2) = asj2
        Else
            If asj1 = sj1 Then
                If asj2 < > sj2 Then
                    Worksheets("Sheet1").Cells(tt, j * 5 + 2) = asj2
                    sj2 = asj2
                End If
            Else
                Worksheets("Sheet1").Cells(tt, j * 5 + 1) = asj1
                Worksheets("Sheet1").Cells(tt, j * 5 + 2) = asj2
                sj1 = asj1
                sj2 = asj2
            End If
        End If
        Worksheets("Sheet1").Cells(tt, j * 5 + 3) = asj3
        Worksheets("Sheet1").Cells(tt, j * 5 + 4) = bsj3
        fi = 7 - InStr(bbb(2), ".")
        Worksheets("Sheet1").Cells(tt, j * 5 + 5) = Space(fi) & bbb(2) & bbb
(3)
        tt = tt + 1
    Next
  Next j
```

8.5.1.3　zhailubiaoRR 过程

```
  For j = 0 To 2
    frmRunFlags.ProgressBar1.Value = frmRunFlags.ProgressBar1.Value + 30: frm-
RunFlags.Refresh
    tt = jsq + 6 + intF
    For k = 0 To EndK - 1
        Line Input #1, aaa
        bbb = Split(aaa, ",")
        If Val(bbb(0)) < 0 Then                              '开始时间组
```

```
        bbb(0) = Right(bbb(0), Len(bbb(0)) - 1)
        asj1 = Month(bbb(0))                                    'yue
        asj1 = Space(4 - Len(asj1)) & asj1                      'yue
        asj2 = Day(bbb(0))                                      'ri
        asj2 = Space(4 - Len(asj2)) & asj2                      'ri
        asj3 = Hour(bbb(0))
        asj3 = Space(5 - Len(asj3)) & asj3
    Else
        asj1 = Month(bbb(0))                                    'yue
        asj1 = Space(4 - Len(asj1)) & asj1                      'yue
        asj2 = Day(bbb(0))                                      'ri
        asj2 = Space(4 - Len(asj2)) & asj2                      'ri
        asj3 = Hour(bbb(0)) & ":" & Format(Minute(bbb(0)), "00")
        asj3 = Space(8 - Len(asj3)) & asj3
    End If
    If Val(bbb(1)) < 0 Then                                    'zhongzhi 时间组
        bbb(1) = Right(bbb(1), Len(bbb(1)) - 1)
        bsj3 = Val(Mid(bbb(1), 12, 2))
        If bsj3 = 0 Then bsj3 = 24
        bsj3 = Space(5 - Len(bsj3)) & bsj3
    Else
        bsj3 = Val(Mid(bbb(1), 12, 2)) & ":" & Val(Mid(bbb(1), 15,
2))
        If bsj3 = "0:00" Then bsj3 = "24:00"
        bsj3 = Space(8 - Len(bsj3)) & bsj3
    End If
    If k > 0 And (k Mod 5 = 0) Then tt = tt + 1
    If k = 0 Then
        sj1 = asj1: sj2 = asj2
        Worksheets("Sheet1").Cells(tt, j * 5 + 1) = asj1
        Worksheets("Sheet1").Cells(tt, j * 5 + 2) = asj2
    Else
        If asj1 = sj1 Then
            If asj2 <> sj2 Then
                Worksheets("Sheet1").Cells(tt, j * 5 + 2) = asj2
                sj2 = asj2
            End If
        Else
```

```
                Worksheets("Sheet1").Cells(tt, j * 5 + 1) = asj1
                Worksheets("Sheet1").Cells(tt, j * 5 + 2) = asj2
                sj1 = asj1
                sj2 = asj2
              End If
           End If
           Worksheets("Sheet1").Cells(tt, j * 5 + 3) = asj3
           Worksheets("Sheet1").Cells(tt, j * 5 + 4) = bsj3
           fi = 7 - InStr(bbb(2), ".")
           Worksheets("Sheet1").Cells(tt, j * 5 + 5) = Space(fi) & bbb(2) & bbb
(3)
           tt = tt + 1
           If (k + 1 + j * EndK + jsq1) = ZongShu Then
                ttt = "jieshu"
                ttt1 = (k + 1 + j * 35)
                Exit For
           End If
      Next k
      If ttt = "jieshu" Then
           If Hangshu < tt Then Hangshu = tt
           Exit For
      Else
           If j = 0 Then Hangshu = tt
      End If
 Next j
```

8.5.2 逐日水面蒸发量表编制的程序实现

逐日水面蒸发量表的编制由 zhengfa 过程完成。程序实现如下:

```
Set xlsPDT = Excel.Application
'xlsPDT.Workbooks.Add
xlsPDT.Workbooks.Open(fmsg)
'Call zhengfa1
Open strFileName For Input As #1
Input #1, intNF, lngCZBM, intZhanCi, strHeMing, strZhanMing
fmsg = intZhanCi & "    " & strHeMing & "  " & strZhanMing & "站    逐日水面蒸
发量表"
'xlsPDT.Visible = True
Worksheets("Sheet1").Cells(1, 4) = fmsg
```

```vb
Worksheets("Sheet1").Cells(2, 2) = intNF
Worksheets("Sheet1").Cells(2, 4) = lngCZBM
Input #1, strZFC, strZFQ
Worksheets("Sheet1").Cells(2, 6) = strZFC
Worksheets("Sheet1").Cells(2, 9) = strZFQ
fmsg = ""
DoEvents
For i = 1 To 31
    Line Input #1, ddd
    aaa = Split(ddd, ",")
    fk = UBound(aaa)
    If fk = 23 Then
        For j = 0 To 11
            fk = InStr(aaa(j * 2), ".")
            fmsg = Space(7 - fk) & aaa(j * 2) & aaa(j * 2 + 1)
            If InStr(fmsg, " - ") Then fmsg = " - "
            If InStr(fmsg, "!") Then fmsg = "!"
            If InStr(fmsg, "W") Then fmsg = ""
            If i <= 10 Then
                Worksheets("Sheet1").Cells(i + 5, j + 3) = fmsg
            ElseIf i > 10 And i <= 20 Then
                Worksheets("Sheet1").Cells(i + 6, j + 3) = fmsg
            ElseIf i > 20 Then
                Worksheets("Sheet1").Cells(i + 7, j + 3) = fmsg
            End If
        Next j
    End If
    DoEvents
Next i
For i = 1 To 3                                              '月统计
    Line Input #1, ddd
    aaa = Split(ddd, ",")
    fk = UBound(aaa)
    If fk = 23 Then
        For j = 0 To 11
            fk = InStr(aaa(j * 2), ".")
            fmsg = Space(5 - fk) & aaa(j * 2) & aaa(j * 2 + 1)
            Worksheets("Sheet1").Cells(i + 38, j + 3) = fmsg
```

```
                Next
            End If
    Next i
    DoEvents
    Input #1, fmsg, msg: Worksheets("Sheet1").Cells(42, 4) = fmsg & msg    '年统计
    Input #1, fmsg, msg: Worksheets("Sheet1").Cells(42, 7) = fmsg & msg
    Input #1, ddd, ccc, msg
    ddd = Right(Space(5) & ddd, 3)
    ccc = Right(Space(5) & ccc, 3)
    'xlsPDT.Visible = True
    Worksheets("Sheet1").Cells(42, 8) = ddd & "月" & ccc & "日"
    Input #1, fmsg, msg: Worksheets("Sheet1").Cells(42, 12) = fmsg & msg
    Input #1, ddd, ccc, msg
    ddd = Right(Space(5) & ddd, 3): ccc = Right(Space(5) & ccc, 3)
    Worksheets("Sheet1").Cells(42, 13) = ddd & "月" & ccc & "日"
    Input #1, ddd, ccc, msg
    Worksheets("Sheet1").Cells(43, 5) = ddd & " 月 " & ccc & " 日 "       '初冰日期
    Input #1, ddd, ccc, ms
    Worksheets("Sheet1").Cells(43, 11) = ddd & " 月 " & ccc & " 日 "      '终冰日期
    If EOF(1) Then
        Close #1
    Else
        Input #1, ddd
        If ddd = "s" Then
        Else
            Worksheets("Sheet1").Cells(44, 3) = ddd
        End If
        If EOF(1) Then
            Close #1
        Else
            Input #1, ddd
            If ddd = "s" Then
            Else
                Worksheets("Sheet1").Cells(45, 3) = ddd
            End If
            If EOF(1) Then
                Close #1
            Else
```

```
                    Input #1 , ddd
                    If ddd = "s" Then
                    Else
                        Worksheets("Sheet1"). Cells(46, 3) = ddd
                    End If
                    Close #1
                End If
            End If
        End If
        Range("A1:A1"). Select
        fmsg = App. path & "\Data\" & intNF & "\TAB\EAL\"
        msg = ""
        msg = Dir(fmsg, vbDirectory)                '返回"."
        If Len(msg) > 0 Then
            fmsg = fmsg & lngCZBM & intNF & ". EAL"
            msg = ""
            msg = Dir(fmsg)
            If Len(msg) > 0 Then Kill fmsg
        Else
            CreateNestedFolders fmsg        '创建文件夹
            fmsg = fmsg & lngCZBM & intNF & ". EAL"
        End If
        xlsPDT. Workbooks(1). SaveAs fmsg
```

8.5.3　降水量摘录表年鉴排版数据编制的程序实现

降水量摘录表的编制由 fcnOutPPL_YBK 过程完成。程序实现如下：

```
Input #1 , aaa1, bbb1, ccc1, ddd1, aaa, ZongShu
fi = Err. Number
If fi = 55 Then MsgBox "摘录表成果数据出错"
DoEvents
f_Year = aaa: lngCZBM = bbb1: intZhanCi = ccc1: strHeMing = ddd1: strZhanMing
= aaa
    If Len(strOFN) > 0 Then
        If lngYBKnumber > 0 Then
            Open strOFN For Append As #51
        Else
            Open strOFN For Output As #51
        End If
```

```
    Else
        fmsg = App. path & "\Data\" & f_Year & "\YBK\" & lngCZBM & f_Year & ".
PPL"
        Open fmsg For Output As #51
    End If
    If lngYBKnumber < > 0 Then fmsg = "#" & vbCrLf Else fmsg = ""
    fmsg = fmsg & intZhanCi & " " & strHeMing & " " & strZhanMing
    Print #51, fmsg
    For j = 0 To ZongShu
        Line Input #1, aaa
        bbb = Split(aaa, ",")
        If Val(bbb(0)) < 0 Then                                    '开始时间组
            bbb(0) = Right(bbb(0), Len(bbb(0)) - 1)
            asj1 = Month(bbb(0))                                   'yue
            asj2 = Day(bbb(0))                                     'ri
            asj3 = Hour(bbb(0))
        Else
            asj1 = Month(bbb(0))                                   'yue
            asj2 = Day(bbb(0))                                     'ri
            asj3 = Hour(bbb(0)) & ":" & Format(Minute(bbb(0)), "00")
        End If
        If Val(bbb(1)) < 0 Then                          'zhongzhi 时间组
            bbb(1) = Right(bbb(1), Len(bbb(1)) - 1)
            bsj3 = Val(Mid(bbb(1), 12, 2))
            If bsj3 = 0 Then bsj3 = 24
        Else
            bsj3 = Val(Mid(bbb(1), 12, 2)) & ":" & Val(Mid(bbb(1), 15, 2))
            If bsj3 = "0:00" Then bsj3 = "24:00"
        End If
        If asj1 = sj1 Then
            asj1 = "$"
            If asj2 = sj2 Then
                asj2 = "$"
            Else
                sj2 = asj2
            End If
        Else
            sj1 = asj1
```

```
        sj2 = asj2
    End If
    fss = asj1 & " " & asj2 & " " & asj3 & " " & bsj3 & " " & bbb(2) & bbb(3)
    Print #51, fss
Next j
fmsg = ""
Do While Not EOF(1)
    Line Input #1, fss
    If Not IsEmpty(fss) And Len(fss) > 0 Then fmsg = fmsg & fss
Loop
If Len(fmsg) = 0 Then Print #51, "无" Else Print #51, "说明:" & fss
Close #1
```

8.5.4　整日水面蒸发量表年鉴排版数据编制的实现

降水量摘录表的编制由 fcnE_YBK 过程完成。程序实现如下:

```
Open strFileName For Input As #1
Input #1, intNF, lngCZBM, intZhanCi, strHeMing, strZhanMing
msg = App.path & "\Data\" & intNF & "\YBK\EAL\"
If Len(Dir(msg, vbDirectory)) = 0 Then CreateNestedFolders msg      '创建文件夹
If Len(strOFN) > 0 Then
    If lngYBKnumber > 0 Then
        Open strOFN For Append As #62
    Else
        Open strOFN For Output As #62
    End If
Else
    msg = msg & lngCZBM & intNF & ".EAL"
    Open msg For Output As #62
End If
If lngYBKnumber < > 0 Then fmsg = "#" & vbCrLf Else fmsg = ""
fmsg = intZhanCi & " " & strHeMing & " " & strZhanMing
Print #62, fmsg
Input #1, strZFC, strZFQ
Print #62, strZFC & " " & strZFQ
fmsg = "": msg = ""
DoEvents
For i = 1 To 31
    Line Input #1, ddd
```

```
        aaa = Split(ddd, ",")
        fk = UBound(aaa)
        msg = ""
        If fk = 23 Then
            For j = 0 To 11
                fk = InStr(aaa(j * 2), ".")
                fmsg = aaa(j * 2) & aaa(j * 2 + 1)
                If InStr(fmsg, " - ") Then fmsg = " - "
                If InStr(fmsg, "!") Then fmsg = "!"
                If InStr(fmsg, "W") Then fmsg = ""
                If fmsg = "" Then fmsg = "$"
                msg = msg & fmsg & " "
            Next j
            msg = Left(msg, Len(msg) - 1)
            Print #62, msg
        End If
        DoEvents
    Next i
    For i = 1 To 3                                          '月统计
        Line Input #1, ddd
        aaa = Split(ddd, ",")
        fk = UBound(aaa)
        msg = ""
        If fk = 23 Then
            For j = 0 To 11
                fk = InStr(aaa(j * 2), ".")
                fmsg = aaa(j * 2) & aaa(j * 2 + 1)
                If fmsg = "" Then fmsg = "$"
                msg = msg & fmsg & " "
            Next
            msg = Left(msg, Len(msg) - 1)
            Print #62, msg
        End If
    Next i
    DoEvents
    Input #1, fmsg, msg: fmsg = fmsg & msg                  '年统计
    If fmsg = "" Then fmsg = "$"
    ccc = fmsg
```

```
    Input #1, fmsg, msg: fmsg = fmsg & msg          '年最大
    If fmsg = "" Then fmsg = "$"
    ccc = ccc & " " & fmsg
    Input #1, ddd, fmsg, msg
    strMsg = ddd & fmsg
    If strMsg < > "" Then fmsg = ddd & " " & fmsg & msg Else fmsg = "$ $"
    ccc = ccc & " " & fmsg
    Input #1, fmsg, msg: fmsg = fmsg & msg          '年最小
    If fmsg = "" Then fmsg = "$"
    ccc = ccc & " " & fmsg
    Input #1, ddd, fmsg, msg
    strMsg = ddd & fmsg
    If strMsg < > "" Then fmsg = ddd & " " & fmsg & msg Else fmsg = "$ $"
    ccc = ccc & " " & fmsg
    Print #62, ccc: ccc = ""
    Input #1, ddd, fmsg, msg                                    '初冰日期
    strMsg = ddd & fmsg
    If strMsg < > "" Then fmsg = ddd & " " & fmsg & msg Else fmsg = "$ $"
    ccc = fmsg
    Input #1, ddd, fmsg, msg                                    '终冰日期
    strMsg = ddd & fmsg
    If strMsg < > "" Then fmsg = ddd & " " & fmsg & msg Else fmsg = "$ $"
    ccc = ccc & " " & fmsg
    Print #62, ccc
    If EOF(1) Then
        Close #1
    Else
        Input #1, ddd
        If ddd = "s" Or ddd = "" Then
        Else
            strMsg = ddd
        End If
        If EOF(1) Then
            Close #1
        Else
            Input #1, ddd
            If ddd = "s" Or ddd = "" Then
            Else
```

```
                strMsg = strMsg & vbCrLf & ddd
            End If
            If EOF(1) Then
                Close #1
            Else
                Input #1, ddd
                If ddd = "s" Or ddd = "" Then
                Else
                    strMsg = strMsg & vbCrLf & ddd
                End If
                Close #1
            End If
        End If
    End If
End If
If strMsg = "" Then strMsg = "无"
Print #62, strMsg
Close #62
Close #1
```

第 9 章　软件测试分析

9.1　总　述

9.1.1　编写目的

　　本章描述了降水量蒸发量资料整编通用软件(北方版)的测试过程、测试结果以及对其功能的分析。GPEP 是水文资料整编通用软件(北方版)的一个组成部分,是用于降水量资料整编和蒸发量资料整编的服务软件。

　　编写本章的主要目的是把组装测试和确认测试的结果、发现及分析写成文件加以记载,以便为软件调试的软件维护人员提供必要资料。如果你对本章有任何疑问、意见和建议,请与我们联系。

9.1.2　定义

　　整理方法:降水量数据整理方法,整型。时段量法填"0",坐标法填"1"。

　　摘录输出:摘录表的输出方式,说明降水量摘录表的时间项是否记至分钟,整型量。记起止时间填"1",否则填"2";或者称为"摘录时间格式"。

　　观测段制:大河方式时摘录表的摘录段制,也是各时段最大降水量表②的滑动段制,整型。当汛期观测段制不一致时,填记其中的最低段制。例如,汛期有 24 段制和 12 段制,则一般应填 12 段制。但如不影响 24 段制特征值,仍可填 24 段制。

　　跨越段制:编制摘录表时相邻时段合并不得跨越的段制,整型。如规定摘录表中合并量不得跨越 4 段制的分段时间,则填"4"。该项是测站相对固定的段值,具有明显的测站特征,所以又称为"特征段制"。

　　合并标准:摘录表合并时单位时间降水量不得超过的标准,实型。例如,规定摘录表中当相邻时段的降水强度小于或等于 2.5 mm/h 时可不合并,则填"2.5"。

　　表①表②:编制"各时段最大降水量表①"或"各时段最大降水量表②"的控制信息,整型。做表①填"1",做表②填"2",同时做表①表②填"3"。

　　滑动间隔:编制"各时段最大降水量表①"时的时间增量,整型。一般取 5 min 或 1 min。

　　观测时间:以月日时分组合的结构录入,字符型。相同和相邻的月份或日期可以省略,当分钟数为零时可以连同小数点一并省略。省略的部分由程序自动完成。例如,3 月 31 日至 4 月 2 日的降水量时间数据录入如下:

　　时段降水量:填记该时段内的降水量数值,实型。小数点及其后的零可以一并省略。降水时段开始时间的降水量填"0"。降水时段开始时间及其降水量可以一并省略。

观测物:包括雪(＊)、雨夹雪(＊)、雹(A)、雹夹雪(A＊)、霜(U)和雾(※)等六种,字符型。当光标定位于"观测物"一列时,右侧的"观测物符号表"在"标准区"列出各观测物的名称、符号及其相应的键盘代码,用户可以按其代码,也可以直接输入符号。

整编符号:包括缺测"－"、合并"！"、不全"）"、插补"＠"、欠准"？"、改正"＋"、停测"W"和"Q"等八种,字符型。录入整编符号的操作方法与观测物符号相同。

9.1.3　参考资料

(1)降水量蒸发量资料整编软件开发合同;

(2)《水文资料整编规范》(SL 247—1999),2000,水利电力出版社;

(3)《降水量观测规范》(SL 21—90),1990,水利电力出版社;

(4)《水面蒸发观测规范》(SD 265—88),1994,水利电力出版社;

(5)《水文数据录入格式标准》,1994,水利电力出版社;

(6)《水文测站编码》,2002,水利电力出版社;

(7)《干旱区小河站水文测验补充技术规定(试行稿)》,1979,水利电力出版社;

(8)《湿润区小河站水文测验补充技术规定(试行稿)》,1979,水利电力出版社;

(9)《水文测验学》,1993,水利电力出版社;

(10)降水量蒸发量资料整编通用软件(北方版)需求说明;

(11)降水量蒸发量资料整编通用软件(北方版)数据要求说明;

(12)降水量蒸发量资料整编通用软件(北方版)概要设计说明;

(13)降水量蒸发量资料整编通用软件(北方版)详细设计说明。

9.2　GPEP 的测试概要

本软件测试采用开发过程中过程测试、模块测试和开发完成后集中测试相结合的办法进行。主要测试内容有数据整理功能(包括测站控制信息文件整理、人工观测数据整理、自记雨量记录转换、FOR 版降水量电算数据的导入等)、降水量各表的无表格数据与报表编制、蒸发量无表格数据与报表编制、降水量蒸发量年鉴排版数据文件编制等的试算与校对,同时对程序的操作方法、帮助系统进行了测试,具体参见表 9-1。

表 9-1

测试项目	测试内容	测试目的
软件功能测试	按照软件功能需求和软件功能设计的要求测试软件运行结果	测试软件是否满足软件需求和软件设计的功能要求
硬件环境	不同硬件环境下软件的运行情况	测试 GPEP 的硬件适应性
软件环境	不同软件环境下软件的运行情况	测试 GPEP 的支持软件适应性
标准数据测试	按 GPEP 的要求进行数据整理并进行整编计算和整编成果输出,与人工计算结果和 FOR 版程序计算结果进行比较	测试标准数据整理与整编的正确性
破坏性测试	整理非标准 GPEP 数据,或者随意将标准数据破坏,然后进行计算和制表	测试 GPEP 的查错、纠错、容错能力

9.3 GPEP 的功能测试

9.3.1 数据整理功能测试

9.3.1.1 GPEP 的数据整理功能要求

按照软件功能需求和软件功能设计的要求,GPEP 的数据整理功能应包括如下内容:

(1)降水量数据整理功能:

①人工观测数据整理;

②自记数据转换;

③"整编降水量资料全国通用程序"98 版的数据导入;

④降水量基本数据两录一校;

⑤降水量摘录时段挑选。

(2)蒸发量数据整理功能:

①水面蒸发数据整理;

②蒸发量辅助项目数据整理。

9.3.1.2 GPEP 的数据整理功能测试结果

1. 降水量数据整理功能测试

1)人工观测数据整理

在黄委三门峡水文局选择 32 站年进行降水量人工观测数据编辑,其中包括三门峡库区勘测局 12 站年、天水勘测局 12 站年、西风勘测局 8 站年。参加测试的人员主要有高卫红、李华、郭相秦等。

测试发现,降水量人工观测数据整理功能满足软件需求和功能设计的要求,并且能够屏蔽非法字符和非法操作。

2)自记记录数据整理

降水量自记记录整理包括自动进行降水量自记记录转换和降水量正文数据插入。在三门峡水文局选择 32 站年进行降水量人工观测数据编辑,其中包括三门峡库区勘测局 12 站年、天水勘测局 12 站年、西风勘测局 8 站年。参加测试的人员主要有高卫红、宁爱琴、郭相秦等。

测试发现,降水量自记记录转换结果满足降水量正文数据标准。同时,降水量自记记录数据转换后的数据按照减少数据存储量原则而进行等强度合并,但不跨过四段制的分段时间。

3)"整编降水量资料全国通用程序"98 版的数据导入

"整编降水量资料全国通用程序"98 版的数据导入也叫作"降水量 FOR 版数据导入"或"降水量 FOR 版数据导入"。选择三门峡水文局 516 站年(2003 年 258 站、2004 年 258 站)、黄委河南水文局 12 站年(2004 年)、黄委中游水文局 6 站年(2004 年)的 FOR 版的数据进行导入测试。参加测试的人员主要有郭相秦、宁爱琴、高卫红、李华等。

测试发现,"整编降水量资料全国通用程序"98 版数据导入后满足 GPEP 的降水量数据要求,并根据测试修改 GPEP,使得 GPEP 满足"整编降水量资料全国通用程序"98 版将部分自记记录数据作为人工观测数据处理的特殊要求。

4)降水量基本数据两录一校

本软件采用单站校对和批量校对两种方式进行两次录入降水量数据的校对。选择三门峡水文局 102 站年的降水量数据进行测试。参加测试的人员主要有郭相秦、宁爱琴、刘红霞、李华等。

经过人工校对,发现校对正确无遗漏。

5)降水量摘录时段挑选

该功能只适用于:汛期全摘;非汛期一次降水量达到 20 mm 且平均降水强度达到 2.5 mm/h,或者 24 h 降水量达到 40 mm 即进行摘录的规定。选择三门峡水文局 68 站年的降水量数据进行测试。参加测试的人员主要有郭相秦、高卫红、宁爱琴、李华等。

经测试,结果符合上述要求。

2. 蒸发量数据整理功能测试

测试发现,水面蒸发量数据整理和蒸发量辅助项目数据整理功能满足软件需求和功能设计的要求,并且能够屏蔽非法字符和非法操作。

9.3.2 整编计算功能测试

9.3.2.1 GPEP 的整编计算功能要求

按照软件功能需求和软件功能设计的要求,GPEP 的数据整理功能应包括如下内容。

1. 降水量资料整编计算功能

软件应具备逐日降水量计算、降水量摘录、各时段最大降水量计算功能。

按站类功能,应满足大河站和小河站的有关降水量资料整编技术要求。

能够适用各种人工、自记(含固态雨量计)及混合观测等情况的降水量资料整编技术要求。

能适应以时段量法、坐标法和人工固定段制省略起始时间等数据整理方式的资料整编技术要求。

2. 蒸发量资料整编计算功能

软件应具备逐日水面蒸发量计算、蒸发量辅助项目月年统计计算功能。

能够对不同观测仪器交替观测的水面蒸发量数据整编计算。

9.3.2.2 GPEP 的整编计算功能测试结果

1. 降水量资料整编计算功能测试

共选择黄委三门峡水文局 516 站年(2003 年、2004 年)的降水量资料进行逐日降水量计算、降水量摘录、各时段最大降水量计算功能测试,其中包括人工观测资料、人工和自记交替观测的资料等。为了进行小河站雨洪配套摘录情况的测试,选择了黄委中游水文局 6 站年、河南省水文水资源勘测局 6 站年的小河站资料进行测试。

经过测试,GPEP 满足各种情况下的降水量资料整编设计要求。计算成果与 FOR 版计算成果相比较,有少数站的个别时段会因为四舍六入进舍误差而导致尾数差 1 的情况,其他各项均相符合。部分站年测试结果统计如表 9-2 所示。

表 9-2 降水量整编成果测试情况统计

测站编码	管理单位	站类	观测方法	是否记起讫时间	特征值表类型	附注表名	对比情况
40220600	黄委 上游局	普通站	人工和自记	不记	②		一致
40220950	〃	〃	〃	记	〃		〃
40221700	〃	〃	〃	〃	〃		〃
40222300	〃	〃	〃	〃	①		〃
40223000	〃	〃	〃	〃	〃		〃
40224800	〃	〃	〃	〃	〃		〃
40226500	〃	〃	〃	〃	〃		〃
40228100	〃	〃	〃	〃	〃		〃
40231000	〃	〃	〃	〃	〃		〃
40231100	〃	〃	〃	〃	〃		〃
40232600	〃	〃	〃	〃	〃		〃
40442400	〃	〃	〃	〃	〃		〃
40220200	〃	〃	〃	不记	②	逐日表	〃
40520500	〃	〃	〃	记	①		〃
40539600	〃	〃	〃	〃	〃		〃
40540350	〃	〃	〃	〃	〃		〃
40625200	〃	〃	〃	不记	②	逐日表	〃
40625950	〃	〃	〃	〃	〃		〃
40624150	〃	〃	〃	〃	〃		〃
40624200	〃	〃	〃	〃	〃	逐日表	〃
40624800	〃	〃	〃	〃	〃	〃	〃
40624900	〃	〃	〃	〃	〃		〃
40549700	〃	〃	〃	记	①		〃
40532200	〃	〃	〃	〃	〃		〃
40544700	〃	〃	〃	〃	〃		〃
40234900	〃	〃	〃	〃	〃		〃
40238200	〃	〃	〃	〃	〃		〃
40633000	黄委 中游局	〃	〃	不记	②	逐日表	
40637050	〃	〃	〃				

续表 9-2

测站编码	管理单位	站类	观测方法	是否记起讫时间	特征值表类型	附注表名	对比情况
40637150	〃	〃	〃	记	①		〃
40753000	〃	小河站	〃	不记	②		〃
40753600	〃	〃	〃	〃	〃		〃
40754200	〃	〃	〃	〃	〃		〃
40637400	黄委 中游局	普通站	人工和自记	不记	②		一致
40637650	〃	〃	〃	〃	〃		〃
40633700	〃	〃	〃	记	①		〃
40634800	〃	〃	〃	〃	〃		〃
40634200	〃	〃	〃	〃	〃		〃
40633600	〃	〃	〃	〃	〃		〃
40637750	〃	〃	〃	不记	②		〃
40637900	〃	〃	〃	〃	〃		〃
40637950	〃	〃	〃	〃	〃		〃
40638050	〃	〃	〃	〃	〃		〃
40638150	〃	〃	〃	〃	〃		〃
40638200	〃	〃	〃	〃	〃	逐日表	〃
40638300	〃	〃	〃	〃	〃		〃
40638400	〃	〃	〃	〃	〃		〃
40638450	〃	〃	〃	〃	〃	逐日表	〃
40633450	〃	〃	〃	〃	〃	〃	〃
40633300	〃	〃	〃	〃	〃	〃	〃
40632900	〃	〃	〃	〃	〃	〃	〃
40633200	〃	〃	〃	〃	〃	〃	〃
40633550	〃	〃	〃	记	①		〃
40638500	〃	〃	〃	不记	②		〃
40638650	〃	〃	〃	〃	〃		〃
40638700	〃	〃	〃	〃	〃		〃
40638900	〃	〃	〃	〃	〃		〃
40638950	〃	〃	〃	记	①		〃
40639000	〃	〃	〃	不记	②		〃

续表9-2

测站编码	管理单位	站类	观测方法	是否记起讫时间	特征值表类型	附注表名	对比情况
40633600	〃	〃	〃	〃	〃		〃
40754800	〃	小河站	〃	〃	〃		〃
40920550	黄委 三门局	普通站	〃	不记	〃	摘录表	〃
40920600	〃	〃	〃	〃	〃		〃
40920750	〃	〃	〃	〃	〃		〃
40920900	〃	〃	〃	〃	〃		〃
41420300	黄委 河南局	普通站	人工	不记	②		一致
41420950	〃	〃	〃	〃	①	摘录表	〃
41421400	〃	〃	〃	〃	②		〃
41643400	〃	〃	〃	〃	〃		〃
41643600	〃	小河站	〃	〃	〃		〃
41643800	〃	汛期 小河站	自记	记			〃
41641800	〃	普通站	〃	〃	〃		〃
41642000	〃	〃	〃	〃	〃		〃
41636200	〃	小河站			②		〃
41636400	〃	〃			〃	摘录表	〃
41636600	〃	〃			〃		〃
41649600	〃	普通站	〃	〃	〃	摘录表	〃
41649400	〃	〃	〃	〃	①		〃
41649200	〃	〃	〃	〃	②	摘录表	〃
41649000	〃	〃	〃	〃	①	〃	〃
41648800	〃	〃	〃	〃	〃		〃
41645000	〃	〃	〃	〃	〃	摘录表	〃
41644800	〃	〃	〃	〃	〃		〃
41644600	〃	〃	〃	〃	〃		〃
41644400	〃	〃	〃	〃	〃	摘录表	〃
41644200	〃	〃	〃	〃	〃		〃
41643400	〃	〃	〃	〃	〃		〃
41635200	〃	小河站	〃	〃	②		〃
41636000	〃	〃	〃	〃	〃		〃
41635400	〃	〃	〃	〃	〃		〃

续表 9-2

测站编码	管理单位	站类	观测方法	是否记起讫时间	特征值表类型	附注表名	对比情况
41622000	〃	〃	〃	〃	〃		〃
41643600	〃	〃	〃	〃	〃		〃
40920850	黄委 三门局	普通站	人工和自记	不记	②		一致
41140250	〃	〃	〃	〃	〃	摘录表	〃
40920950	〃	〃	〃	〃	〃	〃	〃
40921250	〃	〃	〃	〃	〃	〃	〃
40921300	〃	〃	〃	〃	〃		〃
40921500	〃	〃	〃	〃	〃		〃
40921550	〃	〃	〃	〃	①	〃	〃
40921700	〃	〃	〃	〃	②		〃
40923350	〃	〃	〃	〃	〃		〃
40925650	〃	〃	〃	〃	〃		〃
40925800	〃	〃	〃	〃	〃		〃
40920050	〃	〃	〃	〃	〃	摘录表	〃
40920150	〃	〃	〃	〃	〃	〃	〃
40920250	〃	〃	〃	〃	〃		〃
40920350	〃	〃	〃	〃	〃	摘录表	〃
40920400	〃	〃	〃	〃	①		〃
40920450	〃	〃	〃	〃	②	摘录表	〃
40926700	〃	〃	〃	〃	①	〃	〃
40926950	〃	〃	〃	〃	〃	〃	〃
40927200	〃	〃	〃	〃	〃	摘录表	一致
40928350	〃	〃	〃	〃	〃		〃
40928450	〃	〃	〃	〃	〃		〃

续表 9-2

测站编码	管理单位	站类	观测方法	是否记起讫时间	特征值表类型	附注表名	对比情况
41036650	〃	〃	〃	〃	〃	摘录表	〃
41140650	〃	〃	〃	〃	〃		〃
41320900	〃	〃	〃	〃	〃		〃
41420050	〃	〃	〃	〃	〃	摘录表	〃
41421000	〃	〃	〃	〃	②		〃
41134650	〃	〃	〃	〃	〃	摘录表	〃
41140200	〃	〃	〃	〃	〃		〃
41420450	黄委 河南局	〃	人工和自记	〃	〃		
41420500	〃	〃	〃	〃	〃		
41420600	〃	〃	〃	〃	〃	摘录表	

注:"〃"表示与同列上一行的内容相同。

2.蒸发量资料整编计算功能测试

共选择黄委三门峡水文局 12 站年的水面蒸发量资料进行整编计算功能测试。参加测试的人员主要有宁爱琴、李国英、许英秀、范淑娟等。

经过测试,GPEP 满足各种情况下的蒸发量资料整编设计要求。

9.3.3　整编成果输出功能测试

9.3.3.1　GPEP 的整编成果输出功能要求

按照软件功能需求和软件功能设计的要求,GPEP 的数据整理功能应包括如下内容。

1.降水量蒸发量资料整编成果报表编制功能

降水量资料整编成果报表编制功能,将降水量资料整编成果编制为 Excel 报表,包括逐日降水量表编制、降水量摘录表编制、各时段最大降水量表①编制、各时段最大降水量表②编制、各时段最大降水量表①连排编制、各时段最大降水量表②连排编制和逐日降水量对照表编制功能。

蒸发量资料整编成果报表编制功能,将蒸发量资料整编成果编制为 Excel 报表,包括逐日水面蒸发量表编制、蒸发量辅助项目月年统计表编制。

2.降水量蒸发量资料整编成果年鉴排版数据输出功能

降水量资料整编成果水文年鉴排版标准数据输出功能,包括逐日降水量表水文年鉴排版标准数据输出、降水量摘录表水文年鉴排版标准数据输出、各时段最大降水量表①连排水文年鉴排版标准数据输出、各时段最大降水量表②连排水文年鉴排版标准数据输出。

蒸发量资料整编成果水文年鉴排版标准数据输出功能,包括逐日水面蒸发量表水文年鉴排版标准数据输出、蒸发量辅助项目月年统计表水文年鉴排版标准数据输出。

3.降水量蒸发量资料整编成果报表打印功能

降水量蒸发量资料整编成果报表打印功能主要作用是将相应的整编成果输出到默认的打印机打印出来。

9.3.3.2 GPEP 的整编成果输出功能测试结果

1.降水量资料整编计算功能测试

共选择黄委三门峡水文局 516 站年(2003 年、2004 年)、黄委中游水文局 6 站年、河南省水文水资源勘测局 6 站年的降水量资料和黄委三门峡水文局 12 站年的水面蒸发量资料进行整编成果输出功能测试。参加测试的人员主要有刘红霞、郭相秦、高卫红等。

经过测试,GPEP 满足逐日降水量表、降水量摘录表、各时段最大降水量表①及其连排、各时段最大降水量表②及其连排、逐日水面蒸发量表、蒸发量辅助项目月年统计表和降水量对照检查表的 Excel 表格编制和打印功能满足 GPEP 的功能设计要求,上述各表除降水量对照检查表外的水文年鉴排版版数据编制功能满足设计要求。

2.蒸发量资料整编计算功能测试

共选择黄委三门峡水文局 12 站年的水面蒸发量资料进行整编计算功能测试。参加测试的人员主要有高卫红、李国英、许英秀、范淑娟等。

经过测试,GPEP 满足各种情况下的蒸发量资料整编设计要求。

9.4 GPEP 运行的软硬件环境测试

9.4.1 硬件环境测试

为保证程序能够在不同硬件环境下使用,本程序测试过程中选择了 IBM PC3000GL(P2 处理器,32 MB 内存)、东芝 Satellite 2100CDT(AMD K6 处理器,64 MB 内存)、东芝 Satellite 1130(C1.8G 处理器,256 MB 内存)、联想开天 4600(P4 处理器,128 MB 内存)、惠普 4600(P4 处理器,256 MB 内存)进行测试。

测试结果:

运行正常。但是 GPEP 在 IBM PC3000GL(P2 处理器,32MB 内存)、东芝 Satellite 2100CDT(AMD K6 处理器、64 MB 内存)的计算机上运行时,生成表格所耗费的时间较长。分析认为,主要是由于制表使用 Excel 所致,属于正常情况,一般的整编单位一次计算的站数不多,可以满足要求。

参加测试的人员主要有郭相秦、史养明、宁爱琴。

9.4.2 软件环境测试

为保证程序能在不同软件环境下运行,测试过程中选择了 Windows 98SE、Windows 2000 和 Windows XP 系统分别与 Office 2000、Office 2003 匹配进行了测试。

参加测试的人员主要有郭相秦、宁爱琴、刘社强、高卫红等。

测试发现以下情况:

（1）GPEP 不同版本的打包结果测试发现，在 2003 年的 Windows XP 版中打包的程序，安装到 Windows 98 和 Windows 2000 系统中无法正常运行。经分析认为 Windows 自动化文件 oleaut32. dll 版本不兼容。

解决办法：软件均应在纯净的 Windows 98 或 Windows 2000 系统中打包，以保证程序安装的正确性。

（2）GPEP 的所有成果的表格文件均使用 Excel 2000 生成，并且需要使用 Excel 2000 或更高版本打开。在测试中发现使用低版本的 Microsoft Office 系统打包程序，安装到高版本的 Microsoft Office 中无法正常运行，反之则可以。

解决办法：软件均应在较高版本的 Microsoft Office 系统中打包，以保证程序安装的通用性。

软件运行硬件环境及运行时间测试统计表见表 9-3。

表 9-3　软件运行硬件环境及运行时间测试统计表

运行内容	站号范围	站数	耗时		平均耗时（s）	测试日期（2005 年）	计算机牌号处理器及内存	说明
			数量	单位				
多站计算	40628500 ~ 41036750	270	9.1	min	2	10 – 22	东芝/C1.8/256	
〃	41120460 ~ 41140200	72	2.9	〃	2.4	10 – 23	〃	同时上网
〃	41221250 ~ 41420600	133	5	〃	2.2	10 – 23	〃	〃
FOR 版导入	41036600 ~ 41631600	248	7.4	〃	1.8	10 – 22	〃	
多站计算	41621200 ~ 41741000	135	4.3	〃	1.9	10 – 23	联想/P1.4/256	
多站制表	40821100 ~ 40827850	138	27.6	〃	12	10 – 24	东芝/C1.8/256	已编译
〃	40634650 ~ 41642400	157	39	〃	15	10 – 25	〃	同时工作
多站年鉴排版		200			0.02	11 – 05	〃	
自记数据转换		107	1.7		0.95	11 – 06	〃	

9.5　运行速度测试

在软件设计完成后，结合计算成果测试进行了运行时间测试。测试的内容主要有自记数据转换速度测试、FOR 版数据导入速度测试、整编计算速度测试和制表速度测试。本测试在不同的硬件环境下进行多站、单站的计算和制表测试，见表 9-4。

表 9-4　运行速度测试情况统计表

运行内容	站号范围	站数	耗时		平均耗时(s)	测试日期(2005 年)	计算机牌号处理器及内存	说明
			数量	单位				
多站计算	4062850～41036750	270	35	min	9	01-22	东芝/C1.8/256	
〃	4112046～41140200	72	20	〃	17	01-23	〃	同时上网
〃	4122125～41420600	133	37	〃	16.7	01-23	〃	
FOR 版导入	4103660～41631600	248	9	〃	2.2	01-22	〃	
多站计算	4162120～41741000	135	9	〃	4	01-23	联想/P1.4/256	
多站制表	4082110～40827850	138	57	〃	25	01-24	东芝/C1.8/256	已编译
〃	4063465～41642400	157	78	〃	30	01-25	〃	同时工作

9.6　测试分析

9.6.1　GPEP 整编降水量蒸发量资料的能力

通过测试,确认 GPEP 具有降水量数据整理、蒸发量数据整理、降水量整编计算、蒸发量整编计算、降水量整编成果表编制、蒸发量整编成果表编制、降水量整编成果水文年鉴排版数据编制、蒸发量整编成果水文年鉴排版数据编制的设计能力。

同时,GPEP 还具有降水量自记记录数据转换能力、兼容"整编降水量资料全国通用程序"的能力。最重要的创新是采用数字化标准确定各时段最大降水量表①、表②的加括号问题,大大降低了整编工作的人工干预量。

测试确认,GPEP 具有小河站资料整理能力、时段开始时间恢复能力等。

9.6.2　评价 GPEP

根据测试结果,GPEP 已经达到预定的目标,特别是通过测试确定了 GPEP 进行数据整理、整编计算和成果输出的正确性,可以交付使用。

9.6.3　测试资源消耗

参加 GPEP 测试工作的人员,包括高级工程师 3 人、工程师 5 人、助理工程师 2 人、技术员 1 人、高级水文勘测工 2 人、中级水文勘测工 2 人、初级水文勘测工 2 人。

9.7　测试实例比较

9.7.1　成果数据实例比较

(1)导入的降水量基本数据与 FOR 版数据的比较,见表 9-5、表 9-6。

表 9-5

本版降水量基本数据	说明
2003,40753600,-3	控制数据
060108.00,072305.30,24,2.5	摘录时段
072614.35,072708.20,24,0	
073004.00,100108.00,24,2.5	
012108.00,0,,,,,	正文数据
012208.00,.3,*,,,,	
012408.00,0,,,,,	
012508.00,3,*,,,,	
050609.25,.2,,,99,,	
050609.30,0,,,99,,	
050609.35,.2,,,99,,	
082303.05,.4,,,99,2.5,	
082303.10,0,,,99,2.5,	
082303.15,.2,,,99,2.5,	
082303.30,0,,,99,2.5,	
101917.40,0,,,99,,	
101917.45,.2,,,99,,	
110608.00,0,,,,,	
110708.00,17.8,·*,,,,	
111108.00,0,,,,,	
111208.00,.2,,,,,	
111808.00,0,,,,,	
111908.00,2.8,,,,,	
112008.00,2.2,,,,,	
/ZR 5 月 1 日至 10 月 31 日用固态雨量计观测,分辨力为 0.2	说明数据

表9-6

FOR 版降水量基本数据	说明
2003,1,0,0,−3,1,	控制数据
50108,110108,	自记记录起止时段
60108,72305.30,24,2.5,	摘录时段
72614.35,72708.20,24,0,	
73004.00,100108,24,2.5,	
5月1日至10月31日用固态雨量计观测,分辨力为0.2	说明数据
12108,0,	正文数据
2208,.32,	
2408,0,	
2508,3.02,	
2808,0,	
2908,1.8,	
50319.00,0.0,	
.05,0.2,	
604.00,0.0,	
.05,0.2,	
.50,0.6,	
.55,0.4,	
5.05,0.4,	
.10,0.4,	
.30,0.8,	
.35,0.0,	
17.40,0.0,	
.45,0.2,	
110608,0,	
1108,0,	
1208,.2,	
1808,0,	
1908,2.8,	
2008,2.2,	

(2)逐日降水量数据文件(年鉴排版格式)实例。

黄河 黄河沿

$ $ $ 1.1 * $ $ $ $ $ 1.8 * $ $

$ $ $ 4.3 * $ $ 8.2 0.1 $ 0.3 · * 0.3 * $

$ $ $ 0.1 * 3.7 * 4.9 · * 0.9 $ 1.9 · * 3.6 * 2.3 * 0.2 *

$ $ 1.1 * $ 0.3 * 1.7 · * 1.1 · * 13.8 0.3 $ $

$ $ 0.1 * $ 0.9 * $ 0.1 · * 9.2 $ $ $ $

$ $ $ 2.1 * 3.5 · * $ 1.1 2.5 * 0.2 * $ $

$ $ 0.2 * $ 0.1 * $ $ 0.6 $ $ $ 0.4 *

$ $ $ $ 0.1 * $ $ 2.6 $ $ $ $

$ $ $ $ $ $ $ 4.5 · * $ $ $ $

$ $ 0.3 * 0.6 * $ $ 11.3 3.1 · * $ $ $ $

$ $ 1.5 * $ 0.7 * 9.0 · * 2.8 0.3 $ $ $ $

$ $ 0.6 * $ 1.5 * 3.5 · * 1.2 0.4 $ $ $ $

$ 0.2 * $ $ $ 0.2 * 3.0 5.5 $ $ $ $

$ 0.3 * 0.1 * $ 1.6 * 1.0 9.3 $ $ $ $ $

$ $ 0.4 * $ 0.1 * 13.5 · * $ $ 0.1 $ $ $

$ $ $ $ $ 0.1 * $ $ 2.3 $ $ $

$ $ $ 1.5 * $ 1.4 · * 0.7 $ 3.0 $ 1.7 * $

$ $ $ $ $ $ $ $ 1.8 $ 0.4 * $

$ $ $ 2.1 * 0.2 · * 2.5 · * $ $ $ $ 0.6 *

$ $ 1.6 * $ $ 3.7 $ 7.7 $ $ $ $

$ $ 0.2 * $ 0.6 * 5.4 · * $ $ 0.3 * $ $

$ $ $ 0.5 * 1.6 * $ 1.4 * 0.2 $ $ $ $

$ $ $ $ 0.1 * 2.3 $ $ $ $ $

0.2 * 0.1 * $ $ 3.6 · * 14.1 $ 12.3 1.7 $ $ 0.4 *

$ 0.8 * $ $ 0.3 $ $ 0.9 2.6 $ $ 0.4 *

$ $ $ 0.8 * 0.7 · * $ 12.3 3.5 $ $ $

$ $ $ 0.8 * $ $ $ 2.3 $ 1.9 * $ 0.3 *

$ $ $ 2.5 4.6 $ 2.4 0.2 2.0 * $ 0.3 *

$ $ $ 6.3 · * $ 4.9 $ $ $ $ $

$ $ 3.4 * $ $ 2.2 6.0 1.6 0.4 $ $ 0.5 *

0.2 * $ 0.3 * $ $ $ 1.9 $ $ $ 0.1 *

0.4 1.4 9.8 9.7 28.9 65.9 73.0 68.6 20.3 10.1 4.7 3.2

2 4 12 8 19 16 17 18 12 7 4 9

0.2 0.8 3.4 4.3 6.3 14.1 12.3 13.8 3.5 3.6 2.3 0.6

296. 00 128

14. 10 24. 10 34. 90 57. 00 90. 10

6 24 8 4 8 4 7 26 7 10

抄自玛多气象站资料。

(3)降水量摘录数据文件(年鉴格式)实例。

贾家沟 太和寨　　　　　　　$ $ 19:35 20:00 5.4　　　　$ $ 22:10 22:15 0.2

6 1 18:50 19:05 0.4　　　　$ $ 20:00 20:20 1.4　　　　$ 2 9:50 9:55 0.2

```
$ 4 19:25 19:55 1.0        $ $ 11:25 11:30 0.2       $ $ 2:55 3:00 1.4
$ $ 20:35 21:10 1.0        $ $ 11:50 11:55 0.2       $ $ 3:00 3:05 1.6
$ 5 1:05 1:10 0.2          $ $ 12:25 12:50 0.4       $ $ 3:05 3:10 1.8
$ 8 17:00 17:15 1.0        $ 6 21:00 21:25 1.6       $ $ 3:10 3:15 0.2
$ $ 17:45 18:00 0.4        $ $ 22:45 22:50 0.2       $ $ 3:15 3:20 0.4
$ $ 18:30 19:00 1.4        $ 7 7:40 8:00 0.4         $ $ 3:20 3:25 1.0
$ $ 19:00 19:30 2.6        $ $ 8:00 8:30 1.0         $ $ 3:30 3:35 0.2
$ 15 2:20 2:35 3.8         $ 13 8:50 8:55 0.2        $ $ 3:35 3:40 0.8
$ 17 19:00 20:00 6.6       $ $ 9:15 9:20 0.2         $ $ 3:55 4:05 0.8
$ 20 15:40 16:00 0.4       $ $ 9:45 13:50 4.6        $ $ 4:10 4:20 0.4
$ $ 16:00 16:40 2.4        $ $ 15:20 15:25 0.2       $ $ 4:20 4:25 0.4
$ 21 23:30 24:00 2.8       $ 17 2:10 3:00 3.0        $ $ 4:25 4:40 0.6
$ 22 0:00 2:00 4.2         $ $ 3:00 3:25 15.4        $ $ 6:25 6:30 0.2
$ $ 2:00 2:15 0.2          $ $ 17:20 17:45 1.8       $ $ 6:30 6:35 0.6
$ $ 2:40 4:50 4.6          $ 18 14:10 15:00 9.0      $ $ 6:45 6:50 0.2
$ $ 5:10 5:15 0.2          $ $ 15:00 15:10 0.4       $ $ 7:05 7:10 0.2
$ $ 7:00 7:05 1.2          $ 19 16:50 17:25 0.6      $ $ 7:10 7:15 0.6
$ $ 11:50 11:55 0.4        $ $ 17:50 17:55 0.2       $ $ 7:15 7:25 1.6
$ 25 13:50 14:00 0.2       $ 21 19:40 20:00 0.4      $ $ 7:25 7:30 0.4
$ $ 14:00 17:05 4.8        $ $ 20:00 20:05 0.2       $ $ 8:15 8:20 0.2
$ $ 17:30 18:05 0.8        $ $ 20:25 20:50 0.6       $ 30 4:00 5:00 4.2
$ $ 18:45 18:50 0.2        $ 23 3:55 4:00 0.4        $ $ 5:00 5:20 1.4
$ 27 14:15 14:35 1.0       $ $ 4:00 4:50 3.2         $ 31 2:00 2:25 0.8
$ 29 5:00 5:05 0.2         $ $ 5:25 5:30 0.4         $ $ 4:10 4:15 0.2
$ $ 6:25 6:30 0.2          $ 26 14:35 14:40 2.2      $ $ 5:05 6:15 2.0
$ $ 7:05 7:10 0.2          $ $ 14:40 14:45 5.0       $ $ 6:35 7:35 1.0
$ $ 14:30 15:45 1.2        $ $ 14:45 14:50 6.2       $ $ 8:00 9:30 2.8
$ $ 21:50 21:55 0.2        $ $ 14:50 14:55 4.0       $ $ 9:50 9:55 0.2
$ $ 23:00 23:40 1.4        $ $ 14:55 15:00 0.4       $ $ 10:55 11:00 0.2
$ 30 1:05 1:10 0.2         $ $ 16:20 16:30 0.4       $ $ 11:00 11:15 1.0
$ $ 2:10 2:35 0.4          $ $ 16:45 16:50 0.2       $ $ 14:05 14:10 0.2
$ $ 3:00 3:35 2.0          $ $ 21:25 21:30 1.0       $ $ 14:40 16:35 1.6
$ $ 4:20 5:20 1.8          $ $ 21:30 21:35 1.8       $ $ 16:55 17:00 0.2
$ $ 5:40 6:40 1.0          $ $ 21:35 21:40 0.2       $ $ 19:45 19:50 0.2
$ $ 8:50 8:55 0.2          $ $ 21:40 21:45 0.4       $ $ 20:15 21:00 2.0
$ $ 14:25 14:30 0.2        $ $ 22:25 22:30 0.6       $ $ 21:00 23:00 2.8
7 5 9:55 10:00 0.4         $ 27 2:35 2:45 0.4        $ $ 23:00 24:00 2.6
$ $ 10:00 11:05 1.2        $ $ 2:45 2:55 3.2         8 1 0:00 0:55 1.4
```

$ $ 14:40 14:45 0.2

$ 5 7:00 7:10 1.2

$ 7 20:55 21:45 1.0

$ $ 23:35 23:40 0.2

$ 8 0:15 0:20 0.2

$ $ 0:50 1:00 0.4

$ $ 1:00 1:10 0.6

$ $ 2:10 2:15 0.2

$ $ 3:00 3:05 0.2

$ $ 3:35 3:55 0.6

$ $ 4:35 5:45 1.6

$ $ 6:10 6:15 0.2

$ 10 14:30 14:50 1.8

$ 15 3:50 4:00 0.6

$ $ 4:00 5:00 2.8

$ $ 5:00 5:30 1.0

$ $ 6:00 6:05 0.2

$ $ 7:00 7:05 0.2

$ $ 7:25 8:00 0.6

$ $ 8:00 8:35 0.6

$ 21 21:50 22:00 0.4

$ $ 22:00 23:00 2.8

$ $ 23:00 0:10 1.8

$ 22 2:25 2:30 0.2

$ $ 18:40 18:45 0.4

$ $ 20:10 21:00 1.4

$ 23 0:55 1:00 0.4

$ $ 1:00 2:00 3.0

$ $ 2:00 3:00 5.0

$ $ 3:00 3:35 0.6

$ $ 4:00 4:15 0.4

$ $ 4:40 4:55 0.4

$ $ 5:15 6:00 4.0

$ $ 6:50 7:10 0.6

$ 28 18:45 18:50 0.2

$ 29 0:45 0:55 0.6

$ $ 3:50 3:55 0.2

$ $ 6:55 7:00 0.4

$ $ 7:00 8:00 5.2

$ $ 8:00 9:00 2.6

$ $ 9:00 12:15 6.0

$ $ 13:25 13:30 0.2

$ $ 14:05 16:00 3.4

$ $ 16:00 17:00 3.0

$ $ 17:00 17:25 0.4

$ $ 18:15 18:20 0.2

$ $ 18:40 20:00 1.8

$ $ 20:00 21:35 1.6

$ $ 23:25 0:15 0.8

$ 30 0:40 0:45 0.2

$ $ 4:25 4:30 0.2

9 1 14:45 14:50 0.2

$ $ 16:20 16:45 3.4

$ 2 3:55 4:00 0.2

$ 3 17:50 17:55 0.2

$ $ 18:25 19:00 1.4

$ $ 19:00 20:00 4.2

$ $ 20:00 22:00 3.0

$ $ 22:00 23:00 3.0

$ $ 23:00 24:00 4.2

$ 4 0:00 1:00 6.0

$ $ 1:00 2:00 5.8

$ $ 2:00 3:00 3.0

$ $ 3:00 4:00 2.8

$ $ 4:00 7:00 5.6

$ $ 7:30 8:00 0.4

$ $ 8:00 9:00 3.0

$ $ 9:00 9:15 0.4

$ $ 11:15 12:00 0.8

$ $ 15:30 15:35 0.2

$ 6 0:10 0:15 0.2

$ 17 8:15 9:50 2.0

$ $ 10:10 10:35 0.4

$ 18 2:35 2:40 0.2

$ 19 7:10 7:15 0.2

$ $ 7:40 7:45 0.2

$ $ 8:45 8:50 0.2

$ $ 9:55 10:00 0.2

$ $ 10:45 10:50 0.2

$ $ 12:15 12:20 0.2

$ 20 18:15 18:25 1.4

$ $ 18:45 18:50 0.2

$ $ 20:35 20:40 0.2

$ 22 3:00 3:05 0.2

$ $ 18:25 19:00 2.8

$ $ 19:00 19:25 1.0

$ 25 14:50 15:00 0.4

$ $ 15:00 15:35 2.2

$ $ 15:55 16:00 0.2

$ $ 18:10 18:35 0.4

$ $ 18:55 19:10 0.4

$ $ 19:35 19:40 0.2

$ $ 20:45 20:50 0.2

$ $ 21:10 21:15 0.2

$ $ 21:55 22:00 0.2

$ $ 22:40 2:00 6.0

$ 26 2:00 3:05 1.2

$ $ 4:45 5:10 0.4

$ $ 6:00 6:25 0.8

$ $ 12:05 12:10 0.2

$ $ 12:35 12:40 0.2

$ $ 13:00 14:00 3.2

$ $ 14:35 14:40 0.2

$ $ 16:20 16:25 0.2

$ $ 17:10 17:20 0.4

$ 27 3:35 3:40 0.2

$ $ 10:05 10:50 2.2

$ $ 11:10 11:35 0.4

$ 28 4:35 4:55 0.4

$ $ 14:25 14:30 0.2

$ $ 15:10 15:15 0.2

$ $ 16:15 16:20 0.2

$ $ 18:35 19:00 1.0

$ $ 19:00 20:00 3.6

$ $ 20:00 22:25 4.4　　　　$ $ 11:30 13:00 2.4　　　　$ $ 19:40 19:45 0.2
$ $ 22:50 22:55 0.2　　　　$ $ 13:00 14:00 3.8　　　　$ $ 21:35 21:40 0.2
$ $ 23:45 23:50 0.2　　　　$ $ 14:00 15:00 2.8　　　　$ 30 0:55 1:00 0.2
$ 29 0:25 0:30 0.2　　　　$ $ 15:00 15:25 1.2　　　　$ $ 2:00 3:00 1.6
$ $ 5:20 5:25 0.2　　　　$ $ 16:10 16:30 0.6　　　　$ $ 3:00 4:00 2.6
$ $ 7:10 7:15 0.2　　　　$ $ 16:50 16:55 0.2　　　　$ $ 4:00 4:55 1.4
$ $ 10:20 11:05 0.8　　　　$ $ 18:00 18:20 0.4

（4）各时段最大降水量表①数据文件实例。

13.4	19.8	23.4	28.2	31.4	36.0	45.2	48.2	49.4
49.4	49.4	49.4	64.0	7	3	7	3	7
3	7	3	7	3	7	3	7	3
7	3	7	3	7	3	7	3	7
3	10	18	2.45	2.40	2.40	2.40	2.30	2.15
1.25	0.45	0.20	0.20	0.20	0.20	12.55		

黄河
龙门
2002
40920050

（5）各时段最大降水量表②数据文件实例。

| 24.4 | 31.0 | 33.4 | 36.0 | 38.4 | 69.6 |
| 6 | 8 14. | 8 11 20. | 8 11 19. | 8 11 19. | 6 8 10. | 6 8 10. |

盘河
官庄
2002
40920150

（6）逐日水面蒸发量数据文件实例。

2002,40104200
1,1,1,1,1,1,1,1,1,1,1,1,1,0
陆上水面蒸发场,4 至 10 月用 E601 型蒸发器其余时间用 20 cm 口径蒸发器
0.6B,0.4B,2.5,1.9,4.3,3.2,2.0,2.6,1.0,0.0 + ,4.3,2.7B,2.0B,0.4B,7.4,1.7,
4.7,3.0,1.8,1.0,0.2,0.0,4.9B,1.5B
1.7B,4.4B,3.3B,0.8,5.3,1.4,0.5,2.3,0.0 + ,0.1,2.9,1.2,1.9B,4.3B,1.8B,
3.8,4.5,2.3,3.0,3.1,0.2,0.0 + ,0.4,0.2
1.4B,1.1B,0.6B,1.0,2.5,4.0,5.4,2.3,0.0 + ,1.7,0.6,1.1B,0.6B,1.4B,1.7B,
2.3,1.7,5.6,1.9,2.4,1.1,1.3,1.3,3.0B
0.4B,1.2B,3.6B,3.7,5.4,4.8,3.8,3.4,1.6,2.2,1.4,0.7B,0.8B,1.9B,3.6B,
4.9,2.0,6.0,4.2,1.5,2.4,1.4,0.5,0.6B
2.4B,1.2B,3.9,4.7,2.9,3.3,3.7,3.6,4.4,0.1,0.6B,1.1B,2.2B,2.4B,4.1,2.9,

3.4,6.9,5.6,5.2,3.1,0.0+,3.2B,1.7B

1.7B,1.2B,4.7,2.8,4.3,5.7,2.8,2.0,3.4,1.0,0.8B,1.7B,0.8B,1.6B,2.7,5.5,
4.8,8.1,1.4,1.8,2.7,1.1,1.0B,0.4B

2.6B,1.4,0.9,2.9,4.1,8.5,1.6,2.8,2.6,1.9,1.0B,0.4B,0.7B,1.5B,0.7,4.1,
4.0,7.4,2.8,1.6,3.0,3.8,1.9,0.3B

0.5B,1.4B,0.8,4.6,2.4,7.9,0.5,2.2,3.3,3.1,1.6B,0.7B,0.7B,1.3B,1.3,4.2,
3.1,5.4,0.6,3.2,2.8,2.4,2.1,2.8B

1.1B,2.7B,0.8,5.8,1.9,4.5,2.0,3.4,1.4,2.3,0.4,1.4B,3.7B,2.9B,2.2,2.0,
5.4,4.2,2.8,4.3,0.8,1.3,0.0,4.6B

1.1B,3.4,2.6,1.8,5.5,4.3,5.2,3.6,0.2,0.7,0.7,1.7B,2.2B,2.4,7.4B,3.6,
3.9,3.7,2.6,3.8,1.1,1.0,2.9B,0.6B

0.8B,0.1,4.6,1.1,4.0,3.6,4.3,3.4,2.4,2.3,2.4B,0.6B,2.5B,1.8,1.5,0.3,
4.0,1.4,4.6,2.4,4.1,2.6,1.0,0.4B

1.2B,2.2,4.8,1.0,3.3,1.3,4.0,4.9,2.1,1.4,1.1B,0.7B,0.5B,4.8,5.3,2.9,
4.5,6.5,4.2,2.9,2.8,1.6,0.2B,4.5B

0.5B,6.2,4.1,2.3,6.2,5.1,6.0,1.1,2.4,1.5,0.0,2.6B,3.2B,4.2,5.5,2.8,2.8,
2.7,4.8,0.0,1.5,2.2,1.5B,1.2B

1.1B,2.7,4.8,3.0,2.6,5.4,4.2,2.0,1.5,1.9,1.1,1.0B,2.1B,1.4B,5.3,6.1,
6.4,5.3,4.7,0.6,0.9,1.1,2.7B,2.4B

1.7B, ,5.9,4.9,4.2,2.9,5.3,0.1,0.9,0.7,1.1B,1.1B,0.1B, ,6.1,3.9,7.0,3.3,
4.5,1.2,0.3,0.9,1.0,1.0B

0.4B, ,5.6, ,3.2, ,7.4,0.7, ,1.2, ,1.0B,43.2,61.9,110.1,93.3,124.3,137.7,
108.2,75.4,54.2,42.8,44.6, 44.9

3.7,6.2,7.4,6.1,7,8.5,7.4,5.2,4.4,3.8,4.9, 4.6,.1,.1,.6,.3,1.7,1.3,.5,0,
0,0,0,.2

3 月、11 月用 E601 型蒸发器比测,月蒸发量分别为 69.2 mm、37.4 mm。

9.7.2　成果表格文件实例

9.7.2.1　降水量成果表格文件实例

(1)逐日降水量表,见表 9-7。

表9-7　黄河　　龙门　　　站　逐日降水量表

年份:2002　　　测站编码:　　　　单位:降水量(mm)

日期＼月份	1	2	3	4	5	6	7	8	9	10	11	12
1					15.4		11.4					
2							49.4					
3			2.6	7.5								
4			0.3	9.7	3.8		0.2					
5				1.0	20.6			3.4				2.1
6												1.6
7								0.6				0.3
8						26.8		0.2				
9						10.6						
10						0.2		0.4	35.2			
11								2.6	0.4			
12			4.6						28.4			
13			2.3		24.6				21.4	1.2		
14					25.8							
15	4.2			0.5		0.2						
16					0.8							
17								0.4				
18										57.8		
19					6.2			3.8	7.4	13.0		
20					4.2		10.0	16.8	15.2			
21						5.0	1.8			6.6		3.1
22						0.2						9.3
23						1.8						
24								0.2				
25							1.8	1.4				
26						9.8	0.2		1.4			
27				1.8								
28				4.2		2.0						
29										1.0		
30												
31										0.2		

月统计		1	2	3	4	5	6	7	8	9	10	11	12
	总量	4.2	0	9.8	24.7	101.4	56.6	74.8	29.8	109.4	79.8	0	16.4
	降水日数	1	0	4	6	8	9	7	10	7	6	0	5
	最大日量	4.2	0	4.6	9.7	25.8	26.8	49.4	16.8	35.2	57.8	0	9.3

年统计					
年降水量	506.9		年降水日数		63
时段(h)	1	3	7	15	30
最大降水量	57.8	70.8	70.8	92.8	117.6
开始日期	10－18	10－18	10－14	09－05	06－08

附注	

（2）降水量摘录表,见表9-8。

表9-8 黄河 东苏冯 站 降水量摘录表

年份:2002　　　　测站编码:40920350　　　单位:降水量(mm)

月	日	起(时:分)	止(时:分)	降水量	月	日	起(时:分)	止(时:分)	降水量	月	日	起(时:分)	止(时:分)	降水量
6	8	13	14	2.4	7	25	20	22	0.6	9	13	0	1	2.6
		14	15	5.6		26	0	1	0.2			1	2	2.4
		17	19	2.4			14	15	0.2			2	7	3.6
	9	2	3	0.2	8	5	14	15	1.4			12	14	0.8
		3	4	3.0			15	16	2.6			14	15	3.6
		4	5	6.0			16	17	3.4			15	16	4.8
		5	6	2.4			17	18	0.6			16	17	3.4
		6	7	3.8		8	7	8	0.8			17	18	3.4
		7	8	2.6			8	9	0.2			18	19	3.2
		8	9	7.2			13	14	0.2			19	20	1.0
		9	12	6.2			14	16	0.8		14	15	17	2.4
		12	13	2.6		11	21	22	0.2			17	18	2.8
		13	14	2.4		20	5	7	2.0			18	19	0.8
		14	15	0.4			7	8	3.0			20	21	0.2
	21	21	22	0.2			8	14	5.0		19	13	14	0.6
		23	24	0.4			15	17	0.8			14	17	1.6
	22	3	4	0.2			18	20	1.0			20	24	2.6
	23	1	2	0.8			20	1	3.8		20	2	8	2.6
		6	8	0.6		21	13	14	0.2			8	11	2.8
		12	14	1.8		24	15	17	0.4			11	12	3.2
	26	16	17	0.2		25	16	17	0.2			12	14	3.2
		18	20	0.4			18	19	0.4			14	15	2.6
		20	22	2.0	9	10	9	10	1.0			15	20	4.8
		23	2	0.6			10	11	3.4			20	23	0.8
	27	2	6	3.0			11	12	9.2	10	18	16	17	3.4
	28	20	21	0.4			12	13	3.0			17	18	2.8
7	5	13	14	0.2			13	14	1.4			18	19	6.8
		14	15	9.4			14	20	8.4			19	20	2.4
		15	16	3.4			20	21	2.6			20	21	2.8
		16	17	0.2			22	23	2.0			21	22	4.0
	21	2	6	3.6		11	18	20	1.4			22	2	5.6
		6	7	4.0			23	24	2.6		19	2	8	7.8
		7	8	3.8		12	17	20	1.0			8	14	7.6
		8	10	2.8			20	21	3.0			14	20	5.6
	23	15	18	1.6			21	24	2.6			20	1	1.6

（3）单站各时段最大降水量表①，见表9-9。

表9-9 黄河 龙门 各时段最大降水量表①

年份:2002 测站编码:40920050 单位:降水量（mm）

站次	测站编码	站名	时段（min）												
			10	20	30	45	60	90	120	180	240	360	540	720	1 440
			最大降水量												
			开始月－日												
205	40920050	龙门	13.4	19.8	23.4	28.2	31.4	36.0	45.2	48.2	49.4	49.4	49.4	49.4	64.0
			07－03	07－03	07－03	07－03	07－03	07－03	07－03	07－03	07－03	07－03	07－03	07－03	10－18

（4）单站各时段最大降水量表②，见表9-10。

表9-10 大妙娥沟 赤沟里 各时段最大降水量表②

年份:2002 测站编码:41121150 单位:降水量（mm）

站次	测站编码	站名	时段（h）											
			1			2			3			6			12			24		
			降水量	开始		降水量	开始		降水量	开始		降水量	开始		降水量	开始		降水量	开始	
				月	日		月	日		月	日		月	日		月	日		月	日
12	41121150	赤沟里	22.8	7	3	26.6	7	3	26.6	7	3	26.6	7	3	26.6	7	3	31.6	10	17

（5）多站连排各时段最大降水量表①，见表9-11。

表9-11 各时段最大降水量表①

年份:2002 流域水系码: 单位:降水量（mm）

站次	测站编码	站名	时段（min）												
			10	20	30	45	60	90	120	180	240	360	540	720	1 440
			最大降水量												
			开始月-日												
1	41120450	银峪	7.0	13.8	16.6	21.6	23.6	25.6	28.0	32.2	35.6	36.0	36.2	36.2	36.2
			08－05	08－05	08－05	08－05	08－05	08－05	08－05	08－05	08－05	08－04	08－04	08－04	08－04
28	41122450	马营镇	13.4	19.8	23.4	28.2	31.4	36.0	45.2	48.2	49.4	49.4	49.4	49.4	64.0
			07－03	07－03	07－03	07－03	07－03	07－03	07－03	07－03	07－03	07－03	07－03	07－03	10－18
205	40920050	龙门	13.4	19.8	23.4	28.2	31.4	36.0	45.2	48.2	49.4	49.4	49.4	49.4	64.0
			07－03	07－03	07－03	07－03	07－03	07－03	07－03	07－03	07－03	07－03	07－03	07－03	10－18

（6）多站连排各时段最大降水量表②，见表9-12。

表9-12　各时段最大降水量表②

年份：2002　　　流域水系码：　　　　　单位：降水量（mm）

站次	测站编码	站名	时段（h）												
			1			2			3			6			12			24		
			降水量	开始		降水量	开始		降水量	开始		降水量	开始		降水量	开始		降水量	开始	
				月	日		月	日		月	日		月	日		月	日		月	日
12	41121150	赤沟里	22.8	7	3	26.6	7	3	26.6	7	3	26.6	7	3	26.6	7	3	31.6	10	17
26	41122150	谢家庄	23.6	7	3	23.8	7	3	23.8	7	3	23.8	7	3	35.8	6	8	45.6	6	8
206	40920150	首庄	24.4	6	8	31.0	8	11	33.4	8	11	36.0	8	11	38.4	6	8	69.6	6	8
208	40920350	东苏冯	12.0	5	13	13.4	5	13	15.6	9	10	25.0	6	9	36.6	6	9	45.2	10	18

9.7.2.2　蒸发量成果表格文件实例

（1）逐日水面蒸发量表，见表9-13。

表9-13　372　　汾河　　河津　　站　逐日水面蒸发量表

年份：2003　　　测站编码：41036750　　蒸发器位置特征：陆上水面蒸发场

蒸发器形式：4～10月用E601型蒸发器其余时间用20 cm口径蒸发器　单位：水面蒸发量（mm）

日期＼月份	1	2	3	4	5	6	7	8	9	10	11	12
1	0.5B	4.8	5.3	2.9	4.5	6.5	4.2	2.9	2.8	1.6	0.2B	4.5B
2	0.5B	6.2	4.1	2.3	6.2	5.1	6.0	1.1	2.4	1.5	0.0	2.6B
3	3.2B	4.2	5.5	2.8	2.8	2.7	4.8	0.0	1.5	2.2	1.5B	1.2B
4	1.1B	2.7	4.8	3.0	2.6	5.4	4.2	2.0	1.5	1.9	1.1	1.0B
5	2.1B	1.4B	5.3	6.1	6.4	5.3	4.7	0.6	0.9	1.1	2.7B	2.4B
6	1.7B	2.5	5.9	4.9	4.2	2.9	5.3	0.1	0.9	0.7	1.1B	1.1B
7	0.1B	7.4	6.1	3.9	7.0	3.3	4.5	1.2	0.3	0.9	1.0	1.0B
8	0.4B	3.3B	5.6	4.3	3.2	2.0	7.4	0.7	0.0⁺	1.2	2.7B	1.0B
9	0.4B	1.8B	1.9	4.7	3.2	1.8	2.6	1.0	0.0	4.3	1.5B	1.7B
10	0.4B	0.6B	1.7	5.3	3.0	0.5	1.0	0.2	0.1	4.9B	1.2	0.4B
11	4.4B	1.7B	0.8	4.5	1.4	3.0	2.3	0.0⁺	0.0⁺	2.9	0.2	0.4B
12	4.3B	3.6B	3.8	2.5	2.3	5.4	3.1	0.2	1.7	0.4	1.1B	0.3B
13	1.1B	3.6B	1.0	1.7	4.0	1.9	2.3	0.0⁺	1.3	0.6	3.0B	0.7B
14	1.4B	3.9	2.3	5.4	5.6	3.8	2.4	1.1	2.2	1.3	0.7B	2.8B
15	1.2B	4.1	3.7	2.0	4.8	4.2	3.4	1.6	1.4	1.4	0.6B	1.4B
16	1.9B	4.7	4.9	2.9	6.0	3.7	1.5	2.4	0.1	0.5	1.1B	4.6B

续表 9-13

月份 日期	1	2	3	4	5	6	7	8	9	10	11	12
17	1.2B	2.7	4.7	3.4	3.3	5.6	3.6	4.4	0.0⁺	0.6B	1.7B	1.7B
18	2.4B	0.9	2.9	4.3	6.9	2.8	5.2	3.1	1.0	3.2B	1.7B	0.6B
19	1.2B	0.7	2.8	4.8	5.7	1.4	2.0	3.4	1.1	0.8B	0.4B	1.7B
20	1.6B	0.8	5.5	4.1	8.1	1.6	1.8	2.7	1.9	1.0B	0.4B	0.4B
21	1.4	1.3	2.9	4.0	8.5	2.8	2.8	2.6	3.8	1.0B	0.3B	0.4B
22	1.5B	0.8	4.1	2.4	7.4	0.5	1.6	3.0	3.1	1.9	0.7B	0.3B
23	1.4B	2.2	4.6	3.1	7.9	0.6	2.2	3.3	2.4	1.6B	2.8B	0.7B
24	1.3B	2.6	4.2	1.9	5.4	2.0	3.2	2.8	2.3	2.1	1.4B	2.8B
25	2.7B	7.4B	5.8	5.4	4.5	2.8	3.4	1.4	1.3	0.4	4.6B	1.4B
26	2.9B	4.6	2.0	5.5	4.2	5.2	4.3	0.8	0.7	0.0	1.7B	4.6B
27	3.4	1.5	1.8	3.9	4.3	2.6	3.6	0.2	1.0	0.7	0.6B	1.7B
28	2.4	4.8	3.6	4.0	3.7	4.3	3.8	1.1	2.3	2.9B	0.6B	0.6B
29	0.1		1.1	4.0	3.6	4.6	3.4	2.4	2.6	2.4B	0.4B	1.0B
30	1.8		0.3	3.3	1.4	4.0	2.4	4.1	1.4	1.0	0.7B	1.0B
31	2.2		1.0		1.3		4.9	2.1		1.1B		0.8B
月统计　总量	52.2	86.8	110.0	113.3	143.4	98.3	107.9	52.5	42.0	48.1	37.7	46.8
最大	4.4	7.4	6.1	6.1	8.5	6.5	7.4	4.4	3.8	4.9	4.6	4.6
最小	0.1	0.6	0.3	1.7	1.3	0.5	1.0	0	0	0	0	0.3

年统计	水面蒸发量	最大日水面		最小日水面	
	终冰	2 月 25 日	初冰	10 月 10 日	
附注	两种蒸发器				

（2）水面蒸发辅助项目月年统计表，见表 9-14。

表9-14　372　　汾河　　河津　　站水面蒸发辅助项目月年统计表

年份：2003　　　测站编码：41036750　　　单位：双测高度(m)

日期 月份			1	2	3	4	5	6	7	8	9	10	11	12
1.5 m 高度处的气温（℃）	旬平均	上	-0.9	3.2	2.1	1.5	14.6	4.7	5.6	5.6	5.3	15.9	1.7	2.3
		中	2.3	2.1	5.1	0.7	1.1	1.1	0.9	0.9	3.1	3.3	5.8	4
		下	14.6	6.1	6.7	8.4	7	15.9	2.7	2.4	2	2.4	5.1	0.9
	月平均		0.8	1	0.9	0.9	4.4	6.2	14	8.4	14.6	6.9	8.4	13
	年平均							9.6						
观测高度处水汽压（10³ Pa）	旬平均	上	12.2	15	15.5	14.3	14.6	11.5	14.1	15.5	13.7	15.9	5.1	4.9
		中	4.6	4.9	5.1	1.2	1	0.7	1	0.9	18.5	20.3	23.2	20.7
		下	14.6	17.9	19.9	21	19.7	15.9	5.8	6.3	9.2	7.2	5.1	0.8
	月平均		0.4	0.5	0.5	0.9	25.6	26.2	25.2	25.6	14.6	22.1	21.8	27.7
	年平均							23.9						
水面和观测高度处的水汽压力差（10³ Pa）	旬平均	上	24.1	24.2	32.1	25.9	14.6	27.1	27.6	38.7	30.1	15.9	6.5	5.3
		中	8.9	6.6	5.1	0.5	0.9	1.4	0.9	0.9	29.3	22	24.5	25.2
		下	14.6	34.4	25	29.2	29.5	15.9	9.6	4.4	6.4	6.8	5.1	0.8
	月平均		0.7	0.9	0.8	0.9	21.3	23.9	22.2	22.4	14.6	24	25.4	20.3
	年平均							23.2						
双测高度处的风速（m/s）	旬平均	上	16	13.6	16.2	15.3	14.6	17.5	11.8	11.9	13.7	15.9	2.9	5.8
		中	6.5	5.1	5.1	0.7	1.6	0.8	1	0.9	11.2	8.4	6.6	8.7
		下	14.6	10.8	9.1	7.9	9.3	15.9	4.9	3	3.5	3.8	5.1	1.6
	月平均		0.7	0.6	1	0.9	3.1	1.1	3.8	2.7	14.6	6.9	5.2	5.2
	年平均							5.7						
备注														

第 10 章　用户使用手册

10.1　前　言

10.1.1　编写目的

本章描述了降水量蒸发量资料整编通用软件(北方版)及相关产品的安装方法和日常管理维护方法。降水量蒸发量资料整编通用软件(北方版)是水文资料整编通用软件(北方版)的一个组成部分,是用于降水量资料整编和蒸发量资料整编的服务软件。本书并未涉及相关项目方案中所使用到的操作系统、服务系统、硬件及其管理软件,关于这些内容请参考有关厂商提供的技术文档。

如果你是降水量蒸发量资料整编通用软件(北方版)的用户,或者你需要深入了解降水量蒸发量资料整编通用软件(北方版),那么你需要详细阅读本文档并尽可能在工作过程中随时查阅。

如果你对下列内容感到陌生,请先阅读有关技术文档或参加有关培训课程。

➢相应操作系统的基本操作知识

➢相应服务软件 Microsoft Excel 和 Microsoft Word

如果你在阅读本章的过程中有任何疑问、意见或建议,请按以下任何方式之一和我们联系,我们将竭诚为你服务。

Email:smxgxq@163.com

传　真:0398-2602212

电　话:0398-2602305

10.1.2　项目开发背景

本软件系统的名称:降水量蒸发量资料整编通用软件(北方版)。

简称:GPEP。

水文资料整编全国通用软件(北方版)开发项目由水利部水文局下达,黄委会水文局负责实施。黄委会水文局组织将该软件划分为水流沙及综合制表子项目、降水量及蒸发量子项目(本软件项目)和泥沙颗粒级配等三个子项目,分别由山东省水文水资源局、黄委三门峡水文水资源局和黄委会中游水文水资源局承担开发任务。三个子系统的名称分别为水文资料整编全国通用软件(北方版)(水流沙、综合制表部分)、降水量蒸发量资料整编全国通用软件(北方版)、泥沙颗粒级配资料整编全国通用软件(北方版)。

本软件的用户为我国北方地区各流域机构的各级整编单位和各省(自治区、直辖市)的各级整编单位。同时,本软件也可供相关科研单位使用。

本软件为单机版软件,利用 Visual Basic 6.0 平台开发,基于 Windows 的软件系统。

本软件系统兼容现行"整编降水量资料全国通用程序"98 版的数据。

10.1.3 定义

整理方法:降水量数据整理方法,整型。时段量法填"0",坐标法填"1"。

摘录输出:摘录表的输出方式,说明降水量摘录表的时间项是否记至分钟,整型量。记起止时间填"1",否则填"2"。或者称为"摘录时间格式"。

观测段制:大河方式时摘录表的摘录段制,也是各时段最大降水量表②的滑动段制,整型。当汛期观测段制不一致时,填记其中的最低段制。例如,汛期有 24 段制和 12 段制,则一般应填 12 段制。但如不影响 24 段制特征值,仍可填 24 段制。

跨越段制:编制摘录表时相邻时段合并不得跨越的段制,整型。如规定摘录表中合并量不得跨越 4 段制的分段时间,则填"4"。该项是测站相对固定的段值,具有明显的测站特征,所以又称为"特征段制"。

合并标准:摘录表合并时单位时间降水量不得超过的标准,实型。例如,规定摘录表中当相邻时段的降水强度小于或等于 2.5 mm/h 时可不合并,则填"2.5"。

表①表②:编制"各时段最大降水量表①"或"各时段最大降水量表②"的控制信息,整型。做表①填"1",做表②填"2",同时做表①表②填"3"。

滑动间隔:编制"各时段最大降水量表①"时的时间增量,整型。一般取 5 min 或 1 min。

观测时间:以月日时分组合的结构录入,字符型。相同和相邻的月份或日期可以省略,当分钟数为零时可以连同小数点一并省略。省略的部分由程序自动完成。例如,3 月 31 日至 4 月 2 日的降水量时间数据录入如下。

时段降水量:填记该时段内的降水量数值,实型。小数点及其后的零可以一并省略。降水时段开始时间的降水量填"0"。降水时段开始时间及其降水量可以一并省略。

观测物:观测物(符号)包括雪(＊)、雨夹雪(•＊)、雹(A)、雹夹雪(A＊)、霜(U)和雾(※)等六种,字符型。当光标定位于"观测物"一列时,右侧的"观测物符号表"在"标准区"列出各观测物的名称、符号及其相应的键盘代码,用户可以按其代码,也可以直接输入符号。

整编符号:包括缺测"-"、合并"!"、不全")"、插补"@"、欠准"?"、改正"+"、停测"W"和分列"Q"等八种,字符型。录入整编符号的操作方法与观测物符号相同。

10.1.4 参考资料

(1)《降水量蒸发量资料整编软件开发合同》;

(2)《水文资料整编规范》(SL 247—1999);

(3)《降水量观测规范》(SL 21—1990);

(4)《水面蒸发观测规范》(SL 630—2013);

(5)《水文数据录入格式标准》,1994,水利电力出版社;

(6)《计算机软件开发规范》(GB/T 8566—2007);

（7）《Visual Basic 编程标准》；

（8）《全国水文测站编码》，2002，水利电力出版社。

10.2　GPEP 的功能和性能

10.2.1　GPEP 的功能

降水量蒸发量资料整编通用软件(北方版)是为了适应《水文资料整编规范》的要求，根据《降水量观测规范》《水面蒸发观测规范》和降水量观测仪器的发展而开发的。该软件适用于北方地区的降水量资料整编和蒸发量资料整编，具有数据整理、整编计算、成果输出等功能。

10.2.1.1　数据整理功能

（1）降水量数据整理功能，包括：

①人工观测数据整理；

②自记数据转换；

③"整编降水量资料全国通用程序"98 版的数据导入；

④降水量基本数据两录一校；

⑤降水量摘录时段挑选。

（2）蒸发量数据整理功能，包括：

①水面蒸发量数据整理；

②蒸发量辅助项目数据整理。

10.2.1.2　整编计算功能

（1）降水量资料整编计算功能，包括：

①逐日降水量计算和月年统计计算；

②降水量摘录计算；

③各时段最大降水量表①计算；

④各时段最大降水量表②计算。

（2）蒸发量资料整编计算功能，包括：

①逐日水面蒸发量计算和月年统计计算；

②蒸发量辅助项目月年统计计算。

10.2.1.3　成果输出功能

（1）降水量资料整编成果报表编制功能，将降水量资料整编成果编制为 Excel 报表，包括：

①逐日降水量表编制；

②降水量摘录表编制；

③各时段最大降水量表①编制；

④各时段最大降水量表②编制；

⑤各时段最大降水量表①连排编制；

⑥各时段最大降水量表②连排编制。

（2）蒸发量资料整编成果报表编制功能，将蒸发量资料整编成果编制为 Excel 报表，包括：

①逐日水面蒸发量表编制；

②蒸发量辅助项目月年统计表编制。

（3）降水量资料整编成果水文年鉴排版标准数据输出功能，包括：

①逐日降水量表水文年鉴排版标准数据输出；

②降水量摘录表水文年鉴排版标准数据输出；

③各时段最大降水量表①连排水文年鉴排版标准数据输出；

④各时段最大降水量表②连排水文年鉴排版标准数据输出。

（4）蒸发量资料整编成果水文年鉴排版标准数据输出功能，包括：

①逐日水面蒸发量表水文年鉴排版标准数据输出；

②蒸发量辅助项目月年统计表水文年鉴排版标准数据输出。

（5）逐日降水量对照表编制功能。

（6）降水量蒸发量资料整编成果报表打印功能。

10.2.2　GPEP 的性能

10.2.2.1　数据精度

降水量、蒸发量数据输入输出的精度均按照《水文资料整编规范》的要求，保留一位小数，降水量观测时间记至分钟。

10.2.2.2　时间特性

硬件条件将影响对数据访问时间即操作时间的长短，影响用户操作的等待时间，所以应使用高性能的计算机，建议使用 Pentium 4 及其以上处理器。硬件对本系统的速度影响将会大于软件的影响。

数据整理过程中，软件运行的时间小于人的行为反应时间，忽略不计。

整编计算：每站约耗时 2 s。

成果输出：每一张逐日表站约耗时 3 s，每一张降水量摘录表耗时 2~8 s，每一张各时段最大降水量表耗时 1~3 s。每站约耗时 14 s。

整编计算和成果输出连续执行，每站约耗时 16 s。

整编成果打印，每站耗时 2~4 s。

10.2.2.3　适应性

（1）适用降水量观测方法范围：

①按不同段制的记或不记起止时间的人工观测；

②自记观测；

③人工自记交替观测。

（2）适用降水量观测数据整理方法范围：

①时段量法；

②自记观测资料坐标法，即以自记记录的纵坐标代替时段量；

③对于在一段时间内用某一固定段制不记起止时间的人工观测资料,可以采用不整理起始时段正点时间的方法,并允许同一站年资料不同时段采用不同的观测段制。

(3)适用蒸发量观测数据范围:适用于不同时段采用不同仪器观测的蒸发量数据。

10.3　GPEP 的运行环境

10.3.1　硬件要求

运行本软件所要求硬设备的最小配置:P3 及其以上的处理器,64 MB 以上的内存,200 MB 以上的硬盘空间,显示器分辨率 800×600,激光打印机。

推荐使用硬设备的最小配置:P4 及其以上的处理器,128 MB 以上的内存,400 MB 以上的硬盘空间,显示器分辨率 1 024×768,激光打印机。

10.3.2　软件要求

运行本软件所需要的支持软件:

Microsoft Windows 98/2000/XP 等简体中文版操作系统软件,安装 Microsoft Excel 2000 或以上版本。

10.3.3　数据结构

10.3.3.1　测站控制信息

测站控制信息通常称为"河名站名文件",由于其重要性,所以又称为"专家数据"。

1.测站控制信息文件的命名

"JSL." + 年份 + ".PZM"

2.测站控制信息的数据结构

测站控制信息有站次、测站编码、河名、站名、整理方法、摘录输出、观测段制、跨越段制、合并标准、表①表②、滑动间隔等 11 项,各项之间用逗号","分开。

站次:测站在整编区内的排列序号,整型,取值 1~999。

测站编码:统一编码。字符型,由 8 位数字组成。

目前我国采用的测站代码方案是:

```
  #   ##   #####
  流   水    测
  域   系    站
  地   分    序
  区   区    号
```

河名:字符型,不超过 12 个汉字。河名中应包含"江、河、川、沟"等。

站名:字符型,不超过 12 个汉字。站名中不包括"站"字。

整理方法:降水量数据整理方法,整型量。时段量法填"0",坐标法填"1"。

摘录输出:摘录表的输出方式,整型量。记起止时间填"1",否则填"2"。

摘录段制:大河方式时摘录表的摘录段制,也是各时段最大降水量表②的滑动段制,整型。当汛期观测段制不一致时,填记其中的最低段制。例如,汛期有 24 段制和 12 段制,则一般应填 12 段制。但如不影响 24 段制特征值,仍可填 24 段制。

跨越段制:编制摘录表时相邻时段合并不得跨越的段制,整型。如规定摘录表中合并量不得跨越 4 段制的分段时间,则填"4"。该项是测站相对固定的段值,具有明显的测站特征,所以又称为"特征段制"。

合并标准:摘录表合并时单位时间降水量不得超过的标准,实型。例如,规定摘录表中当相邻时段的降水强度小于或等于 2.5 mm/h 时可不合并,则填"2.5"。

表①表②:编制"各时段最大降水量表①"或"各时段最大降水量表②"的控制信息,整型。做表①填"1",做表②填"2",同时做表①表②填"3"。

10.3.3.2　测站分组信息

1.测站分组信息文件的命名

流域水系编码 + "_" + 分区编码 + ".RND"

2.测站分组信息的数据结构

测站分组信息由流域水系及分区名称、站次、测站编码、河名、站名等组成。流域水系及分区名称为一个记录;其他各项每站一个记录,各项之间用逗号","分开。

各项的含义、数据类型、值域同测站控制信息。

10.3.3.3　降水量数据

降水量数据是测站当年的降水量整编原始数据。由控制数据、正文数据、说明数据三部分组成。

1.测站基本数据文件的命名

测站编码 + 年份 + ".POG"

2.控制数据

控制数据包括年份、测站编码、摘录段数和摘录时段。

年份:资料年份,整型。填记四位公元年号,如 2002。

测站编码:填统一的测站编码,字符型。填记 8 位数字字符。

摘录段数:摘录表的摘录段数,整型。同时,表示摘录段制合并强度是否相同的信息。不做摘录表填记。否则填记分段摘录的摘录段数。当摘录段数或(如小河站)时,在摘录时段冠以负号"－"。

摘录时段:顺序填列每一摘录时段的起始时间、终止时间。如果各摘录时段的摘录段制或者合并标准不一致,应填列各段的摘录段制和合并标准。起始时间和终止时间均采用组合时间,字符型;摘录时段和合并标准分别为整型和实型。

【例1】　某站分段摘录时间为 5 月 17 日 12 时至 5 月 22 日 19 时,6 月 1 日 8 时至 10 月 1 日 8 时,10 月 5 日 14 时至 10 月 8 日 2 时,在控制信息段中的 ZD 填记"3",本数据段整理为:

起	讫
51712,	52219,
60108,	100108,

100514,　　　　　　100802,

【例2】　某站分段摘录时间、段制及合并标准分别为5月17日12时至5月22日19时，采用4段制摘录合并强度为2.5 mm/h；6月1日8时至10月1日8时，采用48段制合并强度为3.0 mm/h，10月5日14时至10月8日2时采用12段制合并强度采用2.0 mm/h，在控制信息段中的ZD填记"-3"，本数据段为：

起	止	时段	强度
51712,	52219,	4,	2.5,
60108,	100108,	48,	3.0,
100514,	100802,	12,	2.0,

3.正文数据

正文数据是降水量观测的基本数据，包括观测时间、降水量、观测物符号、整编符号、观测段制和合并标准等。各数据之间用逗号","分开。

观测时间(字符型)：降水量观测时间的月、日、时分别用两位整数表示，分钟用两位小数表示，组成一个时间信息，其基本形式如下：

$$* *　* *　* *　.　* *$$
$$月　　日　　时　　　分$$

可以省略起始时段时间，系统在运行时将自动恢复。

降水量(实型)：由四位数字和一位小数组成，可表示的最大降水量为9 999.9 mm。可以是时段量，也可以是坐标量，但必须与测站控制信息中的整理方法一致。

观测物(字符型)：观测物符号包括雪(＊)、雨夹雪(·＊)、雹(A)、雹夹雪(A＊)、霜(U)和雾(※)等六种。

整编符号(字符型)：包括缺测"-"、合并"!"、不全")"、插补"@"、欠准"?"、改正"+"、停测"W"和分列"Q"等八种。

观测段制(整型)：是指实际观测采用的段制。自记记录的观测段制用99表示。

合并标准(实型)：是指摘录表中相邻时段合并时，降水强度不能超过的标准。

4.说明数据

字符型量，包括逐日降水量表、降水量摘录表和各时段最大降水量表中的附注内容。上述各表的附注文字录入测站基本数据文件的末尾，并在三种附注前分别冠以"/ZR""/ZL"和"/TZ"。某表没有附注时，其前冠可以省略。

5.适应于本软件的资料整编数据

2007,1,0,0,1,0,
042307.20,101310.10,
060108.00,100108.00,
042307.20,0,
042307.25,0.2,
042307.50,0,
042307.55,0.2,
042308.20,0,

⋮

6.适应于南方版的资料整编数据

2007,1,0,0,1,0,

080606.00,101209.00,

POG02 = {080606.00,0

080606.05,1.6

080606.10,0.8

080606.15,0

080606.20,0.2

080606.40,0

080606.45,0.2

⋮

101207.40,0.2

101207.50,0

101207.55,0.2

101208.25,0

101208.30,0.2

101208.55,0

101209.00,0.2

}

10.3.3.4 蒸发量数据

蒸发量测站基本数据是测站当年的水面蒸发量整编原始数据,包括两方面的内容:水面蒸发量基本数据和水面蒸发量辅助项目观测数据。水面蒸发量基本数据由控制数据、正文数据、说明数据三部分组成。

1.蒸发量数据文件的命名

水面蒸发量基本数据文件:测站编码 + 年份 + ".EAG"。

水面蒸发量辅助项目观测数据文件:测站编码 + 年份 + ".EMG"。

2.水面蒸发量数据文件

1)控制数据

控制数据包括年份、测站编码和月年统计信息。

年份:资料年份,整型。填记四位公元年号,如 2002。

测站编码:填统一的测站编码,字符型。填记 8 位数字字符。

月年统计信息:是否进行月统计和年统计的标志,整型量,共 13 项。统计填"1",否则填"0"。

2)水面蒸发量数据文件正文数据

正文数据是水面蒸发观测的基本数据,它包括蒸发器位置特征、蒸发器形式、每日的水面蒸发量和观测物符号、整编符号等。各数据之间用逗号","分开。蒸发量排列顺序按时间顺序。每月的上、中、下旬各为一个记录。

水面蒸发量数据文件说明数据,字符型量,可以包含汉字字符和数字字符。

水面蒸发量数据文件实例:

2003,40920050

陆上水面蒸发场,4~10 月用 E601 型蒸发器其余时间用 20 cm 口径蒸发器

1,1,1,1,1,1,1,1,1,1,1,1,1,0

0.5B,0.5B,3.2B,1.1B,2.1B,1.7B,0.1B,0.4B,0.4B,0.4B

4.4B,4.3B,1.1B,1.4B,1.2B,1.9B,1.2B,2.4B,1.2B,1.6B

1.4,1.5B,1.4B,1.3B,2.7B,2.9B,3.4,2.4,0.1,1.8,2.2

4.8,6.2,4.2,2.7,1.4B,2.5,7.4,3.3B,1.8B,0.6B

1.7B,3.6B,3.6B,3.9,4.1,4.7,2.7,0.9,0.7,0.8

1.3,0.8,2.2,2.6,7.4B,4.6,1.5,4.8

5.3,4.1,5.5,4.8,5.3,5.9,6.1,5.6,1.9,1.7

0.8,3.8,1.0,2.3,3.7,4.9,4.7,2.9,2.8,5.5

2.9,4.1,4.6,4.2,5.8,2.0,1.8,3.6,1.1,0.3,1.0

2.9,2.3,2.8,3.0,6.1,4.9,3.9,4.3,4.7,5.3

4.5,2.5,1.7,5.4,2.0,2.9,3.4,4.3,4.8,4.1

4.0,2.4,3.1,1.9,5.4,5.5,3.9,4.0,4.0,3.3

4.5,6.2,2.8,2.6,6.4,4.2,7.0,3.2,3.2,3.0

1.4,2.3,4.0,5.6,4.8,6.0,3.3,6.9,5.7,8.1

8.5,7.4,7.9,5.4,4.5,4.2,4.3,3.7,3.6,1.4,1.3

6.5,5.1,2.7,5.4,5.3,2.9,3.3,2.0,1.8,0.5

3.0,5.4,1.9,3.8,4.2,3.7,5.6,2.8,1.4,1.6

2.8,0.5,0.6,2.0,2.8,5.2,2.6,4.3,4.6,4.0

4.2,6.0,4.8,4.2,4.7,5.3,4.5,7.4,2.6,1.0

2.3,3.1,2.3,2.4,3.4,1.5,3.6,5.2,2.0,1.8

2.8,1.6,2.2,3.2,3.4,4.3,3.6,3.8,3.4,2.4,4.9

2.9,1.1,0.0,2.0,0.6,0.1,1.2,0.7,1.0,0.2

0.0+,0.2,0.0+,1.1,1.6,2.4,4.4,3.1,3.4,2.7

2.6,3.0,3.3,2.8,1.4,0.8,0.2,1.1,2.4,4.1,2.1

2.8,2.4,1.5,1.5,0.9,0.9,0.3,0.0+,0.0,0.1

0.0+,1.7,1.3,2.2,1.4,0.1,0.0+,1.0,1.1,1.9

3.8,3.1,2.4,2.3,1.3,0.7,1.0,2.3,2.6,1.4

1.6,1.5,2.2,1.9,1.1,0.7,0.9,1.2,4.3,4.9B

2.9,0.4,0.6,1.3,1.4,0.5,0.6B,3.2B,0.8B,1.0B

1.0B,1.9,1.6B,2.1,0.4,0.0,0.7,2.9B,2.4B,1.0,1.1B

0.2B,0.0,1.5B,1.1,2.7B,1.1B,1.0,2.7B,1.5B,1.2

0.2,1.1B,3.0B,0.7B,0.6B,1.1B,1.7B,1.7B,0.4B,0.4B

0.3B,0.7B,2.8B,1.4B,4.6B,1.7B,0.6B,0.6B,0.4B,0.7B

4.5B,2.6B,1.2B,1.0B,2.4B,1.1B,1.0B,1.0B,1.7B,0.4B

0.4B,0.3B,0.7B,2.8B,1.4B,4.6B,1.7B,0.6B,1.7B,0.4B

0.4B,0.3B,0.7B,2.8B,1.4B,4.6B,1.7B,0.6B,1.0B,1.0B,0.8B

两种蒸发器

3．蒸发量辅助项目观测数据文件

蒸发量辅助项目观测数据由控制数据、正文数据、说明数据三部分组成。

1）控制数据

年份：资料年份，整型。填记四位公元年号，如 2002。

测站编码：填统一的测站编码，字符型。填记 8 位数字字符。

观测高度：实型量。

2）正文数据

正文数据包括辅助项目的观测高度、观测高度处的气温、水汽压、水汽压力差和风速各旬的平均值。按时间顺序录入。

3）说明数据

字符型量，可以包含汉字字符和数字字符。

考虑到逐月录入相关数据比较方便，所以辅助项目观测数据结构为每月的数据构成一个记录。例如：

2003,40920050

1.5

−0.9,3.2,2.1,1.5,14.6,4.7,5.6,5.6,5.3,15.9,1.7,2.3,2.3,2.1,5.1,0.7,1.1,1.1,0.9,0.9

3.1,3.3,5.8,4.0,14.6,6.1,6.7,8.4,7.0,15.9,2.7,2.4,2.0,2.4,5.1,0.9,0.8,1.0,0.9,0.9

4.4,6.2,14.0,8.4,14.6,6.9,8.4,13.0,9.6,15.9,2.8,2.5,4.4,3.3,5.1,1.3,1.0,1.1,1.1,0.9

12.2,15.0,15.5,14.3,14.6,11.5,14.1,15.5,13.7,15.9,5.1,4.9,4.6,4.9,5.1,1.2,1.0,0.7,1.0,0.9

18.5,20.3,23.2,20.7,14.6,17.9,19.9,21.0,19.7,15.9,5.8,6.3,9.2,7.2,5.1,0.8,0.4,0.5,0.5,0.9

25.6,26.2,25.2,25.6,14.6,22.1,21.8,27.7,23.9,15.9,10.0,10.8,7.1,9.3,5.1,1.0,1.0,0.9,1.0,0.9

24.1,24.2,32.1,25.9,14.6,27.1,27.6,38.7,30.1,15.9,6.5,5.3,8.9,6.6,5.1,0.5,0.9,1.4,0.9,0.9

29.3,22.0,24.5,25.2,14.6,34.4,25.0,29.2,29.5,15.9,9.6,4.4,6.4,6.8,5.1,0.8,0.7,0.9,0.8,0.9

21.3,23.9,22.2,22.4,14.6,24.0,25.4,20.3,23.2,15.9,3.8,8.1,8.8,6.9,5.1,0.8,1.2,0.8,0.9,0.9

16.0,13.6,16.2,15.3,14.6,17.5,11.8,11.9,13.7,15.9,2.9,5.8,6.5,5.1,5.1,0.7,1.6,0.8,1.0,0.9

11.2,8.4,6.6,8.7,14.6,10.8,9.1,7.9,9.3,15.9,4.9,3.0,3.5,3.8,5.1,1.6,0.7,0.6,1.0,0.9

3.1,1.1,3.8,2.7,14.6,6.9,5.2,5.2,5.7,15.9,2.8,2.9,3.3,3.0,5.1,0.6,0.4,0.5,0.5,0.9

10.3.4　目录结构

10.3.4.1　GPEP 目录结构图

GPEP 目录结构图见图 10-1。

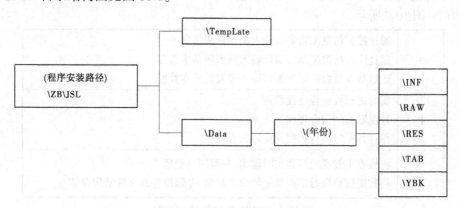

图 10-1　GPEP 目录结构图

10.3.4.2　GPEP 目录结构说明

GPEP 的程序文件安装在用户选定的安装位置,默认为 \Program Files\ZB\JSL 文件夹。

安装程序会在安装目录下创建"TempLate"文件夹,存储各种报表的模板文件。

运行过程中,程序会跟据需要在安装目录下实时创建"Data"文件夹,根据运行的内容、阶段实时创建年份文件夹如"2004",并根据产生资料的类型实时自动创建不同数据类型的文件夹。各文件夹所对应的文件列表如表 10-1 所示。

表 10-1　各类文件的扩展名及其存储位置表

文件分类	文件类型	文件夹	扩展名	蒸发量	
				文件夹	扩展名
控制信息	文本	INF	PZM		
测站基本数据	文本	RAW	POG	RAW\EAG	EAG
无表格成果	文本	RES	PAR PPR PER PFR	RES\EAR RES\EMR	EAR EMR
整编成果表	Excel	TAB	PAL PPL PEL PFL	TAB\EAL TAB\EML	EAL EML
成果排版数据	文本	YBK	PAL PPL PEL PFL	YBK\EAL YBK\EML	EAL EML

10.4　GPEP 的使用概述

　　本软件的功能与系统的输入源机构、输出接收机构之间的相互关系由 IPO 图表示，如图 10-2~图 10-7 所示。

I	通过控制信息编辑窗口输入测站控制信息 通过降水量数据编辑窗口输入降水量基本数据 通过蒸发量数据编辑窗口输入蒸发量基本数据
P	实时进行数据合理性检查 控制数据结构合理性 保存数据时进行数据完整性检查
O	将检查中发现的问题实时输出，提醒用户处理 将数据按照数据结构规定的命名规则、存储位置和文件结构存储

图 10-2　GPEP 数据整理 IPO 图

I	从整编计算控制窗口获取用户选定的执行内容和执行方式 按照数据结构规定的命名规则、存储位置和文件结构读取基本数据 读取测站控制信息数据
P	进行数据合理性检查 根据用户选定的执行内容和执行方式以及控制信息进行分析计算
O	将计算结果按照数据结构规定的命名规则、存储位置和文件结构存储 将处理过程中的错误、异常和运行记录存储以供用户查阅

图 10-3　GPEP 整编计算 IPO 图

I	用户输入操作控制信息 按照命名规则和文件结构从整编计算结果中读取相关数据 读取测站控制信息数据
P	进行数据合理性检查 进行数据格式化 按照命名规则和文件结构将相关数据编制为 Excel 表格 按照命名规则和文件结构将相关数据编制为年鉴排版格式
O	按照命名规则和文件结构编制及存储相关表格文件 按照命名规则和文件结构编制及存储相关年鉴排版格式数据文件 将处理过程中的错误、异常和运行记录存储以供用户查阅 打印相关文件

图 10-4　GPEP 成果输出 IPO 图

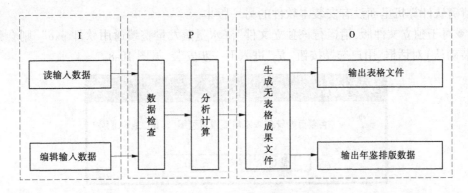

图 10-5 GPEP 计算制表 IPO 图

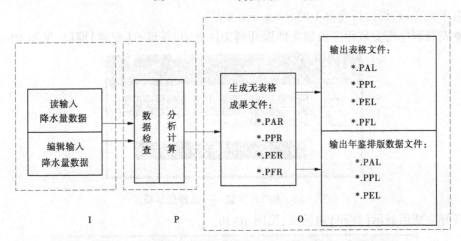

图 10-6 降水量资料整编 IPO 图

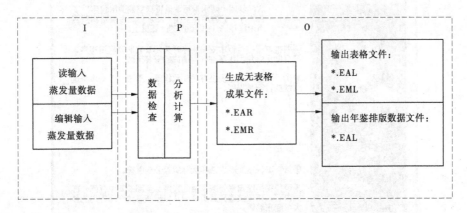

图 10-7 蒸发量资料整编 IPO 图

10.4.1 安装与卸载 GPEP

10.4.1.1 安装 GPEP

GPEP 为单机版软件,有两种不同的安装版本:独立文件版和光盘版。在开始安装之前,请确认计算机里面没有安装本软件的另一版本。

◆对于独立文件版,请运行该独立文件"降水量蒸发量整编通用软件.exe",则会弹出【安装确认】对话框,用户选择按钮"是"进入下一步安装,见图10-8。

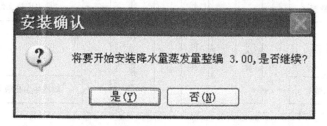

图 10-8　GPEP 安装——安装确认对话框

对于光盘版,请运行光盘上的 Setup.exe 文件。

◆安装程序将安装程序数据文件展开到文件夹中,并显示【安装】窗口,见图10-9。

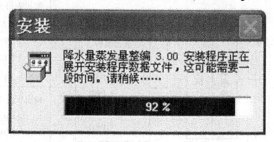

图 10-9　GPEP 安装——准备显示框

展开完成后显示【欢迎】对话框,见图10-10。

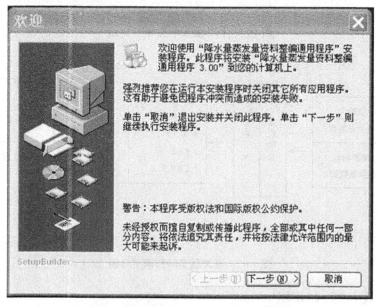

图 10-10　GPEP 安装——欢迎对话框

◆单击"下一步",显示【用户信息】对话框,见图 10-11。

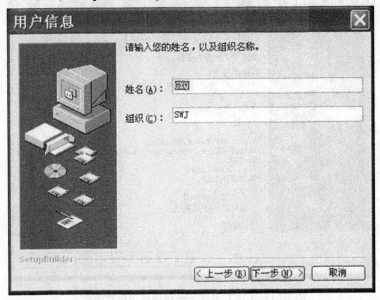

图 10-11　GPEP 安装——用户信息对话框

◆单击"下一步",显示【选择程序安装位置】对话框,见图 10-12。

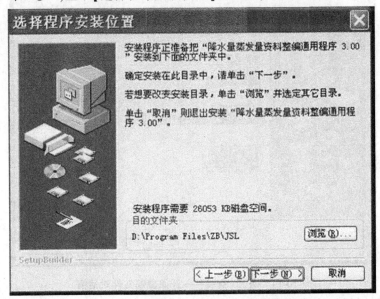

图 10-12　GPEP 安装——选择程序安装位置对话框

　◆在【选择程序安装位置】对话框中列出了默认的安装位置,用户可以单击"浏览"按钮选择其他安装位置。选择安装位置后单击"下一步",显示【选择程序组】对话框,见图 10-13。

　◆在【选择程序组】对话框中列出了默认的程序组并列除了"已有程序组名列表",用户选择或建立新的程序组。单击"下一步",显示【开始复制文件】对话框,见图 10-14。

图 10-13　GPEP 安装——选择程序组对话框

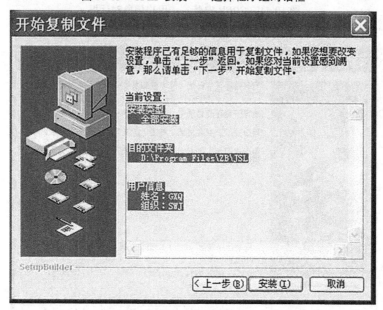

图 10-14　GPEP 安装——开始复制文件对话框

◆在【开始复制文件】对话框中列出了相关安装。单击"下一步"开始复制文件,见图 10-15。

◆复制文件完成后,安装程序进行相关文件的注册,并显示【安装完成】对话框。单击"完成"按钮以结束安装,见图 10-16。

安装程序会在 Windows 的"开始菜单"的"程序"项下建立"水文资料整编\降水量蒸发量资料整编"程序组;并且在桌面上生成程序快捷方式: GPEP。"降水量蒸发量资料整编"程序组包括下列程序项:

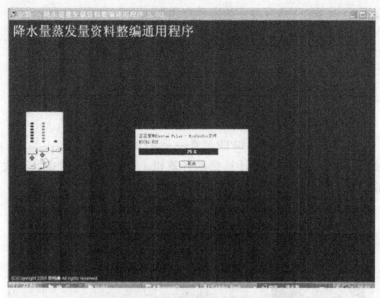

图 10-15　GPEP 安装——安装过程对话框

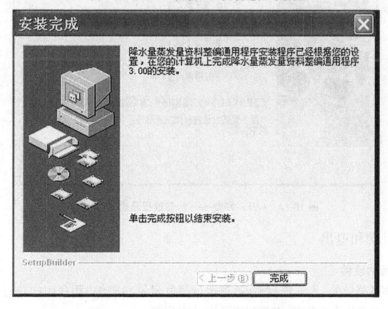

图 10-16　GPEP 安装——完成安装对话框

　　降蒸资料整编 GPEP；

　　GPEP 演示文档；

　　GPEP 自述文件；

　　GPEP 帮助；

　　卸载 GPEP。

10.4.1.2　卸载 GPEP

　　◆从开始菜单中选择"降水量蒸发量资料整编"程序组,执行其中的"卸载 GPEP"命令,则出现【确认文件删除】消息框。单击"是"开始卸载 GPEP,见图 10-17。

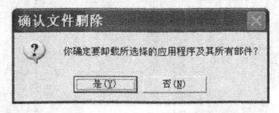

图 10-17　GPEP 卸载——卸载确认对话框

◆卸载过程和卸载完毕后显示【从您的计算机上删除程序】窗口。卸载完毕后单击"确定",完成全部卸载工作,见图 10-18。

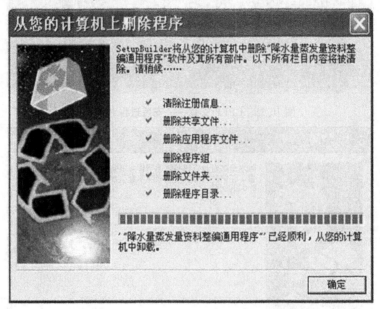

图 10-18　GPEP 卸载——卸载过程及确认对话框

10.4.2　启动和退出

10.4.2.1　启动软件

从【开始】菜单的"水文资料整编\降水量蒸发量资料整编"程序组中执行"降蒸资料整编"命令,或者从桌面运行 GPEP,即可启动本程序。

10.4.2.2　退出软件

从本程序的【文件】菜单中执行【退出】命令即可退出本程序。

10.4.3　初始化 GPEP

GPEP 安装成功后无须明确地初始化。但是,首要的操作应当是建立相应年份的测站控制信息文件;否则,其他操作将会受到限制。

10.4.4 GPEP 主窗口

GPEP 启动后首先出现的是主窗口(见图 10-19),GPEP 的各项功能性操作均可以由这里开始。

图 10-19 GPEP 主窗口

GPEP 主窗口中主要包括菜单条、工具栏。其中,菜单内包含了工具栏所有按钮的功能,工具栏可以根据用户的选择而显示或者隐藏,见图 10-20。

图 10-20 GPEP 主窗口的菜单条和工具栏

GPEP 主窗口包含的菜单项有文件(F)、数据(D)、计算(C)、制表(A)、工具(T)、帮助(H)菜单。

主菜单项后括号"( )"中的字符为键盘选择方式,可按<Alt>+相应字符进行选择。如<Alt>F,选择【文件】菜单。

10.5 测站控制信息数据整理

测站控制信息有站次、测站编码、河名、站名、整理方法、摘录输出、观测段制、跨越段制、合并标准、表①表②、滑动间隔等 11 项,各项之间用逗号","分开。其文件名为"JSL" + 年份 + ".PZM"。测站控制信息的数据结构详见 10.3.3.1。

从主窗口的"数据"菜单中执行"测站控制信息"命令,也可以执行工具栏上的"测站信息"命令,打开【测站控制信息】窗口,新建一个测站控制信息文件,见图 10-21。

图 10-21 GPEP 主窗口——数据菜单

10.5.1 文件操作

10.5.1.1 打开测站控制信息文件

从"文件"菜单执行"打开"命令,在【打开】对话框中选定要打开的测站控制信息文件,单击"打开"即可,见图 10-22。

10.5.1.2 保存测站控制信息文件

从"文件"菜单执行"保存"命令。在【另存为】对话框中选定或输入要保存的测站控制信息文件名,单击"保存"即可。

10.5.1.3 导入 Win 版数据

从"文件"菜单执行"导入 Win 版数据"命令。在【打开】对话框中选定要导入的测站控制信息文件,单击"打开",将其数据插入到测站控制信息表的末尾。

图 10-22 GPEP 主窗口——文件菜单

插入后的站次,在现有最大站次之上累计加 1。

"导入 Win 版数据"只是读入本软件现用版本的数据。

10.5.1.4 导入 FOR 版数据

从"文件"菜单执行"导入 FOR 版数据"命令。在【测站控制信息导入】对话框中,点击"浏览"按钮,在【打开】对话框中选定要导入的"整编降水量资料全国通用程序"98 版测站控制信息文件,单击"打开",其测站控制信息将列于"所有测站"列表框中。选择需要导入的测站,点击▷将其列入"选定测站"列表框中。单击"确定"完成将选定的测站控制信息转换为当前版本的数据插入到测站控制信息表的末尾,见图 10-23。

插入后的站次,在现有最大站次之上累计加 1。

其中:

▷添加选择的部分;

»添加全部;

◁删除选择的部分;

«删除全部。

10.5.2 测站控制信息编辑

测站控制信息的编辑,首先应在"年份"下拉列表框中输入或选择资料年份,然后在测站控制信息表中依次编辑各站的站次、测站编码、河名、站名、整理方法、摘录输出、观测段制、跨越段制、合并标准、表①表②、滑动间隔等 11 项数据,见图 10-24。

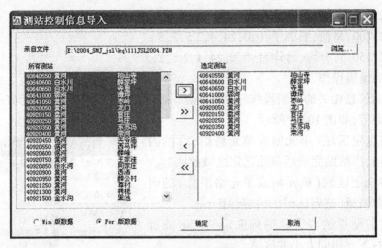

图 10-23　测站控制信息导入对话框

序号	站次	测站代码	河名	站名	整理方法	摘录输出	观测段制	筛越段制	合并标准	表①表②	滑动间隔
1	1	40640550	黄河	柏山寺	0	2	24	4	2.5	2	5
2	2	40640600	白水川	薛家坪	0	2	24	4	2.5	2	5
3	3	40640650	白水川	寺里	0	2	24	4	2.5	2	5
4	4	40641000	鄂河	谭坪	0	2	24	4	2.5	2	5
5	5	40641050	黄河	枣岭	0	2	24	4	2.5	2	5
6	6	40920050	黄河	龙门	0	2	24	4	2.5	1	5
7	7	40920150	盆河	宫庄	0	2	24	4	2.5	2	5
8	8	40920250	黄河	马庄	0	2	24	4	2.5	2	5
9	9	40920350	黄河	东苏冯	0	2	24	4	2.5	2	5
10	10	40920400	黄河	索河	0	2	24	4	2.5	1	5
11	11	40920450	偲河	关爷庙	0	2	24	4	2.5	2	5
12	12	40920500	偲河	西马坪	0	2	24	4	2.5	2	5
13	13	40920800	偲河	薛峰	0	2	24	4	2.5	2	5
14	14	40920750	黄河	王家洼	0	2	24	4	2.5	2	5
15	15	40920950	偲水河	同家庄	0	2	24	4	2.5	2	5
16	16	40920900	黄河	西淸	0	2	24	4	2.5	2	5
17	17	40920950	黄河	薛公村	0	2	24	4	2.5	1	5
18	18	40921250	黄河	薜村	0	2	12	4	2.5	2	5
19	19	40921300	黄河	柯裾	0	2	24	4	2.5	2	5
20	20	40921500	金水沟	黑池	0	2	24	4	2.5	2	5
21	21	40921550	金水沟	露井	0	2	24	4	2.5	2	5
22	22	40921700	黄河	两宜	0	2	24	4	2.5	2	5
23	23	40923350	潦水河	三路里	0	2	24	4	2.5	2	5

图 10-24　测站控制信息编辑窗口

　　每一项编辑完成后,按回车键结束本项录入并将光标定位到下一个编辑单元格。

　　编辑完毕后,从【测站控制信息】的"文件"菜单中执行"保存"命令,将用户录入的测站控制信息数据保存下来。文件名为:"JSL" + 年份 + ".PZM"。某测区 2004 年的测站控制信息文件名为"JSL2004.PZM",内容如下:

　　6,41120750,菜子河,菜子河,0,0,24,4,2.5,1,5

　　7,41120900,咸河,宏伟,0,0,24,4,2.5,2,5

　　8,41120950,咸河,种和,0,0,24,4,2.5,2,5

　　9,41121000,咸河,独庄子,0,0,12,4,2.5,2,5

　　10,41121050,咸河,渭阳,0,0,12,4,2.5,2,5

　　11,41121100,渭河,文峰镇,0,0,24,4,2.5,2,5

12,41121150,大妙娥沟,赤沟里,0,0,24,4,2.5,2,5

13,41121200,漳河,酒店子,0,0,24,4,2.5,2,5

14,41121250,竹林沟,沙沟台,0,0,24,4,2.5,2,5

➢相关的编辑操作

测站控制信息相关的编辑操作与 Windows 一般的编辑操作相似,包括剪切、复制、粘贴、插入、删除等,如图 10-25 所示。

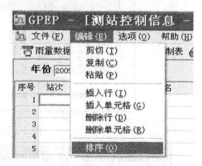

剪切:将选定区域(单元格或单元格组合)的内容放入剪贴板,当粘贴完成后删除选定区域的内容。

复制:将选定区域(单元格或单元格组合)的内容副本放入剪贴板(选定区域的内容保留)。

粘贴:将剪贴板的内容粘贴到选定的区域或者选定单元格右下方相同大小的区域。

剪切、复制和粘贴操作,在选定操作区域后从"编辑"菜单中执行相应的命令。

图 10-25 测站控制信息
编辑窗口——编辑菜单

插入行:在活动单元格所在行或者选定一行的位置插入一行空白区域。插入多行的方法是,在要插入的位置向下连续选择多行,或者在要插入的位置向下连续选择多个单元格,然后从"编辑"菜单中执行"插入行"命令。

插入单元格:激活一个单元格,从"编辑"菜单中执行"插入单元格"命令,自该位置起,活动单元格所在的列向下移动一格,活动单元格所在的位置插入一个空白单元格。

删除行:将活动单元格所在行或者选定行删除。插入多行的方法是,在要删除的位置向下连续选择多行,或者在要插入的位置向下连续选择多个单元格,然后从"编辑"菜单中执行"删除行"命令。

删除单元格:激活一个单元格,从"编辑"菜单中执行"删除单元格"命令,该单元格被删除,自该位置的下一个单元格起,活动单元格所在的列向上移动一格。

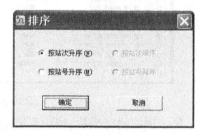

排序:将测站控制信息按站次或按测站编码排序。从"编辑"菜单中执行"排序"命令,从如图 10-26 所示的【排序】对话框中选择排序依据,按"确定"按钮即可完成排序。

图 10-26 测站控制信息排序对话框

10.6 降水量数据整理

降水量数据包括控制数据、正文数据和说明数据等三部分,其文件名为"测站编码"+年份 +".POG"。

➢控制数据包括年份、测站编码、摘录段数和摘录时段。其中,每一个摘录时段为一个记录。各数据之间用逗号","分开。

➤正文数据是降水量观测的基本数据,每一组正文数据包括观测时间、降水量、观测物符号、整编符号、观测段制等。各数据之间用逗号","分开。

➤说明数据包括逐日降水量表、降水量摘录表的附注内容。上述各表的附注文字位于正文数据之后,并在两种附注数据前分别冠以"/ZR""/ZL"。某表没有附注时,其前冠可以省略。

降水量数据的数据结构详见 10.3.3.3。

降水量数据整理包括编辑、自记数据转换、导入 FOR 版数据、单站校和批量校对,见图 10-27。

图 10-27　GPEP 主窗口—数据—降水量数据

10.6.1　降水量数据编辑

从主窗口的"数据–降水量数据"菜单中执行"编辑"命令,也可以执行工具栏上的"雨量数据"命令,打开【降水量数据】编辑窗口,新建一个降水量数据文件。

10.6.1.1　文件操作

1.打开降水量数据文件

从"文件"菜单执行"打开"命令,在【打开】对话框中选定要打开的降水量数据文件,单击"打开"即可,见图 10-28。

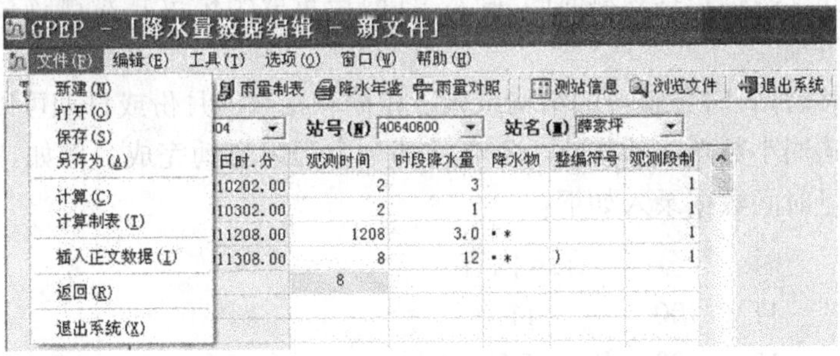

图 10-28　降水量数据编辑窗口——文件菜单

2.保存测站控制信息文件

从"文件"菜单执行"保存"命令。在【另存为】对话框中选定或输入要保存的测站控制信息文件名,单击"保存"即可。默认的存储文件位置和文件名是:

"\Data\"+"年份"+"\RAW\"+"站号"+"年份"+".POG"

10.6.1.2　数据编辑

降水量数据编辑窗口如图 10-29 所示。

1.控制数据编辑

降水量控制数据编辑区由年份、站号和摘录时段组成。

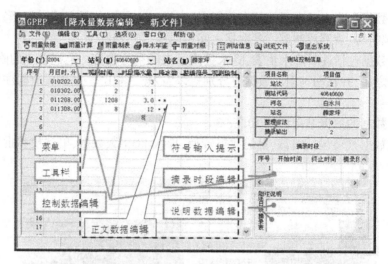

图 10-29　降水量数据编辑窗口——各区域组成及功能

年份:在"年份"下拉列表框中选择。

测站编码:在"站号"下拉列表框中选择。也可以选择站名,由系统选择对应的测站编码。

摘录时段:在摘录时段编辑区编辑。开始时间和终止时间均为月日时分组合形式。摘录段制与合并标准应同时省略或同时录入。

存储数据时,GPEP 自动记录摘录时段数。

2.正文数据编辑

【降水量数据编辑】窗口(见图 10-29)中虚线框内的区域为降水量正文数据编辑区。每一组降水量正文数据包括观测时间、降水量(时段量或坐标量)、观测物符号、整编符号和观测段制等五项。

观测时间:以月日时分组合的结构录入。相同和相邻的月份或日期可以省略,当分钟数为零时可以连同小数点一并省略。省略的部分由程序自动完成。例如,3 月 31 日至 4 月 2 日的降水量时间数据录入如下:

月	日	时	分	录入内容
3	31	11	00	11
		15	20	15.2
4	1	2		2
		6		6
	2	4		4

时段降水量:填记该时段内的降水量数值。小数点及其后的零可以一并省略。降水时段开始时间的降水量填"0"。降水时段开始时间及其降水量可以一并省略。

观测物:观测物(符号)也称为降水物符号,包括雪(*)、雨夹雪(· *)、雹(A)、雹夹雪(A *)、霜(U)和雾(※)等六种,字符型。当光标定位于"观测物"一列时,右侧的【观测物符号表】在【符号输入提示区】列出各观测物的名称、符号及其相应的键盘代码,用户可以按其代码输入,也可以直接输入符号,见图 10-30(a)。

整编符号:包括缺测"—"、合并"!"、不全")"、插补"@"、欠准"?"、改正"+"、停测"W"和分列"Q"等八种,字符型,如图 10-30(b)所示。录入整编符号的操作方法与观测物符号相同,如图 10-30(b)所示。

降水物符号表			
项目名称	符号	代码	键符
雨		1	
雪	*	2	*
雨夹雪	·*	3	·
雹	A	4	A
雹夹雪	A*	5	X
霜	U	6	U
雾	※	7	W

(a)降水物符号表

整编符号表			
项目名称	符号	代码	键符
正常		1	
缺测	–	2	–
合并	!	3	!
不全	)	4	)
插补	@	5	@
欠准	?	6	?
改正	+	7	+
停测	W	8	W
分列	Q	9	Q

(b)整编符号表

图 10-30 降水物符号和整编符号

观测段制:人工观测段制填记实际的观测段制,自记记录的观测段制填"0"或任其空白,整型,如图 10-31 所示。录入整编符号的操作方法与观测物符号相同。

观测段制表			
项目名称	符号	代码	键符
一	1	1	1
二	2	2	2
四	4	4	4
六	6	6	6
八	8	8	8
十二	12	12	12
二十四	24	24	24
四十八	48	48	48
自记	99	99	99

(a)观测段制表

测站控制信息	
项目名称	项目值
站次	2
测站代码	40640600
河名	白水川
站名	薛家坪
整理方法	0
摘录输出	2
观测段制	24
跨越段制	4
合并标准	2.5
表①表②	2
滑动间隔	5

(b)控制数据表

图 10-31 观测段制和控制数据

当光标置于【正文数据编辑区】的其他列时,【符号输入提示区】列出了该站的测站控制信息。

相同符号自动添加:GPEP 默认的符号编辑方式为"相同符号自动添加"。即:如果某列连续各行的符号相同,只要在首行输入该符号,则其后各行将自动加入该符号。从"选项"菜单中的乒乓命令"相同符号自动添加/取消自动添加"可以在两者之间切换。

纵向录入:如果用户习惯于纵向整理数据,则从"选项"菜单中的乒乓命令"纵向录入/横向录入",可以在两者之间切换。

3.说明数据编辑

说明数据:说明数据编辑区包括逐日表附注说明编辑框和摘录表附注说明编辑框。如果某表有附注说明,在相应的编辑框中直接录入。附注字冠由 GPEP 添加。

各部分数据编辑完成后,从该窗口的"文件"菜单中执行"保存"命令,则编辑的数据存入 测站编码 + 年份 + ".POG"中。

4.降水量数据文件实例

站号为 41643600 的某站 2003 年的降水量数据文件名为"416436002003.POG",文件内容实例如下:

```
2003,41643600,-8
060108.00,063012.00,24,2.5
070103.28,070923.30,1440,0
071110.00,081308.00,24,2.5
081320.30,081517.05,1440,0
082416.00,082701.00,24,2.5
082901.02,091118.00,1440,0
091409.00,092906.00,24,2.5
092907.00,100518.08,1440,0
010208.00,1.2,*,,1,2.5,
012208.00,3.5,*,,1,2.5,
012508.00,.2,*,,1,2.5,
012608.00,1.6,*,,1,2.5,
012708.00,1.8,*,,1,2.5,
…
070118.19,0,,,99,0,
070120.00,.7,,,99,0,
070120.13,.3,,,99,0,
070120.25,1,,,99,0,
…
101911.00,7.5,,,99,2.5,
101914.00,1.9,,,99,2.5,
101917.00,0,,,99,2.5,
101920.00,.5,,,99,2.5,
103011.00,0,,,99,2.5,
103014.00,1.3,,,99,2.5,
103016.00,.2,,,99,2.5,
110608.00,.2,,,1,2.5,
…
/ZR 小河站。
```

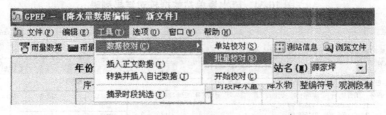

/ZL 8 月 24 日 16 至 18 时、8 月 25 日 14 至 16 时因仪器故障,合并摘录。

如果采用其他软件录制测站控制信息数据,则数据格式应符合其数据结构。

10.6.1.3 编辑菜单各命令的使用

【降水量数据编辑】窗口中相关的编辑操作与 Windows 一般的编辑操作相似,包括剪切、复制、粘贴、插入、删除等(如图 10-32 所示)。具体使用方法参见 10.5.2。

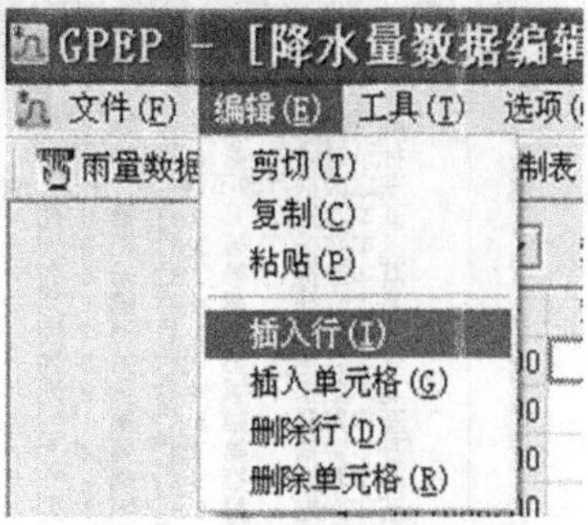

图 10-32 降水量数据编辑
窗口——编辑菜单

10.6.1.4 降水量数据校对

降水量数据校对包括单站数据校对和批量数据校对。主要用于降水量数据两录一校。窗口中的“工具”菜单的操作包括数据校对和摘录时段挑选等。

1.单站数据校对

➢在【降水量数据编辑】窗口(见图 10-33)从“工具—数据校对”菜单执行“单站校对”命令。或者在 GPEP【主窗口】,从“数据—降水量数据”菜单中执行“单站校对”命令。

图 10-33 降水量数据编辑窗口——工具菜单

➢根据 GPEP 的提示打开第一次录入的降水量数据文件,列于【降水量数据编辑】窗口。

➢打开第二次录入的降水量数据文件,列于【降水量数据校对】窗口。

➢执行“数据—降水量数据”菜单中的“开始校对”命令。

➢如果有错误,GPEP 显示【单站错误列表】对话框,列出错误所在的部分、行号、列号,并列出一录数值和二录数值,见图 10-34;在左下方提示错误信息文件存储的位置。同时,GPEP 将两次录入数据中错误的数据用红色突出显示,用户可以对照改正,见图 10-35。

➢如果没有错误,则 GPEP 提示“校对无误”。

2.批量数据校对

➢在【降水量数据编辑】窗口从“工具—数据校对”菜单执行“批量校对”命令。或者在 GPEP【主窗口】,从“数据—降水量数据”菜单中执行“批量校对”命令。

➢ GPEP 显示【降水量批量校对】对话框,见图 10-36。

➢在【降水量批量校对】对话框中分别选择“一录数据路径”“二录数据路径”“一录数据类型”“二录数据类型”,单击“校对”则 GPEP 开始逐站校对。

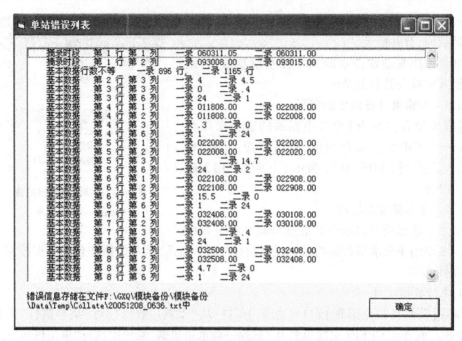

图 10-34   降水量单站数据校对结果列表

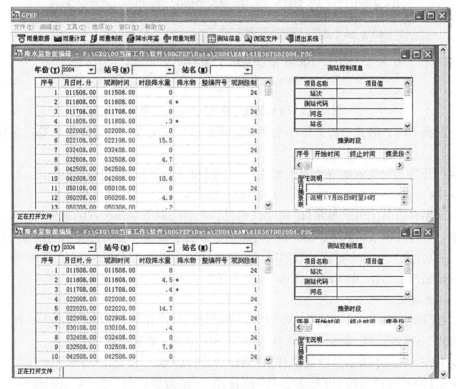

图 10-35   降水量单站数据校对突出显示错误数据

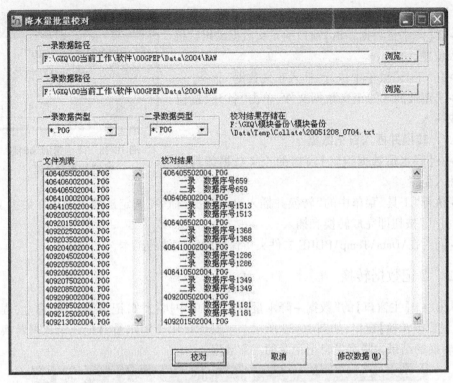

图 10-36　降水量数据批量校对文件选择及结果列表

➢在【降水量批量校对】对话框的"校对结果"中列出了各个文件的校对结果和"一录数据序号""二录数据序号"。

➢提示错误信息的存储位置。

➢按照错误信息记录逐站逐项进行修改,即完成整个校对过程,见图 10-37。

图 10-37　降水量数据批量校对完成提示对话框

10.6.1.5　降水量摘录时段挑选

降水量摘录时段的确定是一项艰苦的工作,并且容易漏掉摘录时段,主要原因是非汛期摘录标准需要进行时段量的比较。GPEP 根据《水文资料整编规范》和黄委会水文局的补充规定进行摘录时段的挑选,减少差错,节省人力。其操作步骤如下:

➢打开降水量数据文件。

➢在【降水量数据编辑】窗口执行"工具"菜单中的"摘录时段挑选"命令,GPEP 开始挑选摘录时段,挑选完成后列于如图 10-38 所示的消息框中。

➢确认挑选正确后单击"是"将其填入"摘录时段表"中。

10.6.1.6 插入自记数据

➢在【降水量数据编辑】窗口的正文数据编辑区选中插入位置。

➢在"工具"菜单中执行"插入正文数据"命令。

➢选定被插入的正文数据文件,单击"打开"按钮即完成插入。

图 10-38　降水量摘录时段挑选结果对话框

10.6.1.7 转换并插入自记数据

➢在【降水量数据编辑】窗口的正文数据编辑区选中插入位置。

➢执行"工具"菜单中的"转换并插入自记数据"命令,选定被插入的正文数据文件,单击"打开"按钮即完成转换和插入。

➢同时在\Data\Temp\PDRF 文件夹中保留转换文件的副本。

10.6.2　自记数据转换

从 GPEP【主窗口】的"数据—降水量数据"菜单中执行"自记数据转换"命令,程序打开【自记数据转换】窗口,如图 10-39 所示。本操作是用于降水量自记记录数据转换批量作业,转换的结果为降水量自记记录的正文数据。

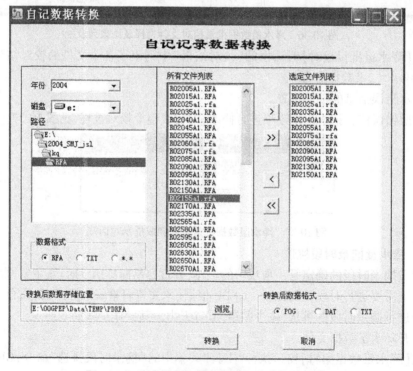

图 10-39　降水量自记数据转换文件选择对话框

➢选定所需转换资料的年份、磁盘分区和存储自记记录数据的文件夹后,在"所有文件列表"中列出了该文件夹中所有的同类文件。

➤选择需要转换的文件,点击⊡,将其列入"选定文件列表"中。

➤选择"转换后数据格式"。

➤选择"转换后数据存储位置"。

➤单击"转换"完成全部转换过程。

说明:转换后的主文件名与原数据相同。

10.6.3 导入 FOR 版数据

为了兼容"整编降水量全国通用程序"98 版和利用原有数据进行本软件测试,本操作将降水量"整编降水量全国通用程序"98 版数据转换为 GPEP 的降水量数据文件。

从 GPEP【主窗口】的"数据—降水量数据"菜单中执行"导入 FOR 版数据"命令,程序打开【FOR 版数据转换】窗口,如图 10-40 所示。

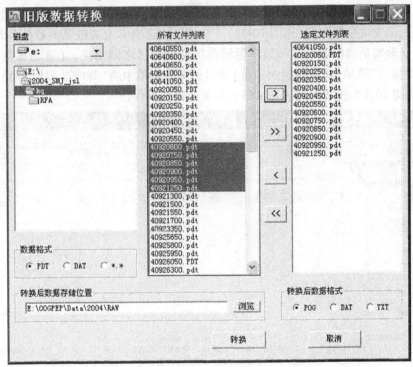

图 10-40 导入 FOR 版数据文件选择对话框

➤选定磁盘分区和 FOR 版数据存储文件夹后,在"所有文件列表"中列出了该文件夹中所有的同类文件。

➤选择需要转换的文件,点击⊡,将其列入"选定文件列表"中。

➤选择"转换后数据格式"。

➤选择"转换后数据存储位置"。

➤单击"转换"完成全部转换过程,见图 10-41。

图 10-41 FOR 版数据导入过程对话框

10.7 蒸发量数据整理

蒸发量数据包括水面蒸发量数据文件和蒸发量辅助项目数据文件。两者在同一窗口中进行编辑整理。

从主窗口的"数据"菜单中执行"蒸发量数据"命令,打开【蒸发量数据编辑】窗口,新建一个水面蒸发量数据文件(见图 10-42)。在窗口的选项卡上通过基本数据和辅助项目标签在水面蒸发量数据编辑区和蒸发量辅助项目编辑区之间切换。【蒸发量数据编辑】窗口中的"编辑"菜单与【测站控制信息】窗口的编辑菜单中的"剪切""复制""粘贴"基本一致,请参阅 10.5.2 测站控制信息编辑中相关的编辑操作。

图 10-42 蒸发量数据编辑窗口

10.7.1 水面蒸发量数据编辑

水面蒸发量数据由控制数据、正文数据、说明数据三部分组成(详见 10.3.3.4 蒸发量数据)。水面蒸发量数据编辑在"基本数据"选项卡上进行。其文件命名如下:

测站编码 + 年份 + ".EOG"

10.7.1.1　水面蒸发量控制数据

控制数据包括年份、测站编码、蒸发场位置特征、蒸发器形式和统计信息等。

统计信息:水面蒸发量数据的统计信息,共 13 项,即每月月统计标志和年统计标志,根据使用的仪器形式确定是否统计月年特征量。

➢年份和测站编码分别在窗口上部的"年份"下拉列表框和"测站编码"下拉列表框中选择或录入。

➢蒸发场位置特征和蒸发器形式在基本数据选项卡上相应的文本框中输入。

➢统计信息在月年统计标志的 13 个复选框上进行选择。

10.7.1.2　水面蒸发量正文数据

正文数据是年内各日观测的蒸发量数据。按日期顺序录入。GPEP 会根据本年度各月的天数自动安排录入位置。

蒸发量值与观测物符号顺序录入。

水面蒸发量说明数据在窗口底部的附注文本框中录入。

10.7.2　蒸发量辅助项目统计数据编辑

蒸发量辅助项目月年统计数据是经过初步整理的观测高度处的气温、水汽压、水面与观测高度处水汽压力差和观测高度处的风速。蒸发量辅助项目月年统计数据文件的命名:

测站编码 + 年份 + ".EMG"

10.7.2.1　控制数据

年份、测站编码由窗口上部相应的下拉列表框中选择或录入。

观测高度:由"项目"中的观测高度文本框输入。

10.7.2.2　正文数据

正文数据包括辅助项目的观测高度、观测高度处的气温、水汽压、水汽压力差和风速各旬的平均值。按时间顺序录入,见图 10-43。

10.7.2.3　说明数据

字符型量,可以包含汉字字符和数字字符。

10.7.3　蒸发量数据实例

10.7.3.1　逐日水面蒸发量数据文件实例

2002,40104200

1,1,1,1,1,1,1,1,1,1,1,1,1,0

陆上水面蒸发场,4~10 月用 E601 型蒸发器其余时间用 20 cm 口径蒸发器

0.6B,0.4B,2.5,1.9,4.3,3.2,2.0,2.6,1.0,0.0+,4.3,2.7B,2.0B,0.4B,7.4,1.7,4.7,3.0,1.8,1.0,0.2,0.0,4.9B,1.5B

1.7B,4.4B,3.3B,0.8,5.3,1.4,0.5,2.3,0.0+,0.1,2.9,1.2,1.9B,4.3B,1.8B,3.8,4.5,2.3,3.0,3.1,0.2,0.0+,0.4,0.2

1.4B,1.1B,0.6B,1.0,2.5,4.0,5.4,2.3,0.0+,1.7,0.6,1.1B,0.6B,1.4B,1.7B,2.3,1.7,

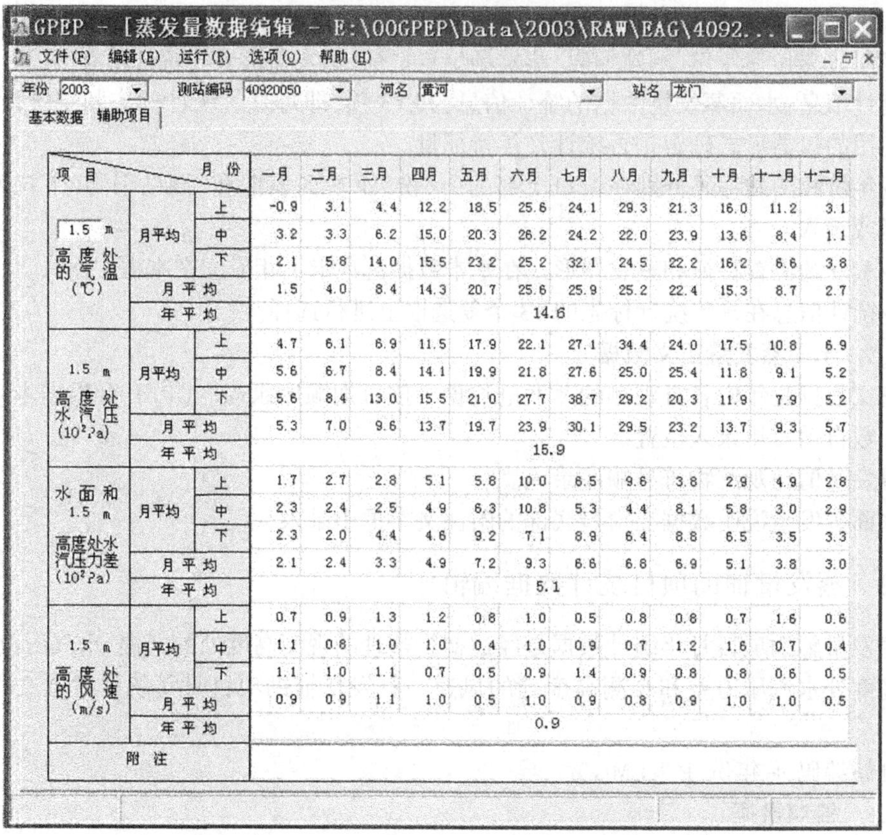

项目			一月	二月	三月	四月	五月	六月	七月	八月	九月	十月	十一月	十二月
1.5 m 高度处的气温(℃)	月平均	上	-0.9	3.1	4.4	12.2	18.5	25.6	24.1	29.3	21.3	16.0	11.2	3.1
		中	3.2	3.3	6.2	15.0	20.3	26.2	24.2	22.0	23.9	13.6	8.4	1.1
		下	2.1	5.8	14.0	15.5	23.2	25.2	32.1	24.5	22.2	16.2	6.6	3.8
	月平均		1.5	4.0	8.4	14.3	20.7	25.6	25.9	25.2	22.4	15.3	8.7	2.7
	年平均		14.6											
1.5 m 高度处水汽压(10^2Pa)	月平均	上	4.7	6.1	6.9	11.5	17.9	22.1	27.1	34.4	24.0	17.5	10.8	6.9
		中	5.6	6.7	8.4	14.1	19.9	21.8	27.6	25.0	25.4	11.8	9.1	5.2
		下	5.6	8.4	13.0	15.5	21.0	27.7	38.7	29.2	20.3	11.9	7.9	5.2
	月平均		5.3	7.0	9.6	13.7	19.7	23.9	30.1	29.5	23.2	13.7	9.3	5.7
	年平均		15.9											
水面和 1.5 m 高度处水汽压力差(10^2Pa)	月平均	上	1.7	2.7	2.8	5.1	5.8	10.0	6.5	9.6	3.8	2.9	4.9	2.8
		中	2.3	2.4	2.5	4.9	6.3	10.8	5.3	4.4	8.1	5.8	3.0	2.9
		下	2.3	2.0	4.4	4.6	9.2	7.1	8.9	6.4	8.8	6.5	3.5	3.3
	月平均		2.1	2.4	3.3	4.9	7.2	9.3	6.6	6.8	6.9	5.1	3.8	3.0
	年平均		5.1											
1.5 m 高度处的风速(m/s)	月平均	上	0.7	0.9	1.3	1.2	0.8	1.0	0.5	0.8	0.8	0.7	1.6	0.6
		中	1.1	0.8	1.0	1.0	0.4	1.0	0.9	0.7	1.2	1.6	0.7	0.4
		下	1.1	1.0	1.1	0.7	0.5	0.9	1.4	0.9	0.8	0.8	0.6	0.5
	月平均		0.9	0.9	1.1	1.0	0.5	1.0	0.9	0.8	0.9	1.0	1.0	0.5
	年平均		0.9											
附注														

图 10-43 蒸发量辅助项目月年统计数据编辑

5.6,1.9,2.4,1.1,1.3,1.3,3.0B

0.4B,1.2B,3.6B,3.7,5.4,4.8,3.8,3.4,1.6,2.2,1.4,0.7B,0.8B,1.9B,3.6B,4.9,2.0,6.0,4.2,1.5,2.4,1.4,0.5,0.6B

2.4B,1.2B,3.9,4.7,2.9,3.3,3.7,3.6,4.4,0.1,0.6B,1.1B,2.2B,2.4B,4.1,2.9,3.4,6.9,5.6,5.2,3.1,0.0+,3.2B,1.7B

1.7B,1.2B,4.7,2.8,4.3,5.7,2.8,2.0,3.4,1.0,0.8B,1.7B,0.8B,1.6B,2.7,5.5,4.8,8.1,1.4,1.8,2.7,1.1,1.0B,0.4B

2.6B,1.4,0.9,2.9,4.1,8.5,1.6,2.8,2.6,1.9,1.0B,0.4B,0.7B,1.5B,0.7,4.1,4.0,7.4,2.8,1.6,3.0,3.8,1.9,0.3B

0.5B,1.4B,0.8,4.6,2.4,7.9,0.5,2.2,3.3,3.1,1.6B,0.7B,0.7B,1.3B,1.3,4.2,3.1,5.4,0.6,3.2,2.8,2.4,2.1,2.8B

1.1B,2.7B,0.8,5.8,1.9,4.5,2.0,3.4,1.4,2.3,0.4,1.4B,3.7B,2.9B,2.2,2.0,5.4,4.2,2.8,4.3,0.8,1.3,0.0,4.6B

1.1B,3.4,2.6,1.8,5.5,4.3,5.2,3.6,0.2,0.7,0.7,1.7B,2.2B,2.4,7.4B,3.6,3.9,3.7,2.6,3.8,1.1,1.0,2.9B,0.6B

0.8B,0.1,4.6,1.1,4.0,3.6,4.3,3.4,2.4,2.3,2.4B,0.6B,2.5B,1.8,1.5,0.3,4.0,1.4,4.6,2.4,4.1,2.6,1.0,0.4B

1.2B,2.2,4.8,1.0,3.3,1.3,4.0,4.9,2.1,1.4,1.1B,0.7B,0.5B,4.8,5.3,2.9,4.5,6.5,
4.2,2.9,2.8,1.6,0.2B,4.5B

0.5B,6.2,4.1,2.3,6.2,5.1,6.0,1.1,2.4,1.5,0.0,2.6B,3.2B,4.2,5.5,2.8,2.8,2.7,4.8,
0.0,1.5,2.2,1.5B,1.2B

1.1B,2.7,4.8,3.0,2.6,5.4,4.2,2.0,1.5,1.9,1.1,1.0B,2.1B,1.4B,5.3,6.1,6.4,5.3,
4.7,0.6,0.9,1.1,2.7B,2.4B

1.7B, ,5.9,4.9,4.2,2.9,5.3,0.1,0.9,0.7,1.1B,1.1B,0.1B, ,6.1,3.9,7.0,3.3,4.5,
1.2,0.3,0.9,1.0,1.0B

0.4B, ,5.6, ,3.2, ,7.4,0.7, ,1.2, ,1.0B,43.2,61.9,110.1,93.3,124.3,137.7,108.2,
75.4,54.2,42.8,44.6, 44.9

3.7,6.2,7.4,6.1,7,8.5,7.4,5.2,4.4,3.8,4.9, 4.6,.1,.1,.6,.3,1.7,1.3,.5,0,0,0,0,.2

3、11 月用 E601 型蒸发器比测,月蒸发量分别为 69.2 mm、37.4 mm。

10.7.3.2　蒸发量辅助项目月年统计数据文件实例

2003 ,40920050

1.5

−0.9,3.2,2.1,1.5,14.6,4.7,5.6,5.6,5.3,15.9,1.7,2.3,2.3,2.1,5.1,0.7,1.1,1.1,0.9,
0.9

3.1,3.3,5.8,4.0,14.6,6.1,6.7,8.4,7.0,15.9,2.7,2.4,2.0,2.4,5.1,0.9,0.8,1.0,0.9,
0.9

4.4,6.2,14.0,8.4,14.6,6.9,8.4,13.0,9.6,15.9,2.8,2.5,4.4,3.3,5.1,1.3,1.0,1.1,1.1,
0.9

12.2,15.0,15.5,14.3,14.6,11.5,14.1,15.5,13.7,15.9,5.1,4.9,4.6,4.9,5.1,1.2,1.0,
0.7,1.0,0.9

18.5,20.3,23.2,20.7,14.6,17.9,19.9,21.0,19.7,15.9,5.8,6.3,9.2,7.2,5.1,0.8,0.4,
0.5,0.5,0.9

25.6,26.2,25.2,25.6,14.6,22.1,21.8,27.7,23.9,15.9,10.0,10.8,7.1,9.3,5.1,1.0,
1.0,0.9,1.0,0.9

24.1,24.2,32.1,25.9,14.6,27.1,27.6,38.7,30.1,15.9,6.5,5.3,8.9,6.6,5.1,0.5,0.9,
1.4,0.9,0.9

29.3,22.0,24.5,25.2,14.6,34.4,25.0,29.2,29.5,15.9,9.6,4.4,6.4,6.8,5.1,0.8,0.7,
0.9,0.8,0.9

21.3,23.9,22.2,22.4,14.6,24.0,25.4,20.3,23.2,15.9,3.8,8.1,8.8,6.9,5.1,0.8,1.2,
0.8,0.9,0.9

16.0,13.6,16.2,15.3,14.6,17.5,11.8,11.9,13.7,15.9,2.9,5.8,6.5,5.1,5.1,0.7,1.6,
0.8,1.0,0.9

11.2,8.4,6.6,8.7,14.6,10.8,9.1,7.9,9.3,15.9,4.9,3.0,3.5,3.8,5.1,1.6,0.7,0.6,1.0,
0.9

3.1,1.1,3.8,2.7,14.6,6.9,5.2,5.2,5.7,15.9,2.8,2.9,3.3,3.0,5.1,0.6,0.4,0.5,0.5,0.9

10.8　降水量整编计算

10.8.1　降水量批量整编计算

从【主窗口】的"计算—降水量"菜单中执行"降水量计算"命令,也可以执行工具栏上的"雨量计算"命令,打开【降水量计算】窗口,见图10-44。

图 10-44　GPEP 主窗口—计算菜单—降水量计算

选择相应的磁盘分区和路径,选择要计算的降水量数据文件"∗.POG",然后按【确定】按钮,见图10-45。操作方法同"10.6.2 自记数据转换"。

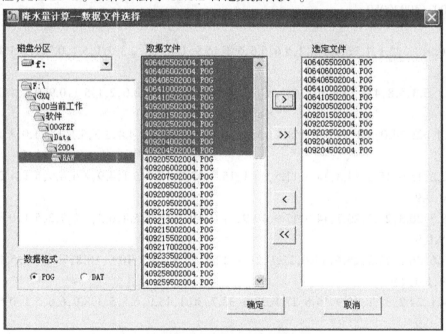

图 10-45　降水量计算—数据文件选择窗口

计算过程中 GPEP 将显示如图 10-46 所示的计算进度。

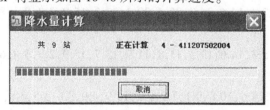

图 10-46　计算进度对话框

降水量计算完毕后,在"\Data\" + 年份 + "RES"文件夹中生成逐日降水量、降水量摘录和各时段最大降水量的无表格成果文件。

逐日降水量无表格文件　　　　　　　＊.PAR

降水量摘录无表格文件　　　　　　　＊.PPR

各时段最大降水量表①无表格文件　　＊.PER

各时段最大降水量表②无表格文件　　＊.PFR

计算完毕,GPEP 将显示【计算完毕】消息框,列出了计算完成的站数、计算结果存储位置和计算根过程记录的存储位置,如图 10-47 所示。

图 10-47　计算结果对话框

10.8.2　降水量单站整编计算

在【降水量数据编辑】窗口打开或编辑一个降水量数据文件,保存后从其"文件"菜单中执行"计算"命令;或从【主窗口】的"计算—降水量"菜单中执行"降水量计算"命令,也可以执行工具栏上的"雨量计算"命令,打开【降水量计算】窗口。只选择一个测站降水量数据文件进行计算。

降水量单站整编计算的计算过程、文件存储位置以及计算完毕提示与降水量批量整编计算基本相同。

10.9　蒸发量整编计算

从【主窗口】的"计算—蒸发量"菜单中执行"蒸发量计算"命令,在"打开"对话框中选择水面蒸发量数据文件,单击"打开"即开始计算,见图 10-48。

图 10-48　GPEP 主窗口—计算菜单—蒸发量计算

蒸发量计算过程中,GPEP 首先检查计算逐日水面蒸发量表,然后根据数据设置计算蒸发量辅助项目月年统计表。计算完毕,在"\Data\" + 年份 + "RES\EAR"文件夹中生成逐日水面蒸发量无表格成果文件 ＊.EAR,在"\Data\" + 年份 + "RES\EMR"文件夹中生成蒸发量辅助项目月年统计无表格成果文件 ＊.EMR。

计算完毕后,GPEP 将显示【计算完毕】消息框,列出了计算结果存储位置和计算根过程记录的存储位置。

10.10　降水量整编成果输出

降水量整编成果输出包括降水量整编成果表编制、降水量整编成果水文年鉴排版数据编制和成果表打印等。这里仅介绍降水量整编成果表编制、降水量整编成果水文年鉴排版数据编制等方法,降水量成果表打印将在"12 整编成果打印"中介绍。

10.10.1　降水量整编成果表编制

降水量整编成果表编制的主要内容是编制 Excel 格式的表格文件,包括逐日降水量表(∗.PAL)、降水量摘录表(∗.PPL)、各时段最大降水量表①(∗.PEL)、各时段最大降水量表②(∗.PFL)。

从【主窗口】的"制表"菜单中执行"降水量制表"命令,也可以执行工具栏上的"雨量制表"命令,打开【降水量制表】窗口,见图 10-49。GPEP 默认的为单站制表方式。

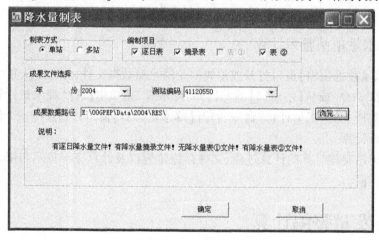

图 10-49　降水量制表—单站选项

10.10.1.1　降水量单站制表

在单站制表方式,选择相应的年份、测站编码和降水量无表格成果文件存储路径,窗口中说明了该站已经存在的无表格整编成果文件,并自动将相应的整编项目复选框选中。按"确定"按扭,GPEP 开始编制该站的各项降水量整编成果表,显示编制过程信息,见图 10-50。

图 10-50　降水量制表过程对话框

表格编制完成后,GPEP 将显示【计算完毕】消息框,列出了降水量成果表存储位置。

10.10.1.2　多站制表

在【降水量制表】窗口选择多站制表方式,选择相应的年份和降水量无表格成果文件存储路径,窗口中所有测站列表框中列出了该文件夹中所有的降水量无表格成果文件,并自动将相应的整编项目复选框选中。选定要求制表的测站并添加到"选定测站"列表框中;根据需要修正"编制项目"和"各时段最大降水量表式",按"确定"按扭,GPEP 开始逐项编制各站的降水量整编成果表,显示编制过程信息。

表格编制完成后,GPEP 将显示【计算完毕】消息框,列出了编制完成降水量成果表的站数和降水量成果表存储位置。如图 10-51"各时段最大降水量表式"决定各时段最大降水量表①和各时段最大降水量表②是单排还是连排。

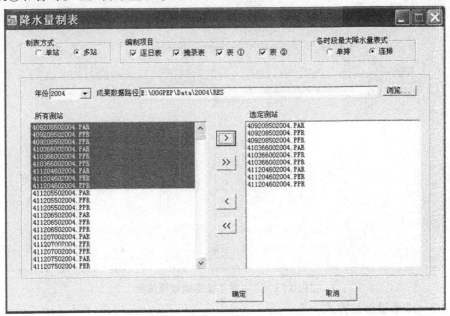

图 10-51　降水量制表——多站选项

10.10.2　降水量水文年鉴排版数据文件编制

降水量水文年鉴排版数据文件编制的主要内容是编制水文年鉴排版格式的数据文件,包括逐日降水量表(＊.PAL)、降水量摘录表(＊.PPL)、各时段最大降水量表①(＊.PEL)、各时段最大降水量表②(＊.PFL)。

从【主窗口】的"工具—输出年鉴排版数据"菜单中执行"降水量"命令,见图 10-52;也可以执行工具栏上的"降水年鉴"命令,打开【降水量年鉴排版数据编制】窗口,见图 10-53。GPEP 默认的为多站方式。

10.10.2.1　降水量单站方式

编制降水量水文年鉴排版格式数据文件的单站方式操作与降水量单站制表基本一致,请参阅 10.10.1.1。

注意:降水量年鉴排版数据编制不提供单站方式。

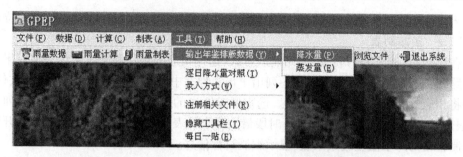

图 10-52　GPEP 主窗口—工具菜单—输出年鉴排版数据

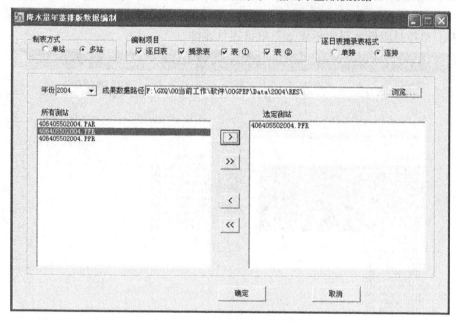

图 10-53　降水量年鉴排版数据编制

10.10.2.2　降水量多站方式

编制降水量水文年鉴排版格式数据文件的多站方式操作与降水量多站制表基本一致,请参阅 10.10.1.2。

注意:"逐日表摘录表格式"决定逐日表是否连排和摘录表是否连排。

10.10.3　降水量对照检查表编制

降水量对照检查表对照检查的内容包括各站的逐日降水量和月降水量对照,每页可填列 30 个降水量测站一个月各日的降水量、降水物符号和月降水量。

从【主窗口】的"工具"菜单中执行"逐日降水量对照"命令,也可以执行工具栏上的"雨量对照"命令,打开【降水量对照】窗口。

从【降水量对照】窗口选择资料所在年份,选择或者编辑区域编码文件(编辑完毕后按"保存"),选择或输入区域名称,按"确定"按钮即可,见图 10-54。

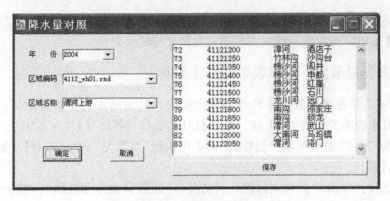

图 10-54　降水量对照选项对话框

10.11　蒸发量整编成果输出

蒸发量整编成果输出包括蒸发量整编成果表编制、蒸发量整编成果水文年鉴排版数据编制和成果表打印等三项内容。

10.11.1　蒸发量整编成果表编制

蒸发量整编成果表编制的主要内容是编制 Excel 格式的表格文件，包括逐日水面蒸发量表(*.EAL)、蒸发量辅助项目月年统计表(*.EML)。

从【主窗口】的"制表"菜单中执行"蒸发量制表"命令，打开【生成蒸发量表】窗口，如图 10-55 所示。

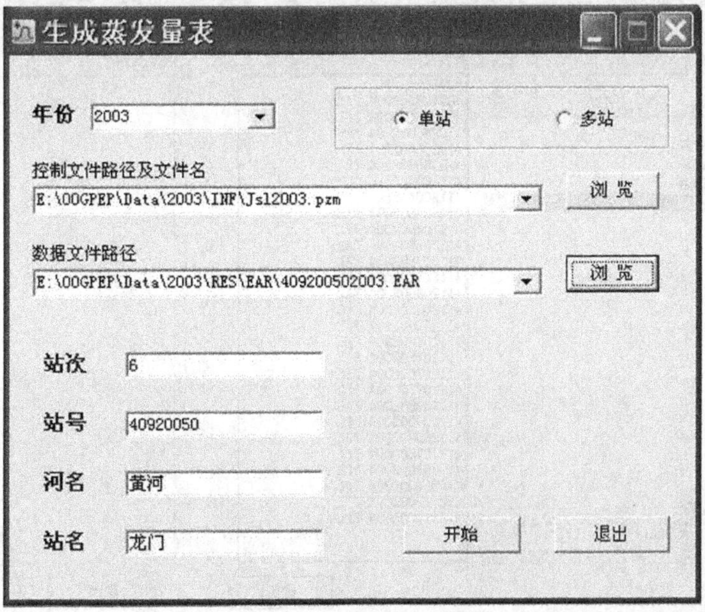

图 10-55　蒸发量指标选项对话框

选择相应的"年份""控制文件路径及文件名"和数据文件存储路径(和文件名)。按"开始"按钮,GPEP 开始编制该站的各项蒸发量整编成果表。

10.11.2　蒸发量水文年鉴排版数据文件编制

蒸发量水文年鉴排版数据文件编制的主要内容是编制水文年鉴排版格式的数据文件,包括逐日水面蒸发量表(＊.EAL)、蒸发量辅助项目月年统计表(＊.EML)。

从【主窗口】的"输出年鉴排版数据"菜单中执行"蒸发量"命令,打开【生成蒸发量年鉴排版数据】窗口。

选择相应的"年份""控制文件路径及文件名"和数据文件存储路径(和文件名)。按"开始"按钮,GPEP 开始编制该站的蒸发量年鉴排版数据。

编制蒸发量年鉴排版数据文件的操作与降水量水文年鉴排版数据文件编制的操作基本一致,请参阅 10.10.2。

10.12　整编成果表打印

降水量蒸发整编成果表均为 Excel 格式的表格文件,包括逐日降水量表(＊.PAL)、降水量摘录表(＊.PPL)、各时段最大降水量表①(＊.PEL)、各时段最大降水量表②(＊.PFL)、逐日水面蒸发量表(＊.EAL)、蒸发量辅助项目月年统计表(＊.EML)。打印时,从【主窗口】的"文件"菜单中执行"打印成果"命令,打开【打印文件选择】窗口,如图 10-56 所示。

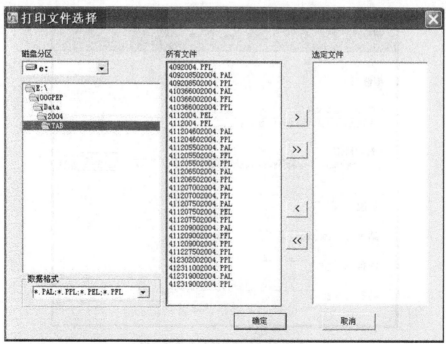

图 10-56　打印文件选择对话框

　　在【打印文件选择】窗口中选择数据格式，"所有文件"列表框中列出了相应类型的文件；选定要输出到打印机的文件，按"确定"将选定的文件输出到默认的打印机。数据格式包括降水量整编成果文件的不同组合以及蒸发量整编成果文件的不同组合，如图 10-57 所示。

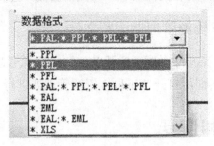

图 10-57　打印文件类型

10.13　其他操作说明

10.13.1　打开文件

　　GPEP 可以直接调用相应的程序打开相关的文件，包括各种文本文件、Excel 表格文件、Word 文档等。

　　从【主窗口】的"文件"菜单中执行"打开"命令，在【打开】对话框中选择目标文件类型，选择目标文件，如图 10-58 所示。

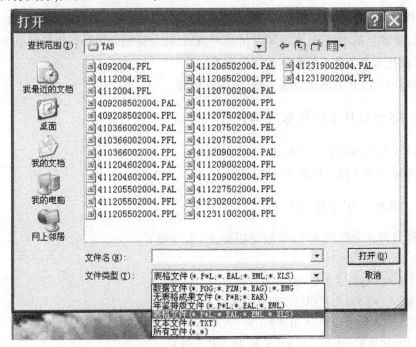

图 10-58　打开文件对话框

按"打开"按钮。GPEP 按照文件类型调用相关程序打开选定的文件。

说明:①数据文件、无表格成果文件、年鉴排版文件和文本文件均使用记事本打开;表格文件使用 Excel 打开。②"所有文件"（＊.＊）则需要用户选择打开文件的程序。

10.13.2 利用 Windows 资源管理器浏览文件

从【主窗口】的"文件"菜单中执行"打开 Windows 资源管理器"命令,也可以执行工具栏上的"浏览文件"命令,即可打开 Windows 资源管理器进行文件管理和浏览。

10.14 出错处理和恢复

GPEP 的出错信息有两种提示方式:一种是利用 Windows 消息框实时提示;另一种是将出错信息记录在运行记录文件中。前者主要用于数据编辑过程和计算过程中必须实时处理的错误发生时,这种错误发生时,由用户及时处理后 GPEP 继续进行下一步工作;后者用于数据导入、数据转换、整编计算、成果输出过程中(特别是批量处理)发生的数据错误,这种错误发生时,GPEP 将出错信息记录在运行记录文件中,在(批量)数据处理过程完成后,用户按照运行记录文件中记录的错误进行相应文件的修改,再重新计算。

10.15 数据实例

GPEP 数据包括基本数据、无表格成果数据、成果数据。基本数据又可分为测站控制信息数据、降水量基本数据、水面蒸发量基本数据、蒸发量辅助项目月年统计基本数据等。成果数据包括水文年鉴排版数据和成果数据。

这里列出 GPEP 的部分数据实例,供用户参考。

10.15.1 降水量基本数据标准格式

(1)降水量基本数据标准格式 1 见图 10-59。

(2)降水量基本数据标准格式 2,见图 10-60。

10.15.2 降水量年鉴排版数据标准格式

(1)逐日降水量数据文件(年鉴排版格式)实例如下:
黄河 黄河沿
$$$ 1.1 ＊ $$$$$ 1.8 ＊ $$
$$$ 4.3 ＊ $$ 8.2 0.1 $ 0.3 · ＊ 0.3 ＊ $
$$$ 0.1 ＊ 3.7 ＊ 4.9 · ＊ 0.9 $ 1.9 · ＊ 3.6 ＊ 2.3 ＊ 0.2 ＊
$$ 1.1 ＊ $ 0.3 ＊ 1.7 · ＊ 1.1 · ＊ 13.8 0.3 $$$
$$ 0.1 ＊ $ 0.9 ＊ $ 0.1 · ＊ 9.2 $$$$

文件名	406401502004.POG
控制数据	2004,40640150,[-]2 060208,080912[,24,2.5] 091211,101008[,12,2.5]
正文数据	032408.00,0,,,24 032508.00,10.8,,,1 042508.00,0,,,24 042608.00,8.2,,,1 050108.00,0,,,24 050208.00,6.1,,,1 050308.00,1.2,,,1 051023.45,0,,,99 051023.50,1,,,99 051023.55,1.8,,,99 051100.00,.6,,,99 051100.05,.2,,,99 051100.10,.4,,,99 051100.15,1.2,,,99 051100.20,2,,,99 051100.30,1.2,,,99 051100.45,2.4,,,99 051100.50,.4,,,99 051100.55,.2,,,99 051101.00,.4,,,99 ⋮ 122008.00,0,,,24 122108.00,9.5,*,,1 122208.00,2,*,,1 122308.00,0,,,24 122408.00,.1,*,,1 122908.00,0,,,24 123008.00,.2,*,,1
说明数据	/ZR 根据对照,4 月 1 日降水量应为 3 日降水量 /ZL 8 月 10 日 12 时至 9 月 30 日 10 时,人工 12 段制观测
备注	小河站和其他有不同摘录段制或摘录标准的测站,应同时录入"—""摘录段制"和"合并标准"。"[ ]"中的内容表示可选

图 10-59

文件名	411016002004.POG
控制数据	2004,40640150,2 060208,080912 091211,101008
正文数据	032408.00,0,,,24 032508.00,10.8,,,1 042508.00,0,,,24 042608.00,8.2,,,1 050108.00,0,,,24 050208.00,6.1,,,1 050308.00,1.2,,,1 051023.45,0,,,99 051023.50,1,,,99 051023.55,1.8,,,99 051100.00,.6,,,99 051100.05,.2,,,99 051100.10,.4,,,99 051100.15,1.2,,,99 051100.20,2,,,99 051100.30,1.2,,,99 051100.45,2.4,,,99 051100.50,.4,,,99 051100.55,.2,,,99 051101.00,.4,,,99 ⋮ 122008.00,0,,,24 122108.00,9.5,＊,,1 122208.00,2,＊,,1 122308.00,0,,,24 122408.00,.1,＊,,1 122908.00,0,,,24 123008.00,.2,＊,,1
说明数据	/ZL 8 月 10 日 12 时至 9 月 30 日 10 时,人工 12 段制观测
备注	小河站和其他有不同摘录段制或摘录标准的测站,应同时录入"—""摘录段制"和"合并标准"。"[ ]"中的内容表示可选

图 10-60

```
$$$$ 2.1 * 3.5 · * $ 1.1 2.5 * 0.2 * $$
$$ 0.2 * $ 0.1 * $$ 0.6 $$$ 0.4 *
$$$$ 0.1 * $$ 2.6 $$$$
$$$$$$$ 4.5 · * $$$$
$$ 0.3 * 0.6 * $$ 11.3 3.1 · * $$$$
$$ 1.5 * $ 0.7 * 9.0 · * 2.8 0.3 $$$$
$$ 0.6 * $ 1.5 * 3.5 · * 1.2 0.4 $$$$
$ 0.2 * $$$ 0.2 * 3.0 5.5 $$$$
$ 0.3 * 0.1 * $ 1.6 * 1.0 9.3 $$$$$
$$ 0.4 * $ 0.1 * 13.5 · * $$ 0.1 $$$
$$$$$ 0.1 * $$ 2.3 $$$
$$$ 1.5 * $ 1.4 · * 0.7 $ 3.0 $ 1.7 * $
$$$$$$$$ 1.8 $ 0.4 * $
$$$$ 2.1 * 0.2 · * 2.5 · * $$$$ 0.6 *
$$ 1.6 * $$ 3.7 $ 7.7 $$$$
$$ 0.2 * $ 0.6 * $ 5.4 · * $$ 0.3 * $$
$$$ 0.5 * 1.6 * $ 1.4 * 0.2 $$$$
$$$$ 0.1 * 2.3 $$$$$$
0.2 * 0.1 * $$ 3.6 · * 14.1 $ 12.3 1.7 $$ 0.4 *
$ 0.8 * $$ 0.3 $$ 0.9 2.6 $$ 0.4 *
$$$ 0.8 * 0.7 · * $ 12.3 $ 3.5 $$$
$$$ 0.8 * $$$ 2.3 $ 1.9 * $ 0.3 *
$$$$ 2.5 4.6 $ 2.4 0.2 2.0 * $ 0.3 *
$$$$ 6.3 · * $ 4.9 $$$$$
$$ 3.4 * $$ 2.2 6.0 1.6 0.4 $$ 0.5 *
0.2 * $ 0.3 * $$$ 1.9 $$$$ 0.1 *
0.4 1.4 9.8 9.7 28.9 65.9 73.0 68.6 20.3 10.1 4.7 3.2
2 4 12 8 19 16 17 18 12 7 4 9
0.2 0.8 3.4 4.3 6.3 14.1 12.3 13.8 3.5 3.6 2.3 0.6
296.00 128
14.10 24.10 34.90 57.00 90.10
6 24 8 4 8 4 7 26 7 10
```

抄自玛多气象站资料。

(2)降水量摘录数据文件(年鉴格式)实例如下：

贾家沟 太和寨

```
6 1 18:50 19:05 0.4        $$ 22:10 22:15 0.2        $$ 20:35 21:10 1.0
$$ 19:35 20:00 5.4         $ 2 9:50 9:55 0.2          $ 5 1:05 1:10 0.2
$$ 20:00 20:20 1.4         $ 4 19:25 19:55 1.0        $ 8 17:00 17:15 1.0
```

$$ 17:45 18:00 0.4
$$ 18:30 19:00 1.4
$$ 19:00 19:30 2.6
$ 15 2:20 2:35 3.8
$ 17 19:00 20:00 6.6
$ 20 15:40 16:00 0.4
$$ 16:00 16:40 2.4
$ 21 23:30 24:00 2.8
$ 22 0:00 2:00 4.2
$$ 2:00 2:15 0.2
$$ 2:40 4:50 4.6
$$ 5:10 5:15 0.2
$$ 7:00 7:05 1.2
$$ 11:50 11:55 0.4
$ 25 13:50 14:00 0.2
$$ 14:00 17:05 4.8
$$ 17:30 18:05 0.8
$$ 18:45 18:50 0.2
$ 27 14:15 14:35 1.0
$ 29 5:00 5:05 0.2
$$ 6:25 6:30 0.2
$$ 7:05 7:10 0.2
$$ 14:30 15:45 1.2
$$ 21:50 21:55 0.2
$$ 23:00 23:40 1.4
$ 30 1:05 1:10 0.2
$$ 2:10 2:35 0.4
$$ 3:00 3:35 2.0
$$ 4:20 5:20 1.8
$$ 5:40 6:40 1.0
$$ 8:50 8:55 0.2
$$ 14:25 14:30 0.2
7 5 9:55 10:00 0.4
$$ 10:00 11:05 1.2
$$ 11:25 11:30 0.2
$$ 11:50 11:55 0.2
$$ 12:25 12:50 0.4
$ 6 21:00 21:25 1.6
$$ 22:45 22:50 0.2

$ 7 7:40 8:00 0.4
$$ 8:00 8:30 1.0
$ 13 8:50 8:55 0.2
$$ 9:15 9:20 0.2
$$ 9:45 13:50 4.6
$$ 15:20 15:25 0.2
$ 17 2:10 3:00 3.0
$$ 3:00 3:25 15.4
$$ 17:20 17:45 1.8
$ 18 14:10 15:00 9.0
$$ 15:00 15:10 0.4
$ 19 16:50 17:25 0.6
$$ 17:50 17:55 0.2
$ 21 19:40 20:00 0.4
$$ 20:00 20:05 0.2
$$ 20:25 20:50 0.6
$ 23 3:55 4:00 0.4
$$ 4:00 4:50 3.2
$$ 5:25 5:30 0.4
$ 26 14:35 14:40 2.2
$$ 14:40 14:45 5.0
$$ 14:45 14:50 6.2
$$ 14:50 14:55 4.0
$$ 14:55 15:00 0.4
$$ 16:20 16:30 0.4
$$ 16:45 16:50 0.2
$$ 21:25 21:30 1.0
$$ 21:30 21:35 1.8
$$ 21:35 21:40 0.2
$$ 21:40 21:45 0.4
$$ 22:25 22:30 0.6
$ 27 2:35 2:45 0.4
$$ 2:45 2:55 3.2
$$ 2:55 3:00 1.4
$$ 3:00 3:05 1.6
$$ 3:05 3:10 1.8
$$ 3:10 3:15 0.2
$$ 3:15 3:20 0.4
$$ 3:20 3:25 1.0

$$ 3:30 3:35 0.2
$$ 3:35 3:40 0.8
$$ 3:55 4:05 0.8
$$ 4:10 4:20 0.4
$$ 4:20 4:25 0.4
$$ 4:25 4:40 0.6
$$ 6:25 6:30 0.2
$$ 6:30 6:35 0.6
$$ 6:45 6:50 0.2
$$ 7:05 7:10 0.2
$$ 7:10 7:15 0.6
$$ 7:15 7:25 1.6
$$ 7:25 7:30 0.4
$$ 8:15 8:20 0.2
$ 30 4:00 5:00 4.2
$$ 5:00 5:20 1.4
$ 31 2:00 2:25 0.8
$$ 4:10 4:15 0.2
$$ 5:05 6:15 2.0
$$ 6:35 7:35 1.0
$$ 8:00 9:30 2.8
$$ 9:50 9:55 0.2
$$ 10:55 11:00 0.2
$$ 11:00 11:15 1.0
$$ 14:05 14:10 0.2
$$ 14:40 16:35 1.6
$$ 16:55 17:00 0.2
$$ 19:45 19:50 0.2
$$ 20:15 21:00 2.0
$$ 21:00 23:00 2.8
$$ 23:00 24:00 2.6
8 1 0:00 0:55 1.4
$$ 14:40 14:45 0.2
$ 5 7:00 7:10 1.2
$ 7 20:55 21:45 1.0
$$ 23:35 23:40 0.2
$ 8 0:15 0:20 0.2
$$ 0:50 1:00 0.4
$$ 1:00 1:10 0.6

$$ 2:10 2:15 0.2
$$ 3:00 3:05 0.2
$$ 3:35 3:55 0.6
$$ 4:35 5:45 1.6
$$ 6:10 6:15 0.2
$ 10 14:30 14:50 1.8
$ 15 3:50 4:00 0.6
$$ 4:00 5:00 2.8
$$ 5:00 5:30 1.0
$$ 6:00 6:05 0.2
$$ 7:00 7:05 0.2
$$ 7:25 8:00 0.6
$$ 8:00 8:35 0.6
$ 21 21:50 22:00 0.4
$$ 22:00 23:00 2.8
$$ 23:00 0:10 1.8
$ 22 2:25 2:30 0.2
$$ 18:40 18:45 0.4
$$ 20:10 21:00 1.4
$ 23 0:55 1:00 0.4
$$ 1:00 2:00 3.0
$$ 2:00 3:00 5.0
$$ 3:00 3:35 0.6
$$ 4:00 4:15 0.4
$$ 4:40 4:55 0.4
$$ 5:15 6:00 4.0
$$ 6:50 7:10 0.6
$ 28 18:45 18:50 0.2
$ 29 0:45 0:55 0.6

$$ 3:50 3:55 0.2
$$ 6:55 7:00 0.4
$$ 7:00 8:00 5.2
$$ 8:00 9:00 2.6
$$ 9:00 12:15 6.0
$$ 13:25 13:30 0.2
$$ 14:05 16:00 3.4
$$ 16:00 17:00 3.0
$$ 17:00 17:25 0.4
$$ 18:15 18:20 0.2
$$ 18:40 20:00 1.8
$$ 20:00 21:35 1.6
$$ 23:25 0:15 0.8
$ 30 0:40 0:45 0.2
$$ 4:25 4:30 0.2
9 1 14:45 14:50 0.2
$$ 16:20 16:45 3.4
$ 2 3:55 4:00 0.2
$ 3 17:50 17:55 0.2
$$ 18:25 19:00 1.4
$$ 19:00 20:00 4.2
$$ 20:00 22:00 3.0
$$ 22:00 23:00 3.0
$$ 23:00 24:00 4.2
$ 4 0:00 1:00 6.0
$$ 1:00 2:00 5.8
$$ 2:00 3:00 3.0
$$ 3:00 4:00 2.8

$$ 4:00 7:00 5.6
$$ 7:30 8:00 0.4
$$ 8:00 9:00 3.0
$$ 9:00 9:15 0.4
$$ 11:15 12:00 0.8
$$ 15:30 15:35 0.2
$ 6 0:10 0:15 0.2
$ 17 8:15 9:50 2.0
$$ 10:10 10:35 0.4
$ 18 2:35 2:40 0.2
$ 19 7:10 7:15 0.2
$$ 7:40 7:45 0.2
$$ 8:45 8:50 0.2
$$ 9:55 10:00 0.2
$$ 10:45 10:50 0.2
$$ 12:15 12:20 0.2
$ 20 18:15 18:25 1.4
$$ 18:45 18:50 0.2
$$ 20:35 20:40 0.2
$ 22 3:00 3:05 0.2
$$ 18:25 19:00 2.8
$$ 19:00 19:25 1.0
$ 25 14:50 15:00 0.4
$$ 15:00 15:35 2.2
$$ 15:55 16:00 0.2
$$ 18:10 18:35 0.4
$$ 18:55 19:10 0.4
$$ 19:35 19:40 0.2

10.15.3　降水量无表格成果数据标准格式

（1）逐日降水量表无表格数据文件实例如下：

2004,41121350,74,榜沙河,闰井

1.4, * ,0.5, * ,0.0,,0.0,,3.5, · * ,0.0,,0.0,,0.0,,0.0,,0.2,,0.0,,0.0,,
0.0,,0.0,,1.1, * ,0.0,,5.6, · * ,2.8,,0.0,,0.0,,2.8,,0.0,,0.0,,0.0,,
0.0,,0.0,,0.0,,0.0,,0.0,,11.6,,0.4,,11.4,,0.0,,0.0,,0.0,,0.0,,
0.0,,0.0,,0.0,,0.0,,0.0,,0.0,,7.4,,0.0,,0.0,,3.8,,0.0,,0.0,,
1.2, * ,0.0,,0.0,,0.0,,0.0,,12.4,,0.0,,0.0,,0.6,,0.0,,0.0,,0.0,,

0.9, * ,0.0,,0.0,,1.8,·*,1.8,,1.0,,0.0,,0.0,,0.0,,3.0,,0.0,,0.0,
0.5, * ,0.0,,0.0,,0.0,,0.6,,0.0,,0.0,,0.0,,2.8,,0.8,,0.0,,0.0,
0.0,,0.0,,0.0,,0.0,,0.0,,6.6,,3.2,,0.0,,0.2,,0.0,,0.0,,0.0,
0.0,,0.0,,0.0,,0.0,,0.0,,1.6,,8.2,,0.8,,0.0,,9.8,,1.8, * ,0.0,
0.0,,0.0,,0.0,,0.0,,0.2,,0.0,,0.0,,3.6,,0.6,,2.2,,0.0,,0.0,
0.0,,0.0,,0.0,,0.0,,0.6,,0.0,,0.0,,8.8,,5.2,,0.0,,0.0,,0.0,
0.0,,0.0,,0.0,,0.0,,0.0,,0.4,,0.0,,0.0,,5.8,,0.0,,0.0,,0.0,
1.3, * ,0.0,,0.0,,6.6,·*,4.6,,0.2,,0.0,,0.0,,0.0,,2.7,,0.0,,0.0,
0.9, * ,0.0,,0.0,,1.8,,1.0,,0.0,,12.2,,1.6,,0.0,,0.0,,0.0,,0.0,
0.0,,0.0,,0.0,,0.0,,0.0,,0.2,,10.0,,1.4,,0.0,,0.0,,0.0,,0.0,
0.0,,0.0,,0.0,,0.0,,0.0,,0.4,,12.2,,0.0,,0.4,,0.0,,0.0,,0.0,
1.0, * ,0.0,,0.0,,0.0,,0.0,,0.0,,1.0,,12.4,,3.6,,0.0,,0.0,,0.0,
0.0,,0.0,,0.0,,0.0,,0.0,,2.0,,0.6,,18.8,,12.6,,0.0,,0.0,,0.0,
0.0,,1.3, * ,6.9, * ,0.0,,0.0,,0.0,,0.6,,14.0,,0.6,,0.0,,0.0,,0.0,
0.0,,0.0,,0.0,,0.0,,0.0,,0.0,,0.0,,0.0,,0.0,,2.8,,0.0,,0.0,
0.0,,0.0,,0.0,,0.0,,0.0,,0.0,,0.0,,1.6,,0.0,,0.0,,0.0,
0.0,,0.0,,0.0,,0.0,,0.0,,0.0,,0.0,,0.0,,0.0,,0.0,,0.6, * ,1.0, *
0.0,,0.0,,1.8, * ,0.0,,0.0,,0.2,,0.0,,0.8,,3.2,,0.0,,6.2, * ,0.0,
0.0,,0.0,,2.7, * ,0.0,,0.2,,0.0,,0.0,,1.8,,2.8,,0.0,,0.0,,0.0,
0.0,,0.0,,0.0,,1.3,,0.0,,0.0,,26.6,,0.2,,0.0,,0.0,,0.0,,1.2, *
0.0,,0.0,,1.7,·*,0.0,,1.4,,0.0,,1.2,,0.0,,1.6,,0.0,,0.0,,3.5, *
0.0,,0.0,,0.0,,0.0,,1.4,,0.0,,0.0,,1.0,,0.2,,0.0,,0.0,,0.0,
0.0,,3.0, * ,0.0,,0.0,,17.4,,47.8,,15.4,,0.0,,5.4,,0.0,,0.0,,1.7, *
0.0,,0.0,,0.0,,0.0,,4.0,,15.2,,3.2,,0.0,,10.6,,0.0,,0.0,,0.0,
0.0,,,,0.0,,0.0,,0.0,,5.0,,0.0,,0.0,,0.4,,3.6, * ,0.0,,0.0,
0.0,,,,0.0,,,,0.2,,,,0.0,,0.0,,,,0.0,,,,0.0,
7.2,,4.8,,14.2,,11.5,,42.5,,107.4,,102.2,,76.6,,61.0,,28.9,,8.6,,7.4,
7,,3,,5,,4,,14,,15,,14,,13,,19,,9,,3,,4,
1.4,3.0,6.9,6.6,17.4,47.8,26.6,18.8,12.6,9.8,6.2,3.5
472.3,,110,
47.8,,68.0,,75.8,,87.2,,151.6,
6,28,,6,28,,6,28,,6,28,,6,28,
（2）各降水量摘录表无表格数据文件实例如下：
2004,41121450,76,榜沙河,红崖,207
-2004-05-28 20:00,-2004-05-28 23:00,4.0,
-2004-05-28 23:00,-2004-05-28 00:00,12.6,
-2004-05-29 00:00,-2004-05-29 01:00,5.0,
-2004-05-29 01:00,-2004-05-29 02:00,3.8,

-2004-05-29 02：00，-2004-05-29 03：00，4.0，
-2004-05-29 03：00，-2004-05-29 04：00，2.2，
-2004-05-29 04：00，-2004-05-29 05：00，3.2，
-2004-05-29 05：00，-2004-05-29 07：00，2.4，
-2004-05-29 09：00，-2004-05-29 10：00，0.2，
-2004-05-29 11：00，-2004-05-29 12：00，0.2，
-2004-05-29 13：00，-2004-05-29 14：00，0.8，
-2004-05-29 14：00，-2004-05-29 20：00，4.2，
-2004-05-29 20：00，-2004-05-29 22：00，0.4，
-2004-06-02 23：00，-2004-06-03 01：00，0.8，
-2004-06-03 04：00，-2004-06-03 08：00，2.2，
-2004-06-03 08：00，-2004-06-03 09：00，0.2，
-2004-06-03 11：00，-2004-06-03 12：00，0.2，
-2004-06-03 17：00，-2004-06-03 18：00，0.2，
-2004-06-03 19：00，-2004-06-03 20：00，0.2，
-2004-06-03 20：00，-2004-06-03 21：00，0.2，
-2004-06-03 21：00，-2004-06-03 22：00，2.6，
-2004-06-03 22：00，-2004-06-03 23：00，2.0，
-2004-06-03 23：00，-2004-06-03 00：00，4.2，
-2004-06-04 00：00，-2004-06-04 01：00，3.6，
-2004-06-04 01：00，-2004-06-04 02：00，0.2，
-2004-06-04 02：00，-2004-06-04 07：00，1.8，
-2004-06-05 15：00，-2004-06-05 16：00，0.4，
-2004-06-05 16：00，-2004-06-05 17：00，3.8，A
-2004-06-05 19：00，-2004-06-05 20：00，0.4，
-2004-06-05 20：00，-2004-06-05 21：00，0.2，
-2004-06-09 13：00，-2004-06-09 14：00，0.8，
-2004-06-09 14：00，-2004-06-09 18：00，3.4，
-2004-06-09 19：00，-2004-06-09 20：00，0.2，
-2004-06-09 20：00，-2004-06-09 21：00，0.2，
-2004-06-12 19：00，-2004-06-12 20：00，0.2，
-2004-06-12 20：00，-2004-06-12 21：00，0.2，
-2004-06-14 13：00，-2004-06-14 14：00，0.4，
-2004-06-15 12：00，-2004-06-15 13：00，0.4，
-2004-06-18 14：00，-2004-06-18 15：00，6.0，A
-2004-06-23 14：00，-2004-06-23 16：00，0.8，
（3）各时段最大降水量-2004-06-28 21：00，-2004-06-28 22：00，2.6，
表①无表格数据文件实例如下：

2004,41126700,117,天河,徐家店

5.4,,9.8,,12.4,,17.8,,22.2,,23.2,,24.8,,33.2,,34.8,,35.6,,35.8,,35.8,,35.8,

8,10,,8,10,,8,10,,8,10,,8,10,,8,10,,8,19,,8,19,,8,19,,8,19,,8,19,,8,19,,8,19,,

8,19,

（4）各时段最大降水量表②无表格数据文件实例如下：

2004,41121350,74,榜沙河,闾井

12.0,,19.6,,28.4,,42.2,,46.6,,61.0,

7,25,,6,28,,6,28,,6,28,,6,28,,6,28,

10.15.4　蒸发量基本数据标准格式

逐日水面蒸发量数据文件实例如下：

2002,40104200

1,1,1,1,1,1,1,1,1,1,1,1,0

陆上水面蒸发场,4~10月用 E601 型蒸发器其余时间用 20 cm 口径蒸发器

0.6B,0.4B,2.5,1.9,4.3,3.2,2.0,2.6,1.0,0.0+,4.3,2.7B,2.0B,0.4B,7.4,1.7,4.7,3.0,

1.8,1.0,0.2,0.0,4.9B,1.5B

1.7B,4.4B,3.3B,0.8,5.3,1.4,0.5,2.3,0.0+,0.1,2.9,1.2,1.9B,4.3B,1.8B,3.8,4.5,

2.3,3.0,3.1,0.2,0.0+,0.4,0.2

1.4B,1.1B,0.6B,1.0,2.5,4.0,5.4,2.3,0.0+,1.7,0.6,1.1B,0.6B,1.4B,1.7B,2.3,1.7,

5.6,1.9,2.4,1.1,1.3,1.3,3.0B

0.4B,1.2B,3.6B,3.7,5.4,4.8,3.8,3.4,1.6,2.2,1.4,0.7B,0.8B,1.9B,3.6B,4.9,2.0,

6.0,4.2,1.5,2.4,1.4,0.5,0.6B

2.4B,1.2B,3.9,4.7,2.9,3.3,3.7,3.6,4.4,0.1,0.6B,1.1B,2.2B,2.4B,4.1,2.9,3.4,6.9,

5.6,5.2,3.1,0.0+,3.2B,1.7B

1.7B,1.2B,4.7,2.8,4.3,5.7,2.8,2.0,3.4,1.0,0.8B,1.7B,0.8B,1.6B,2.7,5.5,4.8,8.1,

1.4,1.8,2.7,1.1,1.0B,0.4B

2.6B,1.4,0.9,2.9,4.1,8.5,1.6,2.8,2.6,1.9,1.0B,0.4B,0.7B,1.5B,0.7,4.1,4.0,7.4,

2.8,1.6,3.0,3.8,1.9,0.3B

0.5B,1.4B,0.8,4.6,2.4,7.9,0.5,2.2,3.3,3.1,1.6B,0.7B,0.7B,1.3B,1.3,4.2,3.1,5.4,

0.6,3.2,2.8,2.4,2.1,2.8B

1.1B,2.7B,0.8,5.8,1.9,4.5,2.0,3.4,1.4,2.3,0.4,1.4B,3.7B,2.9B,2.2,2.0,5.4,4.2,

2.8,4.3,0.8,1.3,0.0,4.6B

1.1B,3.4,2.6,1.8,5.5,4.3,5.2,3.6,0.2,0.7,0.7,1.7B,2.2B,2.4,7.4B,3.6,3.9,3.7,

2.6,3.8,1.1,1.0,2.9B,0.6B

0.8B,0.1,4.6,1.1,4.0,3.6,4.3,3.4,2.4,2.3,2.4B,0.6B,2.5B,1.8,1.5,0.3,4.0,1.4,

4.6,2.4,4.1,2.6,1.0,0.4B

1.2B,2.2,4.8,1.0,3.3,1.3,4.0,4.9,2.1,1.4,1.1B,0.7B,0.5B,4.8,5.3,2.9,4.5,6.5,

4.2,2.9,2.8,1.6,0.2B,4.5B

0.5B,6.2,4.1,2.3,6.2,5.1,6.0,1.1,2.4,1.5,0.0,2.6B,3.2B,4.2,5.5,2.8,2.8,2.7,4.8,
0.0,1.5,2.2,1.5B,1.2B

1.1B,2.7,4.8,3.0,2.6,5.4,4.2,2.0,1.5,1.9,1.1,1.0B,2.1B,1.4B,5.3,6.1,6.4,5.3,
4.7,0.6,0.9,1.1,2.7B,2.4B

1.7B, ,5.9,4.9,4.2,2.9,5.3,0.1,0.9,0.7,1.1B,1.1B,0.1B, ,6.1,3.9,7.0,3.3,4.5,
1.2,0.3,0.9,1.0,1.0B

0.4B, ,5.6, ,3.2, ,7.4,0.7, ,1.2, ,1.0B,43.2,61.9,110.1,93.3,124.3,137.7,108.2,
75.4,54.2,42.8,44.6, 44.9

3.7,6.2,7.4,6.1,7,8.5,7.4,5.2,4.4,3.8,4.9, 4.6,.1,.1,.6,.3,1.7,1.3,.5,0,0,0,0,.2

3、11 月用 E601 型蒸发器比测,月蒸发量分别为 69.2 mm、37.4 mm。

10.15.5　成果表格文件实例

10.15.5.1　降水量成果表格文件实例

(1)逐日降水量表见表 10-2。

表 10-2　黄河　　龙门　　　站　逐日降水量表

年份:2002　　　测站编码:　　　　　单位:降水量(mm)

日期＼月份	1	2	3	4	5	6	7	8	9	10	11	12
1					15.4		11.4					
2							49.4					
3			2.6	7.5								
4			0.3	9.7	3.8		0.2					
5				1.0	20.6			3.4				2.1
6												1.6
7								0.6				0.3
8						26.8		0.2				
9						10.6						
10						0.2		0.4	35.2			
11								2.6	0.4			
12			4.6						28.4			
13			2.3		24.6				21.4	1.2		
14					25.8							
15	4.2			0.5		0.2						
16					0.8							
17								0.4				

续表 10-2

日期 \ 月份	1	2	3	4	5	6	7	8	9	10	11	12
18										57.8		
19					6.2			3.8	7.4	13.0		
20					4.2		10.0	16.8	15.2			
21						5.0	1.8			6.6		3.1
22						0.2						9.3
23						1.8						
24								0.2				
25							1.8	1.4				
26						9.8	0.2		1.4			
27				1.8								
28				4.2		2.0						
29										1.0		
30												
31										0.2		

月统计		1	2	3	4	5	6	7	8	9	10	11	12
	总量	4.2	0	9.8	24.7	101.4	56.6	74.8	29.8	109.4	79.8	0	16.4
	降水日数	1	0	4	6	8	9	7	10	7	6	0	5
	最大日量	4.2	0	4.6	9.7	25.8	26.8	49.4	16.8	35.2	57.8	0	9.3

年统计					
	年降水量	506.9		年降水日数	63
	时段(h)	1	3	7	15	30
	最大降水量	57.8	70.8	70.8	92.8	117.6
	开始日期	10-18	10-18	10-14	09-05	06-08

附注	

（2）降水量摘录表见表 10-3。

表 10-3　黄河　　东苏冯　　站　降水量摘录表

年份:2002　　　测站编码:40920350　　　单位:降水量(mm)

月	日	起(时:分)	止(时:分)	降水量	月	日	起(时:分)	止(时:分)	降水量	月	日	起(时:分)	止(时:分)	降水量
6	8	13	14	2.4	7	25	20	22	0.6	9	13	0	1	2.6
		14	15	5.6		26	0	1	0.2			1	2	2.4
		17	19	2.4			14	15	0.2			2	7	3.6
	9	2	3	0.2	8	5	14	15	1.4			12	14	0.8
		3	4	3.0			15	16	2.6			14	15	3.6
		4	5	6.0			16	17	3.4			15	16	4.8
		5	6	2.4			17	18	0.6			16	17	3.4
		6	7	3.8		8	7	8	0.8			17	18	3.4
		7	8	2.6			8	9	0.2			18	19	3.2
		8	9	7.2			13	14	0.2			19	20	1.0
		9	12	6.2			14	16	0.8		14	15	17	2.4
		12	13	2.6		11	21	22	0.2			17	18	2.8
		13	14	2.4		20	5	7	2.0			18	19	0.8
		14	15	0.4			7	8	3.0			20	21	0.2
	21	21	22	0.2			8	14	5.0		19	13	14	0.6
		23	24	0.4			15	17	0.8			14	17	1.6
	22	3	4	0.2			18	20	1.0			20	24	2.6
	23	1	2	0.8			20	1	3.8		20	2	8	2.6
		6	8	0.6		21	13	14	0.2			8	11	2.8
		12	14	1.8		24	15	17	0.4			11	12	3.2
	26	16	17	0.2		25	16	17	0.2			12	14	3.2
		18	20	0.4			18	19	0.4			14	15	2.6
		20	22	2.0	9	10	9	10	1.0			15	20	4.8
		23	2	0.6			10	11	3.4			20	23	0.8
	27	2	6	3.0			11	12	9.2	10	18	16	17	3.4
	28	20	21	0.4			12	13	3.0			17	18	2.8
7	5	13	14	0.2			13	14	1.4			18	19	6.8
		14	15	9.4			14	20	8.4			19	20	2.4
		15	16	3.4			20	21	2.6			20	21	2.8
		16	17	0.2			22	23	2.0			21	22	4.0
	21	2	6	3.6		11	18	20	1.4			22	2	5.6
		6	7	4.0			23	24	2.6		19	2	8	7.8
		7	8	3.8		12	17	20	1.0			8	14	7.6
		8	10	2.8			20	21	3.0			14	20	5.6
	23	15	18	1.6			21	24	2.6			20	1	1.6

（3）单站各时段最大降水量表①见表10-4。

表10-4　黄河　　　龙门　　　各时段最大降水量表①

年份：2002　　　测站编码：40920050　　　单位：降水量（mm）

站次	测站编码	站名	时段（min）												
			10	20	30	45	60	90	120	180	240	360	540	720	1 440
			最大降水量												
			开始月-日												
205	40920050	龙门	13.4	19.8	23.4	28.2	31.4	36.0	45.2	48.2	49.4	49.4	49.4	49.4	64.0
			07-03	07-03	07-03	07-03	07-03	07-03	07-03	07-03	07-03	07-03	07-03	07-03	10-18

（4）单站各时段最大降水量表②见表10-5。

表10-5　大妙娥沟　　　赤沟里　　　各时段最大降水量表②

年份：2002　　　测站编码：41121150　　　单位：降水量（mm）

站次	测站编码	站名	时段（h）											
			1			2			3			6			12			24		
			降水量	开始		降水量	开始		降水量	开始		降水量	开始		降水量	开始		降水量	开始	
				月	日		月	日		月	日		月	日		月	日		月	日
12	41121150	赤沟里	22.8	7	3	26.6	7	3	26.6	7	3	26.6	7	3	26.6	7	3	31.6	10	17

（5）多站连排各时段最大降水量表①见表10-6。

表 10-6　各时段最大降水量表①

年份:2002　　　　流域水系码:　　　　单位:降水量(mm)

站次	测站编码	站名	时段(min)											
			10	20	30	45	60	90	120	180	240	360	540	720	1 440
			最大降水量												
			开始月-日												
1	41120450	银峪	7.0	13.8	16.6	21.6	23.6	25.6	28.0	32.2	35.6	36.0	36.2	36.2	36.2
			08-05	08-05	08-05	08-05	08-05	08-05	08-05	08-05	08-05	08-04	08-04	08-04	08-04
28	41122450	马营镇	13.4	19.8	23.4	28.2	31.4	36.0	45.2	48.2	49.4	49.4	49.4	49.4	64.0
			07-03	07-03	07-03	07-03	07-03	07-03	07-03	07-03	07-03	07-03	07-03	07-03	10-18
205	40920050	龙门	13.4	19.8	23.4	28.2	31.4	36.0	45.2	48.2	49.4	49.4	49.4	49.4	64.0
			07-03	07-03	07-03	07-03	07-03	07-03	07-03	07-03	07-03	07-03	07-03	07-03	10-18

（6）多站连排各时段最大降水量表②见表10-7。

表 10-7　各时段最大降水量表②

年份:2002　　　　流域水系码:　　　　单位:降水量(mm)

站次	测站编码	站名	时段(h)																
			1			2			3			6			12			24		
			降水量	开始		降水量	开始		降水量	开始		降水量	开始		降水量	开始		降水量	开始	
				月	日		月	日		月	日		月	日		月	日		月	日
12	41121150	赤沟里	22.8	7	3	26.6	7	3	26.6	7	3	26.6	7	3	26.6	7	3	31.6	10	17
26	41122150	谢家庄	23.6	7	3	23.8	7	3	23.8	7	3	23.8	7	3	35.8	6	8	45.6	6	8
206	40920150	首庄	24.4	6	8	31.0	8	11	33.4	8	11	36.0	8	11	38.4	6	8	69.6	6	8
208	40920350	东苏冯	12.0	5	13	13.4	5	13	15.6	9	10	25.0	6	9	36.6	6	9	45.2	10	18

10.15.5.2　蒸发量成果表格文件实例

（1）逐日水面蒸发量表见表10-8。

表 10-8　372　　汾河　·　河津　　站　逐日水面蒸发量表

年份:2003　　测站编码:41036750　　蒸发器位置特征:陆上水面蒸发场

蒸发器形式:4~10月用1601型蒸发器其余时间用20 cm口径蒸发器　单位:水面蒸发量(mm)

日期＼月份	1	2	3	4	5	6	7	8	9	10	11	12
1	0.5E	4.8	5.3	2.9	4.5	6.5	4.2	2.9	2.8	1.6	0.2E	4.5E
2	0.5E	6.2	4.1	2.3	6.2	5.1	6.0	1.1	2.4	1.5	0.0	2.6E
3	3.2E	4.2	5.5	2.8	2.8	2.7	4.8	0.0	1.5	2.2	1.5E	1.2E
4	1.1E	2.7	4.8	3.0	2.6	5.4	4.2	2.0	1.5	1.9	1.1	1.0E
5	2.1E	1.4E	5.3	6.1	6.4	5.3	4.7	0.6	0.9	1.1	2.7E	2.4E
6	1.7E	2.5	5.9	4.9	4.2	2.9	5.3	0.1	0.9	0.7	1.1E	1.1E
7	0.1E	7.4	6.1	3.9	7.0	3.3	4.5	1.2	0.3	0.9	1.0	1.0E
8	0.4E	3.3E	5.6	4.3	3.2	2.0	7.4	0.7	0.0⁺	1.2	2.7E	1.0E
9	0.4E	1.8E	1.9	4.7	3.2	1.8	2.6	1.0	0.0	4.3	1.5E	1.7E
10	0.4E	0.6E	1.7	5.3	3.0	0.5	1.0	0.2	0.1	4.9E	1.2	0.4E
11	4.4E	1.7E	0.8	4.5	1.4	3.0	2.3	0.0⁺	0.0⁺	2.9	0.2	0.4E
12	4.3E	3.6E	3.8	2.5	2.3	5.4	3.1	0.2	1.7	0.4	1.1E	0.3E
13	1.1E	3.6E	1.0	1.7	4.0	1.9	2.3	0.0⁺	1.3	0.6	3.0E	0.7E
14	1.4E	3.9	2.3	5.4	5.6	3.8	2.4	1.1	2.2	1.3	0.7E	2.8E
15	1.2E	4.1	3.7	2.0	4.8	4.2	3.4	1.6	1.4	1.4	0.6E	1.4E
16	1.9E	4.7	4.9	2.9	6.0	3.7	1.5	2.4	0.1	0.5	1.1E	4.6E
17	1.2E	2.7	4.7	3.4	3.3	5.6	3.6	4.4	0.0⁺	0.6E	1.7E	1.7E
18	2.4E	0.9	2.9	4.3	6.9	2.8	5.2	3.1	1.0	3.2E	1.7E	0.6E
19	1.2E	0.7	2.8	4.8	5.7	1.4	2.0	3.4	1.1	0.8E	0.4E	1.7E
20	1.6E	0.8	5.5	4.1	8.1	1.6	1.8	2.7	1.9	1.0E	0.4E	0.4E
21	1.4	1.3	2.9	4.0	8.5	2.8	2.8	2.6	3.8	1.0E	0.3E	0.4E
22	1.5E	0.8	4.1	2.4	7.4	0.5	1.6	3.0	3.1	1.9	0.7E	0.3E
23	1.4E	2.2	4.6	3.1	7.9	0.6	2.2	3.3	2.4	1.6E	2.8E	0.7E
24	1.3E	2.6	4.2	1.9	5.4	2.0	3.2	2.8	2.3	2.1	1.4E	2.8E
25	2.7E	7.4E	5.8	5.4	4.5	2.8	3.4	1.4	1.3	0.4	4.6E	1.4E
26	2.9E	4.6	2.0	5.5	4.2	5.2	4.3	0.8	0.7	0.0	1.7E	4.6E
27	3.4	1.5	1.8	3.9	4.3	2.6	3.6	0.2	1.0	0.7	0.6E	1.7E
28	2.4	4.8	3.6	4.0	3.7	4.3	3.8	1.1	2.3	2.9E	0.6E	0.6E
29	0.1		1.1	4.0	3.6	4.6	3.2	2.4	2.6	2.4E	0.4E	1.0E
30	1.8		0.3	3.3	1.4	4.0	2.4	4.1	1.4	1.0	0.7E	1.0E
31	2.2		1.0		1.3		4.9	2.1		1.1E		0.8E
月统计 总量	52.2	86.8	110.0	113.3	143.4	98.3	107.9	52.5	42.0	48.1	37.7	46.8
月统计 最大	4.4	7.4	6.1	6.1	8.5	6.5	7.4	4.4	3.8	4.9	4.6	4.6
月统计 最小	0.1	0.6	0.3	1.7	1.3	0.5	1.0	0	0	0	0	0.3

年统计	水面蒸发量		最大日水面		最小日水面	
	终冰		2月25日	初冰	10月10日	

附注	两种蒸发器

（2）水面蒸发辅助项目月年统计表见表 10-9。

表 10-9　372　汾河　　河津　　站水面蒸发辅助项目月年统计表

年份：2003　　　测站编码：41036750　　　单位：双测高度（m）

日期 \ 月份			1	2	3	4	5	6	7	8	9	10	11	12
1.5 m 高度处的气温（℃）	旬平均	上	-0.9	3.2	2.1	1.5	14.6	4.7	5.6	5.6	5.3	15.9	1.7	2.3
		中	2.3	2.1	5.1	0.7	1.1	1.1	0.9	0.9	3.1	3.3	5.8	4
		下	14.6	6.1	6.7	8.4	7	15.9	2.7	2.4	2	2.4	5.1	0.9
	月平均		0.8	1	0.9	0.9	4.4	6.2	14	8.4	14.6	6.9	8.4	13
	年平均		9.6											
观测高度处水汽压（10³ Pa）	旬平均	上	12.2	15	15.5	14.3	14.6	11.5	14.1	15.5	13.7	15.9	5.1	4.9
		中	4.6	4.9	5.1	1.2		0.7	1	0.9	18.5	20.3	23.2	20.7
		下	14.6	17.9	19.9	21	19.7	15.9	5.8	6.3	9.2	7.2	5.1	0.8
	月平均		0.4	0.5	0.5	0.9	25.6	26.2	25.2	25.6	14.6	22.1	21.8	27.7
	年平均		23.9											
水面和观测高度处的水汽压力差（10³ Pa）	旬平均	上	24.1	24.2	32.1	25.9	14.6	27.1	27.6	38.7	30.1	15.9	6.6	5.3
		中	8.9	6.6	5.1	0.5	0.9	1.4	0.9	0.9	29.3	22	24.5	25.2
		下	14.6	34.4	25	29.2	29.5	15.9	9.6	4.4	6.4	6.8	5.1	0.8
	月平均		0.7	0.9	0.8	0.9	21.3	23.9	22.2	22.4	14.6	24	25.4	20.3
	年平均		23.2											
观测高度处的风速（m/s）	旬平均	上	16	13.6	16.2	15.3	14.6	17.5	11.8	11.9	13.7	15.9	2.9	5.8
		中	6.5	5.1	5.1	0.7	1.6	0.8	1	0.9	11.2	8.4	6.6	8.7
		下	14.6	10.8	9.1	7.9	9.3	15.9	4.9	3	3.5	3.8	5.1	1.6
	月平均		0.7	0.6	1	0.9	3.1	1.1	3.8	2.7	14.6	6.9	5.2	5.2
	年平均		5.7											
备注														

第 11 章　结　语

1.相关产品与成果

软件:降水量蒸发量资料整编通用软件(北方版)——GPEP

　　　GPEP.exe　　　9 608 kB

　　　源程序,36000 行,10 093 kB

帮助:GPEP 帮助系统

　　　帮助代码,7 000 行

软件以光盘为发行介质。

降水量蒸发量资料整编通用软件(北方版)包括以下文档,约 20.2 万字。

水文资料整编通用软件(北方版)开发计划

降水量蒸发量资料整编通用软件(北方版)需求说明

降水量蒸发量资料整编通用软件(北方版)数据要求说明

降水量蒸发量资料整编通用软件(北方版)概要设计说明

降水量蒸发量资料整编通用软件(北方版)详细设计说明

降水量蒸发量资料整编通用软件(北方版)测试分析报告

降水量蒸发量资料整编通用软件(北方版)用户手册

2.功能与性能说明

1) 软件的主要功能

通过测试,确认 GPEP 满足项目开发计划和需求的降水量数据整理、蒸发量数据整理、降水量整编计算、蒸发量整编计算、降水量整编成果表编制、蒸发量成果表编制、降水量整编成果水文年鉴排版数据编制、蒸发量整编成果水文年鉴排版数据编制等功能。

同时,GPEP 还具有降水量自记记录数据转换功能、兼容"整编降水量资料全国通用程序"的功能。最重要的创新是采用数字化标准确定各时段最大降水量表①表②的加括号问题,大大降低了整编工作的人工干预量。

GPEP 具有小河站资料整理能力、时段开始时间恢复能力等。

2) 软件的性能

数据传输过程中和最终结果,均采用四舍六入奇进偶舍法。计算结果满足项目开发计划、需求以及数据要求的精度。

软件处理数据所耗费的时间满足项目开发计划和需求。

软件适用于 Windows 9x/2000/XP。

本软件有其他软件的接口主要是数据来源。只要按照本软件说明的标准格式提供数据,就能获得目标要求的结果。

本软件有统一的数据结构,修改、更新数据不会对结构造成破坏,所以维护、升级容易。

3）所用工时

参加本软件设计、开发、调试、帮助系统制作、软件测试、文档编撰、审核的包括高级工程师 3 人、工程师 8 人、助理工程师 2 人、高级水文勘测工 6 人。所用工时分别为 20、2 200、280、960。

4）所用机时

本软件主要在开发、调试、帮助系统制作、软件测试、文档编撰等过程中占用机时，其中包括 P2～P4 多种型号的计算机。由于所用均为 PC 机，所以仅统计占用机时总数为 5 300。

3.技术方案

1）生产效率评价

本软件开发项目的所有参加人员均为兼职，在保证其本职工作完成的前提下进行本软件到的项工作，所以不进行软件生产效率评价。

2）产品质量评价

本软件主要是按照《水文资料整编规范》（简称"规范"）的要求开发的，影响软件质量的主要有以下内容：

正确性：按照规范的要求计算输出相关成果；

健壮性：对不规范数据产生的意外能够进行标准化处理或者提示用户改正；

效率：节约计算机资源，具有较高的处理速度；

可移植性：可以在不同型号的机器上使用。

最终测试过程中主要针对上述性能进行测试，本软件的指令错误率为 0.1/1 000。满足投产要求。

3）技术方案评价

（1）本软件以 Visual Basic 6.0 作为开发工具，结合 Office 2000/XP 进行开发，两者均为微软的成熟通用产品，开发效果良好。

（2）从软件运行效果来看，所用的技术、方法正确，完成了预定的功能。

（3）如果采用用友华表公司的 Cell 组件进行报表处理，将会大大提高资料整编成果表的编制速度，增加本软件的功能。同时，可以大大提高软件开发的效率。

（4）本软件采用数字化处理各时段最大降水量数据不全或可疑符号的处理，提高了数据处理速度，降低了人工工作量，提高了劳动生产率。

（5）本程序的应用单位并不一定是最终数据和最终结果的输出单位，如果每次计算前后数据入库则会明显降低程序运行速度、容易造成错误成果的存储、不利于数据的携带交流。所以，程序的所有原始数据和成果数据均采用文本格式存储，其优点是便于对计算结果的分析校对和重复计算；程序的所有成果表格文件均采用 Microsoft Excel 电子表格，这种格式可以使用 Microsoft Excel 进行浏览、编辑、打印，可以被 Microsoft Access 访问，还可以使用 WPS Office 访问。

（6）降水量基本数据包含多种辅助信息，如"观测物符号""整编符号""观测段制"和"合并标准"等。为了形象直观地便于录入，程序采用规范规定的实际符号，并设有自动添加功能，使得录入方便快捷。

降水量基本数据中,控制数据的统计和录入既麻烦又容易出错,程序设计中除"年份""测站编码"和"摘录段数"外不再录入其他控制数据。

小河站降水量摘录方法与大河站摘录方法一致,其不同在于大河站采用统一的摘录标准和统一的合并标准,而小河站不同的摘录时段可以采用不同的摘录标准和合并标准。这样处理便于自记降水量记录的自动整理。

4)经验与教训

(1)大中型软件的开发、规划、计划、需求分析和系统设计比具体开发工作更重要,特别是对于分为多个子项目开发。这些步骤做得好,可以提高软件的结构性、全局性和条理性,同时可以提高软件开发效率。

(2)团队精神和团队建设。大中型软件的开发要有一个开发团队,并且每个开发人员要有团队精神。没有一个开发团队,仅靠少数人员进行开发,则开发周期长、进度慢、效率低。

(3)管理人员和业主应该把工作重点放在软件的核心内容和关键技术上,在确保软件运行结果正确性的前提下充分发挥开发人员的主观能动性;否则,管理人员只是从细枝末节上横加干涉而放弃了对核心内容的管理,一则影响软件开发进度,二则不能针对软件开发的目的进行有效管理。例如,本软件的核心内容是水文资料整编中各种问题的处理方法及其处理结果的正确性,管理人员对这些内容应该重点把关、严格把关。

(4)文件和文件夹的名称应采用字母、数字组合的名称。中文文件名在注册表操作时容易出错。

(5)文件和文件夹管理。过分灵活,则增加了用户的工作量,降低了软件的自动化程度;过分固定,则使用户操作中感到不便。所以,软件设计中应当注意两者的对立统一。

随着水文测报整技术的发展,水文资料整编方法应该实时进行维护,以满足不同测验条件下资料整编的需要。就降水量蒸发量资料整编程序来说,可以将计算制表的各模块制作成外接函数 DLL 文件,由不同条件下的降水量观测系统调用。

由于时间和水平所限,程序中难免存在一些不足。用户在使用过程中的意见和建议,我们会积极采纳,根据规范和用户要求予以修正。